湛庐CHEERS

与最聪明的人共同进化

HERE COMES EVERYBODY

NO.1 Outdoor Writer

世界探险类作家第一人

乔恩·克拉考尔

美国畅销书作家、《户外》杂志专栏作家，多部作品荣登《纽约时报》书榜，畅销全球，是当之无愧的世界探险类作家第一人。美国艺术与文学院曾称赞他“集职业记者坚韧不拔、勇往直前的优良调查传统与天才作家敏锐的洞察力于一身”。

死里逃生著就“登山者的圣经”

1996年，克拉考尔作为《户外》杂志特派记者跟随一支商业登山队攀登珠峰，不料下山途中遭遇暴风雪，4支探险队共有12人死亡。作为幸存者，克拉考尔对此次山难事件做了认真的回顾、调查和分析，著成《进入空气稀薄地带》一书，1997年出版后迅速登上《纽约时报》畅销书榜第一名，长踞排行榜52周，荣膺《时代周刊》“年度图书”、1997年美国国家书评奖、1998年普利策奖非小说类奖项，英文版销量过百万，并被翻译成25种语言在世界各地出版，被誉为“登山者的圣经”。

享誉世界的探险类作家

克拉考尔根据葬身阿拉斯加荒野的美国少年麦坎德利斯的故事著成《荒野生存》一书，出版后在美国主流社会刮起阅读旋风，雄踞《纽约时报》畅销书榜长达两年，克拉考尔也因此被誉为最杰出的探险类作家。

与肖恩·潘共导经典大片

1996年的一天，著名导演肖恩·潘走进洛杉矶的一家书店，立刻被《荒野生存》深深吸引了。当晚，潘一口气将这本书看了两遍。他找到克拉考尔，决定将《荒野生存》搬上电影银幕。肖恩·潘和克拉考尔一起重走麦坎德利斯的阿拉斯加之旅，拜访麦坎德利斯生前最后的居所142路巴士，走访他的亲友，并聘请他在南达科他州认识的好朋友韦恩·韦斯特伯格担任影片顾问。经过长达10年的执着努力，该片在2007年罗马电影节上映，获得奥斯卡、金球奖等多项大奖提名。

命中注定要登山

克拉考尔的父亲路易斯是一名医生，打从儿子生下来就为他设计好了将来进军医学界的成功之路。每到圣诞节和生日，克拉考尔收到的礼物都是显微镜、化学仪器和大英百科全书，父亲要求他门门功课都优秀，还要成为学生社团的领袖。8岁时，爱好登山的父亲送给他人生中第一把冰镐和第一捆绳子，带他到喀斯特山脉攀登南姐妹峰。当时父子俩都没有想到，有一天克拉考尔会以登山为志。大学毕业后，登山成为了他生命中的主题，不顾父亲的意愿，克拉考尔流连于科罗拉多、阿拉斯加和美国西海岸，以做木匠和捕鲑鱼为生。

Jon Krakauer + Sean Penn: Back Into the Wild

When the film version of Jon Krakauer's classic *Into the Wild* hits theaters this fall, the haunting tale of Chris McCandless will come to life for a new generation. For director Sean Penn, the release marks the end of an 11-year quest to cement the legend of "Alexander Supertramp."

Text by David Roberts Photograph by Roman Dial/Sundance Channel

ON LOCATION: Writer-director Sean Penn (left) and author Jon Krakauer in front of the bus Chris McCandless used as his Alaska base camp.

执着于真相的慈善家

克拉考尔作为一名探险家和纪实文学作家，他对真相的追求如同他对登山的执着，越接近顶峰，越接近真相，空气就愈加稀薄。不论是《荒野生存》还是《进入空气稀薄地带》，他对真相的追问一刻都没有停止。2003 年起，他花了三四年调查美国著名橄榄球运动员蒂尔曼在阿富汗战争中的神秘死亡。此间他深入阿富汗 5 个月，采访调查蒂尔曼所属部队，整理出 4000 页的证词，揭露布什政府和军政要员掩盖蒂尔曼死因真相。2011 年克拉考尔通过自己的独立调查发现《三杯茶》的作者摩顿森在书中造假。

克拉考尔并不是要通过揭露真相而大赚一笔。1998 年，为纪念在珠峰上遇难的队友，克拉考尔筹建了“1996 珠峰纪念基金”，将《进入空气稀薄地带》一书所得捐献给 Educate the Children 等慈善机构，此后，克拉考尔又陆续出版了多部作品。从 2011 年开始，他的全部著作所得都捐献给了美国喜马拉雅基金会的 Stop Girl Trafficking 项目。截止到 2012 年，克拉考尔捐赠总额超过 170 万美元。

湛庐CHEERS 特别制作

CHEERS
湛庐

THIN AIR INTO
珍藏版

INTO THIN AIR

进入空气稀薄地带

登山者的圣经

[美] 乔恩·克拉考尔◎著
(Jon Krakauer)
张洪楣◎译

西山脊
东北山脊
珠穆朗玛峰
黄色地带
尼泊尔
康雄壁

浙江人民出版社
ZHEJIANG PEOPLE'S PUBLISHING HOUSE

献给琳达

谨以本书纪念

Andy Harris
安迪·哈里斯

Doug Hansen
道格·汉森

Rob Hall
罗布·霍尔

Yasuko Namba
难波康子

Scott Fischer
斯科特·费希尔

Ngawang Topche Sherpa
阿旺托普切夏尔巴

Chen Yu-Nan
陈玉男

Bruce Herrod
布鲁斯·赫罗德

Lopsang Jangbu Sherpa
洛桑江布夏尔巴

Anatoli Boukreev
阿纳托列·布克瑞夫

读者在这本书中能够身临其境般地感受到幸存者所经历的情感，同时它也具有伟大纪实作品所要求的准确性与详尽性……任何人都不可能不为之动容。

《娱乐周刊》（*Entertainment Weekly*）

一部才华横溢、荡气回肠的作品……这是一本让人激愤的书，尤其是似乎没有人从这起悲剧中吸取教训。

《旧金山观察家报》（*San Francisco Examiner*）

克拉考尔非常会讲故事，同时他还是一位诚实公正的记者……把这本书称为冒险传奇似乎无法表现出它深邃的思想，以及它对自我的精细的哲学拷问。

《世界时装之苑》（*Elle*）

书中动人的描述不仅表达出对登山者勇气的敬意，而且对人类在危机中的行为提出了深奥的，可能也是无法解答的叩问。

《纳什维尔书页》（*Nashville Book Page*）

本书对珠穆朗玛峰历史上最致命的季节进行了令人惊心、悲痛的描写……克拉考尔的作品让我们不安地看到，科技、宣传以及商业主义如何改变了登山运动。

《威斯康辛日报》（*Wisconsin State-Journal*）

本书强烈的悲剧感令人久久不能忘怀。克拉考尔生动形象的描写将它体现得淋漓尽致。

《出版人周刊》（*Publishers Weekly*）

克拉考尔的作品既包含了严谨的调查，也包含了巧妙的构思……他的故事一气呵成。

《纽约时报书评》（*New York Times Book Review*）

尽管这是一部非小说类的作品，却会让人有阅读文学作品的感觉。克拉考尔的文风平稳，但很有冲击力。冰块在玻璃杯中叮当作响、冬日雪花的诗歌，听起来都不会有同样的效果。

《米拉贝拉》（*Mirabella*）

非小说类作品偶尔会像小说一样精彩……《进入空气稀薄地带》就是如此。

《福布斯》（*Forbes*）

本书会带给人深深的不安以及真实的梦魇感……克拉考尔的描写令人无法忘怀……他的故事中一定包含着地狱的要素之一：事情总是有可能变得比你担心的更糟糕。

《沙龙》（*Salon*）

《进入空气稀薄地带》既是出色的报告文学，又是非凡的自我反省……关于1996年那场灾难，没有一本书能如此坦诚地叙述那些错误，那些置他的同仁于死地的错误。

《新闻日报》（*Newsday*）

克拉考尔的作品既表现出了坚韧与勇气，也具有敏锐、深邃的思考。他对攀登珠穆朗玛峰的描述引发了对登山运动以及商业化的重新评价。

美国艺术与文学院学院奖颁奖辞

登山，仅凭勇气远远不够

王石 万科股份有限公司董事长

推荐序一 THIN INTO AIR

《进入空气稀薄地带》把我带回到多年前攀登珠穆朗玛峰时的场景。

那是2003年5月22日，在经历了艰难跋涉后，我成功地登上了珠峰顶峰。从海拔8 844.43米的高度俯瞰能看到什么？其实，登顶那天云雾弥漫，能见度很低，还下着雪，什么都看不到。也曾有朋友问我："登顶的那一瞬间是什么感觉？"

说实在话，当时几乎没有任何感觉。8 000米以上属于极度缺氧的环境，被称为生命的禁区。按照高山医学的判定，在海拔8 000米以上的环境下，成人的智商只相当于6岁的小孩。一般人都认为人在这个高度肯定有恐惧感和危险意识。实际上，这两种感觉都没有。虽然在极度危险的攀登过程中随时有可能滑坠，但由于头脑迟钝，人并不感到害怕，特别是体力消耗殆尽之时，人近乎于机械。

到达山顶后只能做两件事。一是照相，这在登山行话中叫"取证"。另一件事是展旗。登顶，国旗必须展示出来。遗憾的是，我本来还带了一面万科的司旗，但刚准备拍照，向导就催促我们下山，不得不放弃了。

这次登珠峰的 7 个人都是业余队员，最后有 4 个登顶，全队中只有我毫发无伤地返回。是因为我有绝妙的登山技巧吗？显然不是，而是因为我的生活阅历。

举个简单的例子，在海拔将近 8 000 米的营地宿营时，夕阳血红，非常漂亮。同伴们都出去看，大声叫我说："风景这么好，王总快出来。"

我没吭气。

过了 20 分钟，他们又说："你再不出来会后悔的，我们登了这么多山，这是最美的风景。"

我说："老王说不出来就不出来！"

为什么呢？我是在保存体力。我的目标是登顶，任何与之无关的消耗体力的事都一概不做。整个登顶过程中，我一直保持这个态度。

这次登山过程中我体会到，52 岁的年龄不仅不是问题，反而是优势，正是因为丰富的生活阅历，我才能达到这种状态。事后我也感到很奇怪。下山之后，再回头远眺珠峰，她太高了，连我自己都不相信曾上去过。后来才慢慢体会到，在面对这个巨大挑战的过程中，我人生积累的经验都在无形中发挥出了它的作用。

此前，我登了 5 年山，自始至终伴随着强烈的高山反应。1997 年第一次在西藏待了一个月，进山时就发高烧，上吐下泻，几乎处于昏迷状态。2002 年登珠峰之前的热身练习中，一到 5 000 米的高度就会恶心，吃不下东西。5 年的登山历程我都非常痛苦，一进山就盼望着赶快登山，赶快下山。但这次登珠峰不同，到 5 200 米时我不但没感到头晕，而且晚上睡眠很好，饮食状况也很好，在整个登山过程中我一直都保持着这种状态。

进山的第二周，我感觉自己的状态和以前完全不一样，可以用四个字形容——心静如水。为什么在面临这么巨大的困难和挑战时，我的心态反而能保持平静，而且身体状态良好，高山反应的很多症状都没有出现？

我只能这样总结：面临这么巨大的挑战，我不得不调动全部精力、生活阅历和对人生的感悟，并将它们集中到一起来面对珠峰，这正是恰到好处的战术。尽管我自认为 52 岁的年龄不是问题，但我仍清醒地意识到自己的体力毕竟不如 30 岁、40 岁的人，所以我必须采取一种合适的战术。这种战术要求我心态平和，且始终以这种状态坚持下去。

登山的魅力就在于它的不确定性，这种不确定性随时会给你带来危险，甚至让你付出沉重的生命代价。1999 年我攀登博格达峰，刚愎自用的态度险些让我丧命，那是一辈子都会铭刻在心头的经历。

2003 年，我们那批业余登山者成功登顶珠峰，鼓舞和激发了国内越来越多的人参加登山活动。登山强健体魄、锻炼意志，但是很多人忽略了最重要的一点：登山不是仅凭勇敢就可以的。目前，户外的圈子里确实存在一股浮躁的风气，具体表现就是好高骛远，还没爬几座山就想去攀登珠峰，体能训练也不认真、不到位，准备不足，贸然行事，所有这些都是安全隐患。

《进入空气稀薄地带》一书给我们回放了 1996 年 5 月发生在珠峰上的一次山难，4 支登山队中共有 12 人罹难，令人触目惊心。当然，造成灾难的是难以预测的暴风雪，但是当你仔细分析就会发现，人为的因素也占据着相当关键的位置：假如领队费希尔和霍尔始终坚持他们的原则，到了“关门”的时间，不管走到什么高度都必须下撤；假如作为向导的布克瑞夫能够忠于职守，放弃自己无氧登顶的梦想而专心服务客户；假如夏尔巴领队始终在履行领路和制定路线的职责，而不是干了别的；假如费希尔不是一意孤行隐瞒自己的疾病；假如作者本人能够跳出习惯性思维而不是对哈里斯的困惑熟视无睹……事情将会是另外一种结局。

尽管这是 10 多年前的事故，但它对今天中国喜好户外运动的人们，尤其是喜好登山的人们来说，仍是一面不可多得的镜子。以人为镜可以知得失，如果即将启程的户外一族能够挤出一点时间阅读一下《进入空气稀薄地带》，我想，防范风险的意识一定会注入你的脑海之中。这本书的出版，对于蓬勃发展的中国户外运动无疑是十分有益的。

推荐序二

THIN INTO AIR

我用珠峰丈量人生

金飞豹 著名探险家

很高兴湛庐文化再版美国畅销书作家、《户外》杂志专栏记者乔恩·克拉考尔根据珠穆朗玛峰真实山难事件撰写的《进入空气稀薄地带》。

喜欢登山的人都会把攀登珠穆朗玛峰作为自己的重要目标来实现，不论是参加有后援保障的商业登山队，还是凭借自己的高超登山技术登上这座世界最高峰，都值得骄傲和自豪。2006 年 5 月 14 日，我和哥哥金飞彪作为中国人首个兄弟搭档登上珠穆朗玛峰，并由此开启了我 18 个月完成“7+2”极限探险的序幕。

自从成功登顶珠峰，我就把它当成我心中的一把尺子，每当遇到困难，我就用珠峰来丈量。我发现，任何困难与攀登珠峰相比都显得微不足道。我想，这就是攀登精神！ 20 多年的户外行走生涯，让我深刻领悟了人生的真谛：世界上没有比心更高的山峰，也没有比脚步更远的路！

珠峰实现了无数人的梦想，也埋葬了无数人的生命。自 1953 年 5 月希拉里和丹增代表人类成功攀登珠峰以来，全球登顶珠峰的人数已逾 3 000，在珠峰不幸遇难的已超过 500 人。对于曾经成功登上珠峰的人来说，这本书中惊心动魄、生死离别的情节和场面一点都没有夸张的成分。珠峰就像一个大舞台，60 年来在里上演了无数攀登者生死离别的剧情，有的人从这个世界最高的舞台上完美谢幕回到了亲人的身边，得到了鲜花和掌声，甚至还有荣誉。而有的人至今都还留在这个寒冷的舞台上，留给家人无尽的悲伤和缅怀。

《进入空气稀薄地带》对任何一位喜爱户外登山运动的人来说都是一本经典读物，登山之前读过这本书也许能挽救你的一条命，它会让你懂得如何面对突如其来的危险，认识到人在大山面前是渺小的，生命在大山中是脆弱的，认识到探险不等于冒险。本书再版充分说明它深受欢迎，同时也反映出今天的中国人挑战自我、超越自我的精神。

THIN INTO AIR
序言

生命中无法释怀之重

1996年3月,《户外》杂志派我去尼泊尔，参加并记录一次攀登珠穆朗玛峰的活动。我是8名探险队员中的一员，由来自新西兰的著名向导罗布·霍尔带队。5月10日，我登上峰顶。但是这次登顶却让我们付出了惨痛的代价。

登顶的5位队友中，包括霍尔在内的4人消逝在一场突如其来的暴风雪中。我下到大本营的时候，4支探险队中共有9人死亡，另有3人在5月底相继去世。

这次探险给我留下了难以磨灭的印象，很难用文字加以描述。尽管如此,从尼泊尔回来5周后，我还是把手稿交给了《户外》杂志，并在杂志的9月刊上发表了。这篇文章刊登之后，我以为有关此次探险的一切就此结束。我试着把珠峰从我的记忆中抹去，开始新的生活，但却始终做不到。透过纷繁迷乱的思绪，我不停地想理出一个头绪来，但同伴的逝去总是困扰着我。

《户外》杂志上的只言片语是我在当时的情况下所能做出的最准确的记录，因为截稿日期在即，整个事件的来龙去脉又非常复杂，其他幸存者的记忆也因极度疲劳、严重缺氧或受到惊吓而严重扭曲。在一次调查中，我请 3 位同伴细述一件我们在山上亲眼所见的事情，但是我们当中竟没有任何两人能在诸如时间、对话，甚至谁在现场等关键事实上保持一致。《户外》杂志登出这篇文章几天后，我发现自己的报道中有几处细节上的错误。这当中多数是为了赶稿而不可避免出现的小错，但其中一处疏漏却绝不是小错，它给一位遇难者亲友带来的打击是毁灭性的。

相比文章中的错误，更让我感到不安的是，由于篇幅有限，我不得不割舍许多内容。《户外》杂志的编辑马克·布赖恩特及出版商拉里·伯克已经非常厚待我了，这篇文章长达 1.7 万字，是杂志上普通专栏文章的四五倍。即便如此，我仍然觉得写得太过简略，无法准确再现这起山难。珠峰彻底震撼了我。对我而言，完整而详细、不受篇幅限制地记录下整个事件，是我生命之重，正因这种冲动此书才得以成型。

人的大脑在高海拔地区产生的记忆是极不可靠的，这给调查工作带来了一定的难度。为了避免过分依赖自己的感知，我在各种场合十分详细地采访了这起山难中的大多数幸存者。在可能的情况下，我还利用大本营保留下来的无线电通话记录来证实一些细节，因为大本营里不乏意识清醒的人。

几位我所尊敬的作家和编辑曾劝我不要急于出书。他们劝我等两三年，好让自己远离这次探险活动，从而找到某些重要视角。他们的建议是对的，但我最终没有采纳，这可能是因为山上所发生的一切将我的勇气吞噬殆尽。我当时想，写这本书也许能将珠峰从我的生活中清除出去。

当然，我没能做到这一点。虽然我知道，当作者把写作当作一种精神发泄时（正如我所做的那样），读者通常会被怠慢。但是我希望，读者能从山难发生后不久我所进行的痛苦的精神倾诉中得到启迪。我想尽量展现一种原始而冷酷的诚实，因为这种诚实面临着随时间的流逝和痛苦的淡忘而被过滤掉的危险。

那些忠告我不要匆忙写书的人，也正是以前警告过我不要亲自去攀登珠峰的人。我有很多不去攀登的好理由，但攀登珠峰本身就是一种非理性的行为，是欲望战胜理智的结果。任何真正考虑这样做的人，几乎都不够理智。

明知有危险，我还是去了。但我没想到，这次攀登使我成了谋害善良之人的共犯，这将成为我心中长久的烙印。

人们之所以总在悲剧里扮演角色，是因为他们不相信现实生活里存在着悲剧，然而悲剧却真的在文明世界里上演。

奥尔特加·加塞特

THIN INTO AIR

目 录

8848m
珠峰峰顶
1996.05.10

681m
印度台拉登
1852

9144m
飞越北印度
1996.03.29

2780m
帕克丁
1996.03.31

4938m
罗布杰
1996.04.08

5364m
珠峰大本营
1996.04.12

5944m
1号营地
1996.04.13

5944m
1号营地
1996.04.16

6492m
2号营地
1996.04.28

7132m
洛子壁
1996.04.29

5364m
珠峰大本营
1996.05.06

7315m
3号营地
1996.05.09

8412m
东南山脊
1996.05.10

part 4 真相72小时

漫长的一天

双脚跨越世界之巅，一只脚在中国境内，另一只脚在尼泊尔境内。我抹去氧气面罩上的冰，紧抱着双肩以抵御寒风，茫然地凝视着广袤无垠的青藏高原。我的反应有些迟钝，只觉得脚下绵延的大地是如此壮美。过去的几个月里，我一直都憧憬着这一刻的到来，憧憬着这一刻的豪情满怀。然而现在，当我真的站在这里，站在珠穆朗玛峰的峰顶，却提不起一点劲儿来感慨抒怀。

此时是 1996 年 5 月 10 日中午刚过一会儿，我已经连续 57 个小时没有合眼了。唯一的一次进食是三天前强迫自己咽下去的一碗面汤和一把 M&M 花生巧克力豆。连续几周猛烈的咳嗽快把我的肋骨震断了，每次呼吸都犹如受刑般痛苦。在海拔 8 848 米[1]的对流层，大脑只能得到极少的氧气，我的智力严重下降。这时候，除了寒冷和疲惫，我什么也感觉不到。

我比阿纳托列·布克瑞夫（一位为美国商业探险队担当登山向导的俄罗斯人）晚几分钟到达峰顶，但比安迪·哈里斯早到。哈里斯是我所在

[1] 根据 2005 年我国公布的最新测量数据，珠穆朗玛峰高度为 8844.43 米。作者在本书中采用的数据是 20 世纪 70 年代测定的 8848 米。—— 编者注

的探险队的新西兰向导。我与布克瑞夫仅有一面之交，可是在过去的6周里我与哈里斯渐渐熟悉起来，并喜欢上了他。我在峰顶上为哈里斯和布克瑞夫拍了4张照片，然后折返下山。我看了看表，时间是下午1:17，我在世界屋脊上停留的时间总共不超过5分钟。

后来，我停下来拍摄一张俯瞰东南山脊我们上山那条路线的照片。当我将镜头对准两个正在接近峰顶的登山者时，才注意到之前没有发现的某些变化。在南边，一个小时前还清澈的天空，现在却有一层厚厚的云挡住了普莫里峰[1]、阿玛达布拉姆峰[2]以及珠峰周围较小的山峰。

在付出6人死亡、寻找另外两人的努力被迫放弃、队友贝克·韦瑟斯坏死的右臂被切除等惨痛代价后，人们不禁要问：为什么开始变天时，靠近峰顶的登山者却没有留意到任何迹象呢？为什么经验丰富的向导还不停地向上攀登，将一群毫无经验的业余登山者带入一个明显的死亡陷阱呢？他们可是每人交了6.5万美元以换取安全登顶的呀！

没人能替这起山难中两支探险队的领队讲话，因为他们俩都已经死了。但我可以证明，5月10日中午刚过的时候，我没有看到任何预示致命的暴风雪正在逼近的迹象。凭我缺氧的大脑的记忆，从西库姆冰斗[3]升起的云团看起来细微飘渺并无危险。云团在午后灿烂的阳光下泛着微光，与山谷中几乎每个下午都会升起的普通对流凝聚云团并无区别。

我匆忙下山的原因与天气并无多大关系，当时我查看了一下氧气瓶的示数，发现氧气快没了。我必须下山，而且要快。

---

[1] 普莫里峰，海拔7 161米，位于中国和尼泊尔边界，在珠峰西北15公里处。——译者注

[2] 阿玛达布拉姆峰，海拔6 812米，因其西南面山峰悬挂着一条像“达布拉姆”一样的冰河而得名。——译者注

[3] 西库姆冰斗由乔治·马洛里命名。他是1921年人类从罗拉山口（位于尼泊尔与中国西藏边界的一个很高的隘口）出发首次进行珠峰探险时第一个看到此冰谷的人。“库姆”在威尔士语里是“山谷”或“圆谷”的意思。——作者注

珠峰东南山脊的山巅部分是细长而厚重的石檐，峰顶和较低的南峰之间覆盖着被疾风堆砌起来的绵延 400 多米的积雪。通过这段锯齿状的山脊并没有太大的技术难度，但是这段路程是完全暴露毫无遮掩的。从峰顶下来之后，我小心翼翼地拖着双脚走了 15 分钟，绕过一个 2 100 多米深的深渊来到臭名昭著的希拉里台阶。这是山脊中一个明显的凹槽，需要一些攀登技巧才能通过。当我将自己扣到固定绳上准备下山时，看到了令人吃惊的一幕。

在我下面 10 米左右的地方，早已有十几个人在希拉里台阶脚下排队等候了。有三人正拉着那条我准备用来下山的登山绳往上爬。我唯一的选择就是将自己从公用的安全绳上解下来，退到一旁。

拥堵的人群由三支探险队组成：一支是我所在的探险队，由新西兰著名向导罗布·霍尔和一群付费的顾客组成；另一支以美国人斯科特·费希尔为领队；还有一支是非商业的中国台湾队。登山者们在海拔 7 900 米以上的地带缓慢移动着，一个接一个吃力地向希拉里台阶攀登，而我则焦急地等着下山的机会。

我从峰顶上下来后不久，哈里斯也下来了，并很快追上了我。为了节约氧气，我让他把手伸进我的背包关上流量调节阀的阀门。后来的 10 分钟里，我的感觉莫名其妙地好，大脑清醒，也没有那么累了。再后来，我突然感到窒息，视线变得模糊不清，头开始发晕，眼看就要失去知觉。

原来，受缺氧的影响，哈里斯也昏头昏脑的，他非但没有帮我关上阀门，反而错误地将它开到最大，使我仅有的一点儿氧气被过快地消耗掉了。虽然在下面 76 米的南峰上我还有一个备用的，但要走到那儿，我就得在无氧状态下通过那段完全暴露的地段。

而且，我还要等这群拥挤的人先过去。我摘下已经没用的氧气面罩，把冰镐凿进大山冰冻的表层，然后蹲坐在山脊上。当我和身边鱼贯而过的人群互用毫无新意的语言表示祝贺时，其实心急如焚。“快点吧！快点吧！”我暗自祈祷，“你们这群人在这儿磨磨蹭蹭，我的脑细胞都死了几百万个了！”

从我身边经过的人大多数来自费希尔的探险队，队伍的后面终于出现了我的两名队友——霍尔和难波康子。再过 40 分钟，47 岁娴静而内向的康子便可成为登上珠峰最年长的妇女，同时也是登上七大洲最高峰的第二位日本女性。虽然她只有 41 公斤，但娇小的身体里却蕴藏着令人敬畏的坚韧，在一种惊人的、不可动摇的强烈欲望驱使下登上了珠穆朗玛峰。

再后来，道格·汉森也登上了希拉里台阶。汉森也是我们这支探险队的成员，这位来自西雅图郊区的邮政工人成为了我在珠峰上最亲密的朋友。我在风中冲他大喊“胜利在望！”，并极力显得很高兴。筋疲力尽的汉森在氧气面罩后面咕哝了几句，我没听清楚。他轻轻地握了握我的手，然后继续沉重而缓慢地向上攀登。

走在队尾的是费希尔。我们都住在西雅图，并在那儿偶然相识。费希尔的力量和魄力颇具传奇色彩。1994 年，他无氧登上珠峰。所以，当我看到他如此缓慢地向上移动，摘下氧气面罩向我打招呼时竟显得如此疲劳，我颇感意外。他喘着粗气，极力高兴地用他特有的孩子气式的友好方式向我打招呼：“布——鲁——斯！”我问他感觉如何，费希尔坚持说感觉还不错：“不知为什么，今天有点儿精力不济，但没什么大碍。”当希拉里台阶上的人群散去时，我把自己扣挂在橙色的登山绳上，在费希尔被自己的冰镐突然绊倒时迅速绕过他，从悬崖边垂降下去。

等我终于下到南峰的时候已经是下午 3 点多了。此时，卷须状的云雾正飘过海拔 8 516 米的洛子峰[1]，向珠峰金字塔形的峰顶围拢过去。天空不再晴朗。我抓起一个新的氧气瓶，把它接到流量调节阀上，然后冲进山下聚拢的云雾中。等我下到南峰脚下的时候，天上已开始下起了小雪，视线一片模糊。

在距我垂直高度 122 米的地方，洁净湛蓝的天空下，珠峰依然沐浴在灿烂的阳光中，我的那些朋友们嬉戏成一团，为登上这个星球的最高点而欢呼雀跃。他们挥舞着旗帜，拍着照片，用光了宝贵的分分秒秒。谁都不曾想到会有一场可怕的严峻考验正在逼近。毋庸置疑，在这漫长的一天即将结束之际，每一分钟都至关重要。

---

[1] 洛子峰，世界第四高峰，位于喜马拉雅山脉中段中国和尼泊尔边界上。洛子峰的意思是“南面的山峰”，因为位于珠峰以南约 3 公里，所以被误解为“珠峰的南峰”。——译者注

PART 1
重拾珠峰梦

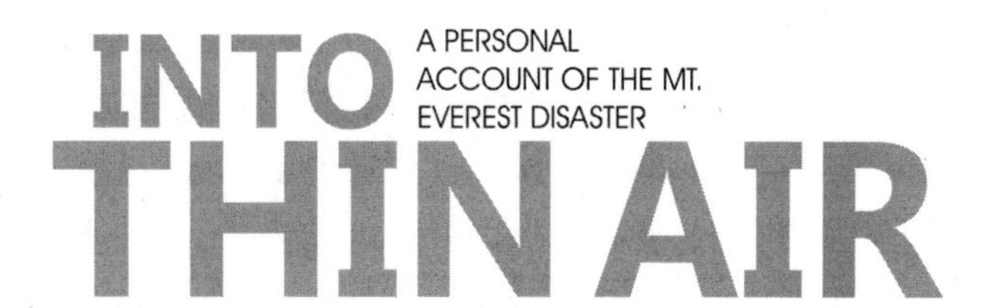

INTO
THIN AIR

01 因为山就在那里

在远离高山的冬日里，我在理查德·哈利伯顿的《世界奇观》里找到了一张模糊的珠峰照片。昏暗的天空映衬着参差不齐的白色山峰，犹如一幅匆匆涂抹的怪异图画。珠峰在这些山峰的后面，反倒显不出它是最高峰。但这并不重要，它就是最高峰，旁边的文字就是这么说的。对这张照片来说，梦想才是关键，它让一个小男孩梦想成为画中人，站在寒风凛冽的山上，向那座最高峰攀登，而它现在已不再高高在上……

在那些伴随人成长的异想天开的梦想中，攀登珠峰便是其中之一。我敢保证，珠峰梦绝非我所独有。它是世界的最高点，难以逾越，是许多男孩和男人们追求、向往的目标。

托马斯·霍恩宾 |《珠穆朗玛峰：西山脊》

真实的细节因为传说的久远而不甚清楚。时间是1852年，地点是印度大三角测量局在台拉登北部山上的测绘站。最可靠的一种说法是，一名职员冲进印度测量局局长安德鲁·沃尔夫爵士的房间，惊呼一位名叫拉德哈纳士·锡克达的孟加拉计算员“发现了世界最高峰”。这座被标为“第15号峰”的山峰，早在3年前就有测量员用24英寸经纬仪测出其高出的角度，使得这座高度尚未确切为人们所知的山峰从位于神秘国度尼泊尔的喜马拉雅山脉中跃然而出。

在锡克达汇总并计算出测量数据之前，没人认为“第15号峰”有什么值得注意的。6座专门对其进行三角测量的测绘站位于印度的北部，与它相距160多公里。“第15号峰”除了峰顶之外，其余部分均被前面高大的悬崖遮挡，有几个悬崖甚至看起来更高一些。但是，根据锡克达精细的三角测量（考虑到了诸如地球表面的曲度、空气的折射以及铅垂线测量偏差等因素），“第15号峰”海拔8 839.8米，是地球的最高点。

1865年，在锡克达的计算结果得到证实后9年，沃尔夫用该局前局长乔治·埃佛勒斯爵士的姓氏擅自将“第15号峰”命名为“埃佛勒斯峰”。而此时此刻，在这座巨峰北侧居住的西藏人早就给它起了一个甜美的名字——珠穆朗玛，即“女神，世界之母”；而住在南侧的尼泊尔人则称它为“德瓦德宏加”，即“上帝的椅子”。[1]

[1] 现在，尼泊尔人称“埃佛勒斯峰”为“萨迦玛塔”，意思是“天空女神”。但这一称呼出现于1960年。当时，中尼之间进行着边界之争，毕·普·柯伊拉腊首相认为，如果这座伟大山峰的尼泊尔称谓能被普遍认可，将有助于尼方维护其对珠峰南侧的权利，于是迅速在全国颁布法令，规定这座山峰名为“萨迦玛塔”。——作者注

但沃尔夫执意忽略当地人对它的称呼，并且在西方国家，“埃佛勒斯”这个名字依然沿用至今。

一旦珠峰被确认为地球的最高点，那人们决定登上它就只是时间问题。美国探险家罗伯特·皮尔里于 1909 年到达北极、罗尔德·阿蒙森率领挪威探险队于 1911 年抵达南极之后，被称为“第三极”的珠峰便成为陆地探险领域中人们最渴求的目标。作为颇具影响力的登山家和早期喜马拉雅登山史的见证人，冈瑟·迪伦弗斯说过，登临珠峰是“全人类共同努力的目标，是一项无论付出多大代价都不能退却的事业”。

后人所付出的代价不可谓不惨重。从 1852 年锡克达测出珠峰高度，到其最终被登临的 101 年间，珠峰共夺去了 24 条生命，挫败了 15 支探险队。

○ ○ ○ ○

在一些登山家和艺术鉴赏家的眼中，珠峰算不上特别秀美出众。它的体形过于矮胖宽大，外观也略显粗糙。但是，珠峰所欠缺的建筑学上的美，可以被其压倒一切的总体美弥补。

珠峰地处中尼边界的东段，北坡在中国西藏境内，南坡在尼泊尔境内。它比其山脚下的山谷高出 3 758 米之多，是喜马拉雅山脉的主峰。远远望去，它像一座由闪着银光的冰雪和暗色条纹状的岩石构成的三棱锥。最初的 8 次探险是英国人发起的，不过都是从北坡即中国西藏一侧开始攀登，这并非因为北坡是令人敬畏的珠峰最为薄弱的一面，而是因为在 1921 年，当时的中国政府向外国人开放了长期关闭的边界，而尼泊尔人却依然禁止外国人入境。

早先攀登珠峰的人只能取道大吉岭[1]，艰苦跋涉 644 公里陡峭的山路，翻越青藏高原，走到珠峰脚下。当时人们对高海拔地区的致命危险一无所知，因此他们的装备在今天看来简直是少得可怜。1924 年，第 3 支英国探险队的成员爱德华·费利克斯·诺顿到达了海拔 8 573 米的高度，距离峰顶仅 275 米之遥。但由于精力耗尽

[1] 大吉岭是印度东北部的一个城镇，位于喜马拉雅山脉低处、锡金的边界。由于可以博览干城章嘉峰和珠穆朗玛峰而成为著名的旅游中心。——译者注

和雪盲症，登顶失败了。然而，这一惊人骄绩在随后的 29 年里几乎无人突破。

我之所以说“几乎”，是因为在诺顿登顶失败后的第 4 天发生了一件事。6 月 8 日黎明，另外两名成员乔治·马洛里和安德鲁·欧文离开营地向峰顶进发了。

马洛里这个名字与珠峰密不可分，他在前 3 次人类攀登珠峰的尝试中都起着巨大的推动作用。在其走马灯式的全美巡回演讲中，一位难缠的随队记者不断追问他为什么还要来攀登珠峰，马洛里为了打发这位记者没好气地留下了他的传世名言：“因为山在那里！”（Because it is there！）1924 年，马洛里 38 岁，是一位已婚的学校校长，有 3 个年幼的孩子。出身于英国上流社会的他，是一个唯美主义者也是一个带有明显浪漫气质的理想主义者。他以健壮的体格、优雅的举止、迷人的社交风度和漂亮的外貌，成为利顿·斯特雷奇以及布鲁姆伯利区的宠儿。在珠峰海拔极高的地方，他和他的同伴仍然在帐篷里高声诵读莎士比亚《哈姆雷特》和《李尔王》中的片段。

1924 年 6 月 8 日，马洛里和欧文缓慢地奋力向峰顶攀登，珠峰上云浪翻滚，使得山下的同伴无法追踪他们的进程。中午 12:50，云团暂时散开，队友诺埃尔·奥德尔瞥见了马洛里和欧文高高在上的身影。他们比原计划晚了大约 5 个小时，但仍然“不慌不忙、敏捷地”向上攀登着。

那天晚上，两位登山者再也没有返回他们的帐篷，也没人再见过他们。此事引发了关于两人或其中一人在被大山吞没之前是否到达过峰顶成为英雄的激烈争论。1999 年，著名的美国登山家康拉德·安克在海拔 8 200 米高的一个倾斜岩脊上发现了马洛里的尸体，显然 75 年前马洛里跌落到这里，并长眠于此。安克在马洛里的遗物里找到了几样让人迷惑的物品，这些惊人发现使得此事更加扑朔迷离。人们权衡各方的证据后认为，马洛里和欧文遇难前并未到达峰顶。

1949 年，经过几个世纪的闭关锁国，尼泊尔终于向外部世界打开了自己的边境。一年后，中国政府禁止外国人入藏。于是，那些攀登珠峰的人们只得将注意力转向珠峰的另一侧。1953 年春季，一支满怀激情的英国探险队，带着近乎于军事行动所需的强大装备，成为第三支由尼泊尔境内攀登珠峰的探险队。5 月 28 日，经过两个半月的艰苦努力，他们在东南山脊海拔 8 500 米的地方搭起了一个帐篷。第二天一早，一位又高又瘦的新西兰人埃德蒙·希拉里和一位技艺高超的夏尔巴登山家丹增·诺盖一起，背着氧气瓶向峰顶进发了。

上午 9 点，他们到达南峰，并望见一条极窄的通向珠峰峰顶的山脊。又过了一个小时，他们来到一块大岩石的脚下。希拉里后来写道：

> 看起来这是山脊上最难攀登的地方了——一块高达 12 米的岩石台阶……岩石表面光滑，没有可抓握的地方。对于一群湖区专业登山者来说，这也许是个轻松的问题，但是在这里，凭我们微薄的力量难以逾越它。

丹增紧张地从下面将绳子放松，希拉里则侧身挤进一个介于岩石和岩石边缘呈鳍状垂直的裂缝中，然后一点一点地在后来被称为希拉里台阶的地方攀爬。这次攀登既紧张又艰难，但希拉里还是坚持了下来，正像他后来所写的那样：

> 我终于爬上了那块岩石，身体从裂缝中钻到了宽阔的山脊上，在地上躺了好半天才使呼吸平静下来。我第一次真正感到了强大的决心，没有任何事情能够阻止我们到达峰顶的决心。我稳稳地站在山脊上，然后示意丹增上来。我用力拽着绳子，丹增则扭动着身体从裂缝中爬出来。最后，当他爬上来的时候，就像一条经过激烈挣扎、而后又被从海里拽出来的大鱼似的瘫软在地上。

与疲劳不断抗争的两位登山者继续沿着起伏不定的山脊向上前进。希拉里觉得：

> 大脑反应相当迟钝，我不知道我们是否还有足够的力气坚持到最后。我翻过了又一座山，看见前面的山脊蜿蜒而下，远处就是中国西藏。我抬起头，头顶上是一个圆形的雪堆。我又挥动了几下冰镐，小心翼翼地向前迈出了几步，丹增和我终于到达了山顶。

就这样，在 1953 年 5 月 29 日接近中午的时候，希拉里和丹增成为世界上最先登上珠峰峰顶的人。

三天后，伊丽莎白女王在加冕典礼前夕得到了登顶珠峰的消息。伦敦《泰晤士报》在 6 月 2 日的早间版上率先报道。这条新闻报道是由一位名叫詹姆斯·莫里斯的年轻记者从珠峰上用一台密码无线发报机发出的（为了防止竞争对手抢在《泰晤士报》前面报道）。20 年后，这位年轻人成为极负盛名的作家，接受了一次著名的变性手术，并把自己的教名改成了“简”。

40年后，莫里斯在《埃佛勒斯峰加冕：第一次登顶和女王加冕》一文中写道：

> 现在很难想象，这两件事情的巧合（加冕典礼和登顶珠穆朗玛峰）在英国竟受到了不可思议的欢迎。（英国人）终于从第二次世界大战结束后痛苦不堪的艰难日子中走出来，但同时也面对着帝国的衰落和世界范围内英国势力不可避免的减弱，英国人还不能完全相信新即位的年轻女王象征着新的开始——报纸所乐称的“伊丽莎白女王时代”。1953年6月2日的加冕典礼是象征希望和欢乐的一天。这一天，所有英国人的全部爱国热诚找到了最佳的释放机会。更让人称奇的是，就在同一天，从遥远的地方传来了消息：这个古老帝国的“开拓者”——一支英国登山队——登上了世界之巅，登上了这个地球上征服与探险的最高目标……
>
> 这一时刻唤起了英国人心中全部的复杂而丰富的情感：自豪、爱国主义、对往日战争与英勇的怀旧之情、重现昨日辉煌的期盼之心……人们仍然清晰地记得那个时刻，当他们在6月伦敦细雨纷飞的早晨等待加冕典礼仪式开始时，突然听到了这个神奇的消息，人们热烈地谈论着，仿佛那就是他们自己的丰功伟绩。

丹增成了夏尔巴人心目中的民族英雄。被女王封为爵士后，希拉里的形象被印在了邮票、电影海报以及连环画、图书、杂志的封面上。一夜之间，这位来自奥克兰的面容瘦削的养蜂人成了世界上最出名的人。

○ ○ ○ ○

希拉里和丹增登上珠峰一个月之后我才被孕育，因而无法分享这份让全世界为之自豪和惊叹的激动之情。一位年长的朋友说这件事的深刻影响可与人类首次登月相媲美。10年后，另一起登上珠峰的事实改变了我的生活轨迹。

1963年5月22日，一位来自密苏里州32岁的医生汤姆·霍恩宾和一位来自俄勒冈州的神学教授威利·翁泽尔德一起，沿着未曾有人攀登过的险峻的西山脊到达珠峰峰顶。截止到那时为止，共有11人4次成功登顶，但是从西山脊这条路线攀登，比前两条路线，即南坳与东南山脊和北坳与东北山脊要难走得多。因此，霍恩宾与翁泽尔德的成功登顶，在当时被理所当然地视为登山史上的巨大成就。

向峰顶挺进的那天晚些时候，这两位美国人碰到了一段陡峭而易碎的岩石地层——声名狼藉的“黄色地带”。登上这段峭壁需要相当的体力和高超的技巧，而在那种高海拔地区，再也没有比这更严峻的技术挑战了。霍恩宾和翁泽尔德一登上“黄色地带”就开始担心他们能否安全下来。最后他们决定，能活着下山的最大希望就是翻过峰顶，再从东南山脊那条路况良好的路线下山。当时天色已晚，地形又陌生，而氧气瓶里的氧气正在迅速减少。这是一个非常危险的计划。

霍恩宾和翁泽尔德下午 6：15 到达峰顶时已是夕阳西下，他们只好在海拔 8 500 米的地方露宿一夜。在当时，那是历史上海拔最高的临时营地。那天晚上，天气寒冷，好在没有刮风。尽管后来翁泽尔德的脚趾因冻伤而被截掉，但两人总算活着回来讲述他们的故事了。

那时候我才 9 岁，住在俄勒冈州的康瓦利斯城，这里也是翁泽尔德的家乡。他和我的父亲相交甚好，而我则与翁泽尔德家的大孩子们一起玩耍。雷冈长我 1 岁，杰维小我 1 岁。翁泽尔德准备去尼泊尔的前几个月，我在父亲、翁泽尔德和雷冈的陪伴下第一次登上了位于喀斯喀特山脉一座 2 743 米高的火山山顶，现在那里已安装了索道。毫无疑问，1963 年在珠峰上发生的英雄事迹在我尚未成熟的想象中激起了巨大而悠长的回响。当我的朋友们将约翰·格伦[1]、桑迪·考夫克斯[2]和约翰尼·尤尼塔斯[3]奉为偶像的时候，我则把霍恩宾和翁泽尔德当成自己心目中的英雄。

我在心中暗想，也许有一天我也能登上珠峰。此后的 10 多年里，我一直以此为奋斗目标。20 岁刚出头的时候，登山成为我生活的中心，没有任何其他事情能与之相提并论。会当凌绝顶的体验是真实的、永恒的且具体的。不容忽视的危险性赋予了这项运动严肃的目的，而这恰恰是我平凡生活中所缺少的。我因这种看待生活的新视角而兴奋激动，它颠覆了按部就班的平淡生活。

另外，登山赋予人一种团队意识。成为登山者，就意味着加入到一个独立自主、

[1] 第一个环绕地球的美国宇航员。——译者注

[2] 美国道奇队著名的棒球投手，荣获三次投手最高荣誉“赛杨奖”。——译者注

[3] 美国著名的橄榄球运动员，被公认为是历史上最伟大的四分卫之一。——译者注

狂热的理想主义团体中，其不受外界影响的程度到了令人吃惊的地步。登山文化充满挑战、极具阳刚之气，但最重要的还是要给人留下印象。登上某座山峰的方式比登上这座山峰本身要重要得多，声誉是靠用最少的装备从最不可能的路线以最大胆的方式攀登而赢得的。没有人比所谓的单人徒手登山者（即不用登山绳或大型装备而独自攀登的人）更受人钦佩了。

那时候，我活着就是为了登山，靠每年五六千美元的收入维持生计。为了凑够攀登布加布斯山、提顿山或是阿拉斯加山脉的费用，我曾当过很长时间的木工，捕了很长时间的大马哈鱼。我二十五六岁的时候，曾放弃过攀登珠峰的念头。那段时间登山者中流行着将珠峰贬为“矿渣堆”的说法，意指它是一座缺乏技术挑战性和审美吸引力的山峰，以至于“技艺精湛”的登山者对它不屑一顾。我也因此开始轻视这座世界最高峰。

这种偏见的产生始于20世纪80年代初，那时，珠峰攀登最容易的一条路线，即南坳与东南山脊，已被攀登过不下100次了。我和我的同伴们把东南山脊称之为“牦牛之路”。这种蔑视又因1985年发生的一件事进一步加深了。当时，一位名叫迪克·巴斯的得克萨斯阔佬，年届50岁，没有什么登山经验，却在一位名叫戴维·布里希尔斯的出色年轻登山者的带领下登上了珠峰。这件事招徕了新闻媒体并非恶意的强烈关注。

在此之前，珠峰可以说是登山精英们的天堂。用《攀岩》杂志编辑迈克尔·肯尼迪的话来说就是：“只有在较低的山峰接受过长期训练后，才会获得被邀请参加珠峰探险队这一殊荣。实际上，只有真正登上这座山峰的登山者才可能跻身登山明星的世界。”然而，巴斯成功的事实却改变了这一切。登上珠峰之后，他便成为第一位登上全部七大洲最高峰的人。[1] 这一伟绩使得他闻名世界，也促使成群的业余

---

[1] 迪克·巴斯登上七大洲最高峰之后，一位名叫帕特里克·莫罗的加拿大登山者提出了质疑，因为大洋洲是由包括澳大利亚在内的一片广阔的土地所组成，因此它的最高点不是科修斯科山，而是位于印度尼西亚伊里安查亚省海拔5 030米的查亚峰。因此，巴斯并不是第一位征服全部七大洲最高峰的人，这个人应该是他——莫罗。更多的评论家指出，比攀登每一大洲的最高峰更困难的是攀登每一大洲的次高峰，因为那往往是要求更苛刻的攀登。——作者注

登山者们纷纷追随他的足迹，骤然间将珠峰推入了后现代。

“对于我这把年纪的人来说，迪克·巴斯的成功令人鼓舞。”在前往珠峰大本营的艰难旅途中，西伯恩·贝克·韦瑟斯用他浓重的东得克萨斯口音向我解释说。韦瑟斯 49 岁，是位达拉斯病理学家，他是我们这支探险队的成员之一。“迪克向我们证明，即使是平常人也可以接近珠峰，只要你身体比较健康，手头也比较宽裕。我想最大的困难可能是如何挤出时间，并且和家人分开两个月。”

对于大多数登山者来说，从平日里挤出时间并不是多难的事，要得到足够的费用也并非不可能。过去的 5 年间，在七大洲最高峰上，特别是在珠峰上，人群的拥挤程度以惊人的速度加剧。为了满足需要，各种以盈利为目的、由向导带领攀登的商业登山机构如雨后春笋般发展起来。1996 年春季，共有 30 支探险队蜂拥至珠峰的两侧，其中至少有 10 支是以盈利为目的的商业探险队。

尼泊尔政府意识到，蜂拥而至的人群将会给珠峰带来诸如安全、环境等问题。为此，尼泊尔政府制定了一个既可以控制人数又可以增加国库收入的办法：提高登山许可证的价格。1991 年，攀登珠峰的许可证每个售价 2 300 美元，不限定登山队的规模。但到了 1992 年，每个许可证的价格涨至 1 万美元，且登山队的人数不得超过 9 人，每增加一人就要再付 1 200 美元。

尽管收费昂贵，也仍然挡不住攀登珠峰的人群。1993 年春季，也就是人类首次登上珠峰 40 周年，15 支探险队中的 294 人从尼泊尔一侧登上了珠峰。这个人数是史无前例的。那一年的秋季，尼泊尔旅游局再次将许可证的费用提高到惊人的 5 万美元，且规定每支队伍不得超过 5 人，每增加一人再交 1 万美元，但总数最多为 7 人。此外，尼泊尔政府还颁布法令，规定每个季节只允许 4 支探险队同时攀登。

但是，让尼泊尔政府始料未及的是，从中国西藏一侧攀登珠峰，不仅费用只需 1.5 万美元，而且对登山队的规模以及每季探险队的数量也不加限制，于是成群结队的登山者从尼泊尔转移至中国西藏，使得成百上千的夏尔巴人失业。随之而来的抗议和不满迫使尼泊尔政府在 1996 年春季突然取消对每季 4 支探险队的限制。但与此同时又再一次提高了收费标准——7 人规模的队伍收 7 万美元，每增加一人再收 1 万美元。但 1996 年春季 30 支攀登珠峰的队伍中有 16 支是从尼泊尔一侧出发的，从这个事实来判断，高额的登山许可证费用似乎并没有起到明显的遏制作用。

这样看来，即使没有发生 1996 年的那场灾难，在此之前 10 年间商业探险活动的日趋频繁仍是一个亟待应对的问题。传统主义者对此很是恼火，因为世界最高峰被出卖给了有钱的暴发户，他们当中的一些人若没有向导的帮助，恐怕连雷尼尔山这样不高的山峰都上不去；而纯粹主义者则认为，珠峰受到了贬低和亵渎。

这些批评家还指出，珠峰不断被商业化，致使从前的圣山被拖进了美国法律纠纷的泥潭。有些登山者交了一大笔钱却没能登上峰顶，将他们的向导告上了法庭。皮特·阿萨斯哀叹道："有时候你会遇到这样的顾客，认为自己买了一张登上珠峰的保票。这些人就是不能理解，远征珠峰不会像坐瑞士火车那样如意。"阿萨斯是位德高望重的向导，曾 11 次攀登珠峰，4 次登顶。

不幸的是，并非所有涉及攀登珠峰的官司都是顾客的无理取闹。那些不称职或是信誉不好的公司，不止一次地忘了提供承诺过的诸如氧气等关键性后勤保障，甚至有向导丢下顾客自己登顶去了，使得这些失望的顾客认为他们只是被带上山来买单的。1995 年，甚至有一支商业探险队的领队在开始登山之前携带顾客的好几万美元费用潜逃了。

○　○　○　○

1995 年 3 月，我接到《户外》杂志一位编辑打来的电话，他建议我参加一个原定 5 天后启程的珠峰探险队，以便撰写一篇文章，报道这些如雨后春笋般出现的商业登山活动以及随之而生的种种争议。杂志社的意图并不是让我去攀登珠峰，仅是希望我待在大本营里，从位于珠峰西藏一侧的东绒布冰川发回报道。我很认真地考虑他的建议，甚至预订好了航班，并注射了攀登所需要的免疫针，但在最后关头还是打了退堂鼓。

过去几年来我对珠峰所表现出来的鄙视，让人很自然地以为我是很有原则的。

实际上，《户外》杂志的那通电话将我潜藏已久的渴望激发了出来。我之所以拒绝，只是因为我觉得，花两个月的时间待在珠峰巨大的身影中却不能去攀登比大本营更高的地方，着实让人郁闷。如果让我花 8 周的时间离开妻子和家到地球的另一端，我倒是希望能利用这个机会攀登珠峰。

我问《户外》杂志的编辑布赖恩特能否将此项任务推迟 12 个月，这样我就有时间进行训练，以满足探险的体能需要。我还询问他们，是否愿意给我在一家比较知名的向导服务社登记，并且负担 6.5 万美元的费用，好给我一个登顶的机会。我本不奢望他们会同意这个计划。毕竟，在过去的 15 年间，我给他们写了 60 多篇文章，很少享受过超过两三千美元的出差补贴。

一天之后，布赖恩特跟《户外》杂志的出版商协商后给我回话了。他说杂志社不准备付这笔钱，但他和其他编辑都认为珠峰的商业化是个重要题材。他表示，如果我真有此心，也许可以想点别的办法。

○　○　○　○

30 年来我以登山者自居，也征服过一些困难的目标。在阿拉斯加，我在“魔西之牙”峰上攀爬最困难的地方开辟了一条新路线，还独自一人登上了魔指峰，并在冰雪覆盖的山顶上独自生活了三个星期。我在加拿大和美国科罗拉多州有过多次艰难的攀冰经历。在大风肆虐的南美洲南端（当地人形象地称之为“上帝的扫帚”），我登上了高达数公里凌空竖起、突兀陡峭、令人畏惧的托雷岭花岗岩峰顶。当时狂风大作，风以每小时 185 公里的速度横扫山顶，我被一层薄薄的冰霜裹住。托雷岭曾被认为是世界上最难征服的山峰。

但这些冒险都是几年前的事情了，有些甚至是十几年前我二三十岁时的事情。经过 41 个春秋，我已过了登山的黄金年龄，只剩一把灰色的胡子和一副烂牙床，腹部还多出了十几斤赘肉。我娶了一位心爱的妻子，并意外地撞上了一份还算合适的工作，平生第一次脱离了贫困线。简而言之，我对登山的渴望已被一些由小小的满足感所组成的类似幸福的东西磨钝了。

而且，在过去的登山生涯中，我没有到过任何一个可称之为高海拔的地方。说实话，我还没有到过海拔 5 300 米以上的地方，那甚至还没有珠峰大本营高呢。

作为一个熟悉登山史的人，我知道自英国人 1921 年首次造访以来，珠峰共夺去了 130 人的生命（差不多每 4 个到达峰顶的登山者中就有 1 人死亡）。在这些死去的人中，有些比我还健壮，也拥有更为丰富的高山经验。但我最终发现，儿时的梦想难以磨灭，而理智已无济于事。1996 年 2 月底，布赖恩特打来电话说，霍尔的珠峰探险队中有个位子等着我，我没有片刻犹豫就回答说愿意。

INTO
THIN AIR

02 至关重要的信任

我用很生硬的语言给他们讲了一个寓言故事，是海王星的故事，也就是最普通的海王星，不是什么天堂，因为我不知道什么是天堂。你知道这意味着什么吗？也就是说，你就是你，仅此而已。

我说，正好在那上面有一块大岩石，而我必须提醒你的是，海王星上的人都相当蠢笨，简单说吧，他们每个人都是自我束缚着生活的。我特别想提的一点是，他们当中的一些人下定决心要去攀登那座山，你都想象不出来，这些人不顾死活，也不管有没有用，反正就是养成了一种习惯，把自己的业余时间和全部精力花在追逐名誉上，在当地最陡峭的山上爬来爬去，回来时都激动不已。

颇为有趣的是，即便是在海王星上，大多数人都从最安全的一侧出发。但他们仍然热血沸腾，从他们脸上和眼睛里闪着的光就能看出来。正如我说过的，这是在海王星而不是在天堂，在那儿，可能除此之外再也没有别的事情可做了。

约翰·门洛夫·爱德华兹 |《某人来信》

从曼谷飞往加德满都的泰航311航班起飞两个小时后，我起身走到飞机尾部右侧的洗手间附近，弯下身子从齐腰高的小窗户望出去，希望能瞥见一些山峰。我没有失望：在高出地平线的地方，耸立着犬牙交错的喜马拉雅山脉。我就像着了魔似的，一直待在装满空汽水瓶和食物残渣的垃圾袋旁，把脸紧紧贴在冰冷的舷窗上。

突然，我认出了绵延而巨大的干城章嘉峰，它高出海平面8 586米，是世界第三高峰。15分钟后，世界第五高峰马卡鲁峰映入我的眼帘。最后，我清清楚楚地看见了珠峰的身影。

浓黑如墨的山峰巍然耸立，傲视着周围的山脊。山峰直冲云霄，将飞机以每小时220公里极速喷出的气流撕开一道裂缝。气流掀起的一缕冰晶向东蔓延开来，宛如一条长长的丝巾。我凝视着空中这道飞机划过的轨迹，突然意识到，珠峰的最高点恰好与这架载着我穿越苍穹的飞机的飞行高度一样。猛然间，一个令我震惊的念头跃入脑海：我要攀登的高度与空客300喷气式客机的飞行高度一样，登顶珠峰近乎异想天开，甚至比这还糟。一想到这儿，我不禁手心冒汗。

40分钟后，飞机在加德满都降落。我办完通关手续走到机场大厅，一个身材高大、面容整洁的年轻人注意到我带的两个硕大的背包，于是朝我走来。“你是乔恩吧？”他用轻快的新西兰口音问道，手里拿着一张纸，上面印满了霍尔顾客的护照相片复印件。他和我握了握手，并自我介绍说他叫安迪·哈里斯，是霍尔手下的一名向导，负责送我去旅馆。

还有一位客人也是坐同一架班机从曼谷飞来的，这人是来自密歇根州布卢姆菲尔德山的律师，53 岁的卢·卡西希克。卡西希克花了一个小时才找到自己的行李，而我和哈里斯则利用等他的时间交流彼此在加拿大西部都曾有过的几次艰苦的攀登经历，并且还讨论起滑雪技巧和滑雪板的长短。哈里斯对登山充满了挚爱，他对大山的真正痴迷，激起了我对自己生命中一段时光的渴望：登山成为我可以想象的最重要的事情——在自己攀登过的以及希望有朝一日攀登的山峰上留下足迹。

卡西希克个子很高、体格健壮、头发灰白而略带贵族气质。就在他从机场海关出来之际，我问哈里斯登上过几次珠峰。“实际上，”他兴奋地回答，“和你一样，这将是我的第一次。看看自己到底能爬到多高肯定很有意思。”

霍尔为我们在简陋但还算舒适的加鲁达旅馆预订了房间。旅馆坐落在加德满都杂乱的泰美尔旅游区的中心，狭窄的街道挤满了黄包车和小摊贩。加鲁达一直以攀登喜马拉雅山脉的探险活动而闻名于世，旅馆的墙上贴满了曾在这里住宿过的著名登山家的签名照片，包括莱因霍尔德·梅斯纳尔[1]、彼得·哈伯勒[2]、基蒂·卡尔霍恩、约翰·罗斯克力[3]和杰夫·洛[4]。我走上通往房间的台阶时，经过一张名为“喜马拉雅三部曲”的巨幅四色海报，上面印着珠穆朗玛峰、乔戈里峰和洛子峰，它们分别是地球上的最高、次高和第四高山峰。在这些山峰之上，是一个身着全副登山装备、露齿微笑的大胡子男人，名叫罗布·霍尔。这幅海报展示了霍尔在 1994 年的两个月内登上这三座山峰的辉煌胜利，为霍尔的冒险顾问公司招揽生意。

一个小时后，我亲眼见到了霍尔。他大概有 1 米 93，瘦如竹竿。虽然他面带天真，但看起来要比实际年龄 35 岁成熟许多，这或许是因为眼角深深的鱼尾纹的缘故，抑或是他的气质显得很有权威。他身着夏威夷衬衫，褪色的李维斯牛仔裤的一边膝盖上绣着八卦图案，一头乱糟糟的浓密棕发盖住前额，跟灌木丛似的胡须也有待修理。

---

[1] 1980 年 8 月 20 日，首次单人无氧从北坳横切到北壁路线登顶珠峰。——译者注

[2] 1978 年 5 月 8 日，他与莱因霍尔德·梅斯纳尔经东南山脊路线首次无氧登顶。——译者注

[3] 1978 年登顶乔戈里峰，2003 年 5 月与其子一起登顶珠峰，成为最年长的完成者。——译者注

[4] 美国著名的登山家，活跃的阿尔卑斯式攀登爱好者。——译者注

霍尔生性合群，博闻健谈，充满了新西兰人的睿智。他兴致勃勃地讲了一个关于一个法国旅行者、一个佛教徒和一头特别的牦牛的故事。他妙语连珠，顽皮地斜视着我们，时而制造一下紧张的气氛，时而又抑制不住喜悦，将头向后一仰，发出一阵爽朗而极具感染力的笑声。我立刻就喜欢上了他。

霍尔出生在新西兰克赖斯特彻奇市的一个天主教蓝领家庭，是 9 个孩子中最小的一个。他头脑灵活、思维敏捷，但因得罪了一位专制的教师，15 岁那年就辍学了。1976 年，霍尔为当地一家登山设备制造商高山运动公司工作。“刚开始的时候他干一些杂活，踩缝纫机什么的。”比尔·阿特金森回忆到。阿特金森现在是著名的登山者兼向导，他当时也在高山运动公司工作。“霍尔十六七岁时就表现出了卓越的组织才能，很快就管理起公司的整条生产线。”

霍尔当时就已经是有几年经验的山丘攀登迷了。大概就在他为高山运动公司工作期间，他又开始了攀岩和攀冰。“他学得很快，”阿特金森说，他后来成为了霍尔最亲密的登山伙伴，“他具有从任何人身上学习技巧、采纳建议的本领。”

1980 年霍尔 18 岁，参加了攀登阿玛达布拉姆峰北坡的探险队。此峰位于珠峰南侧 24 公里，海拔 6 812 米，风景秀美无比。这是霍尔第一次攀登喜马拉雅山脉，这次征途中他绕道去了珠峰大本营。他发誓，总有一天他要登上这世界的最高峰。这一夙愿的实现历时十载，经历了三次尝试，终于在 1990 年的 5 月，霍尔以探险队领队的身份登上了珠峰峰顶。探险队员包括希拉里爵士之子彼得·希拉里。在峰顶，霍尔和希拉里用无线电对新西兰全国作现场直播，在海拔 8 848 米的地方得到了杰弗里·帕尔默总理的祝贺。

直到那时，霍尔才成为一名职业登山者。和许多同行一样，他只能从公司赞助商那里获得支付喜马拉雅山脉探险的高额费用。霍尔明白，媒体对他的关注越多，他就越容易劝诱公司打开它们的支票簿。事实证明，霍尔非常善于在平面媒体上扬名立万并在电视媒体中抛头露面。“是的，”阿特金森说，“霍尔还是有些公关才能的。”

1988 年，一名来自奥克兰的向导加里·鲍尔成了霍尔主要的登山伙伴和最亲密的朋友。霍尔和鲍尔在 1990 年共同登顶珠峰。他们返回新西兰后不久，制订了一个攀登七大洲最高峰的迪克·巴斯式计划。不同的是，他们将这一计划的难度提高为在 7 个月内征服全部山峰。[1] 由于珠峰——七重奏中最艰难的一章已经成功完成，霍尔和鲍尔争取到了一家名为“动力源泉”的大型电力公司的赞助。他们踏上了征程。1990 年 12 月 12 日，就在离 7 个月的最后期限仅几个小时之际，他们登上了第 7 座山峰——海拔 4 897 米的南极洲最高点文森峰。这一壮举让新西兰人引以为傲。

尽管大获成功，霍尔和鲍尔不得不开始考虑他们登山事业的长远之计。“要想从公司得到源源不断的赞助，”阿特金森解释道，“登山者就必须加大赌注。下一次的登山计划必须比上一次的更有难度、更具吸引力。这就好比上紧的发条，直到力竭而死为止。霍尔和加里明白，如果不改变策略，总有一天他们要不就是不能再攀登陡峭的山峰，要不就是葬身于意外事故。”

“所以他们决定改变方向，转入高山向导这一行业。成为向导之后，攀登不再是唯一的目标。挑战来自让顾客上山、下山，这是另一种满足感。比起为得到赞助而无止境地奔波，这确实是一种更稳定的职业。如果你能够提供令人满意的服务，顾客的数量将是无限的。”

在“7 个月 7 座山峰”的疯狂探险中，霍尔和鲍尔制订了一个合伙开办公司的计划，带领顾客攀登七大洲最高峰。他们深信，那些钱袋殷实但缺乏独自攀登世界级高峰经验的梦想者大有人在，于是成立了一家公司，取名为“冒险顾问”。

紧接着，他们创造了一个惊人的成绩。1992 年 5 月，霍尔和鲍尔带领 6 名顾客登上了珠峰峰顶。一年之后的一个下午，他们率领一支 7 人探险队到达珠峰峰顶，那一天共有 40 人先后登顶。当他们从那次探险归来，却始料未及地遭到希拉里爵士的公开批评。他谴责霍尔在珠峰商业化的过程中扮演的角色。“收取费用护送那些新手登上峰顶，”希拉里爵士怒斥道，“是对这座山峰的大不敬。”

在新西兰，希拉里爵士是最受尊敬的人物之一，他的头像甚至被印在 5 元钞票

[1] 巴斯征服七大洲最高峰共花了 4 年时间。——作者注

上。由于受到这位领袖人物，这位在孩提时代就视之为英雄的登山前辈的当众斥责，霍尔感到既沮丧又尴尬。“在新西兰，希拉里被视为活着的国宝，”阿特金森说，“他说的话非常有分量，受到他的指责的确是一件令人伤心的事。霍尔曾想公开声明为自己辩护，但他意识到，在媒体上与这样一位受人尊敬的人物对着干，他永远也占不了上风。”

就在希拉里爵士燃起讨伐之火5个月后，霍尔遭受了另一个打击。1993年10月，鲍尔死于脑水肿，即由高海拔引起的脑容积增大。意外发生在他们攀登世界第七高峰——海拔8 167米的道拉吉里峰时。鲍尔在霍尔的臂弯中咽下最后一口气，长眠于山顶上的一个小帐篷里。第二天，霍尔将他的朋友埋葬于冰裂缝中。

此次探险后的一次电视采访中，霍尔伤心地描述了他用登山绳将鲍尔的尸体送入深不见底的冰河的过程。“登山绳是为将人们联系在一起而设计的，你永远都不应该放开它，但我却眼睁睁地看着它从我的手中滑落。”

“加里死后，霍尔悲痛欲绝。”海伦·威尔顿说，她分别在1993年、1995年和1996年担任霍尔大本营的总管。“但他很快就战胜了悲痛。这就是霍尔的方式——让生活继续。”霍尔决定独自支撑起冒险顾问公司。他很有条理地重整了公司的结构和服务，继续护送业余登山爱好者登上巨大而遥远的山峰。

1990—1995年间，霍尔共将39名登山者送上珠峰峰顶，比埃德蒙·希拉里首次登顶珠峰后的头20年间的所有登顶者还要多3人。因此，霍尔理所当然地将自己的冒险顾问公司称为“攀登珠穆朗玛峰的领导者，比任何其他组织都具有更丰富的实际登山经验”。他在宣传册上这样写道：

> 你渴望冒险吗？你梦想游历七大洲或者站在高山之巅吗？我们中的绝大多数人从来不敢将梦想付诸实践，甚至不敢与人分享梦想，更不敢承认内心强烈的渴望。
>
> 冒险顾问公司致力于组织并带领登山探险活动。我们善于将梦想变为现实，我们将与您一起实现您的目标。我们不会将您拽着上山，您必须自己付出努力，但我们保证会最大限度地为您提供安全和成功的机会。

对于那些敢于面对梦想的人来说，这一经历将带给您无法言表的感受。我们邀您与我们共攀您向往的山峰。

1996年，霍尔收取每位顾客6.5万美元作为带领他们登上世界之巅的费用。无论如何这都是一笔不小的数目，相当于我在西雅图的房屋抵押款。这笔费用还不包括去尼泊尔的机票钱和个人的装备费。事实上，没有哪家公司的收费比这更高了，霍尔的一些竞争对手甚至只收取1/3的费用。但由于霍尔的成功系数高，他不愁没人上钩。如果你执意要攀登这座山峰，并且还有一些资金的话，冒险顾问公司无疑是最好的选择。

○　○　○　○

1996年3月31日清晨，也就是到达加德满都后两天，集合在一起的冒险顾问公司珠峰探险队员们登上了一架韩亚航空公司的米格-17直升机。这架历经阿富汗战争的伤痕累累的古董，跟一辆校车差不多大，有26个座位，看上去像是在谁家的后院拼凑而成的。随机工程师关上舱门，并发给每人一副棉球塞住耳朵，随后，这架巨兽般的直升机发出震耳欲聋的吼声，轰隆隆地划入空中。

机舱内的地板上堆满了行李装备、登山背包和纸箱子。像货物一样被运送的人们挤在机舱四周的活动座椅上，他们面朝舱内，膝盖顶着胸口。螺旋桨发出震耳欲聋的声音，让人无法交谈。这不是一次愉快的旅行，但没人抱怨。

1963年，汤姆·霍恩宾从距加德满都十几公里的贝内派开始攀登珠峰的探险，花了31天才到达大本营。像现在的许多人一样，我们选择跳过这段陡峭而尘土飞扬的路程，坐直升机直接飞到喜马拉雅山脚下海拔2 800米的偏僻小村卢卡拉。如果不坐直升机，我们得沿着霍恩宾走过的路消磨三周的时间。

环顾宽敞的机舱，我努力将记忆中的人名与眼前的队友一一对号。海伦·威尔顿，这位39岁有4个孩子的母亲，正返回大本营担任第三任大本营总管；卡罗琳·麦肯齐，一位年近30岁的出色登山者兼医生，她是探险队的队医，跟威尔顿一样，也只到大本营；卢·卡西希克，我在机场遇到的那位具有绅士风度的律师，已经攀登了七大洲最高峰中的6座；47岁沉默寡言的难波康子也是如此，她是联邦快递东京分部的人事主管；贝克·韦瑟斯，49岁，来自达拉斯的病理学家；34岁的斯图尔特·哈奇森穿着T恤衫，是一位睿智而略带书生气的加拿大心脏病专家，刚从某个科研机构请假而来；约翰·塔斯克，56岁，最年长的一位，是来自布里斯班的麻醉师，从澳大利亚军队退役后便开始爬山；弗兰克·菲施贝克，34岁，精明儒雅的中国香港出版商，曾三次随霍尔对手组织的探险队攀登珠峰，1994年他一口气登上了南峰，距山顶的垂直距离仅百米；道格·汉森，46岁，美国邮政工人，曾在1995年随霍尔攀登珠峰，跟菲施贝克一样，也只到达了南峰。

我不知该如何评价我的队友们，从外表和经历来看，他们丝毫不像那些酷爱爬山的登山者。但他们看上去友好而有教养，整个队伍中没有谁看上去像个笨蛋——至少在旅程之初还没有人露出本色。不过直觉告诉我，除了汉森之外，我和其他人没有什么共同语言。汉森身材瘦长结实，不善言谈，饱经风霜的脸让人想起放了气的足球。他做了27年邮政工人，为了支付这次旅程的费用，他没日没夜地干，白天在建筑工地干活，晚上加夜班。我曾干过8年木匠活，或许是因为我们同属于一个纳税级别，很自然地就将我们与其他顾客区分开来。我跟汉森在一起有一种默契。

我渐感不安，因为从未与这样一大群陌生人共同攀登。除了21年前的阿拉斯加之行，我以前的探险都是独自一人，或与一两个信任的朋友一起。

在登山活动中，对同伴的信任至关重要。每一名登山者的行为都会影响整个团队的利益。一个松动的绳结、一次意外的失足、一块摇动的岩石，或者其他不小心的行为，都会给自己和队友带来严重的后果。因此，对于登山者而言，谨慎选择，不与不明底细的人合作，就不足为怪了。

但是，对于由向导带领登山的顾客来说，信任同伴并不容易办到，他们只能把信任寄托在向导身上。当直升机嗡嗡地驶向卢卡拉时，我猜想队友们都和我一样，真心希望霍尔已经谨慎地将能力不足的顾客淘汰出局，并有办法保证我们免受彼此能力不足而带来的危害。

INTO
THIN AIR

03 神秘的夏尔巴村庄

一路上我们马不停蹄地赶路，走得筋疲力尽、腰酸腿痛。还没来得及问擦身而过的夏尔巴人“到营地还有多远？”，一天的艰苦跋涉便在下午早早结束了。

傍晚是宁静的。炊烟袅袅升起在寂静的空中，把黄昏映衬得很温柔。远处山脊上我们明天要扎营的地方闪着亮光，而明天我们要赶的路却因云雾遮挡变得模糊不清。渐渐兴奋的思绪让我一遍又一遍地想起西山脊……

夕阳西下，孤独感油然而生，此时的我好像已将生死置之度外。一旦置身群山中，我知道，自己必须全力以赴完成使命。但有时我也很好奇，这样艰难跋涉是否只是为了印证这样一个事实：我能找到自己丢失的某些东西。

托马斯·霍恩宾 |《珠穆朗玛峰：西山脊》

从卢卡拉前往珠峰需要向北穿越杜德科西峡谷。杜德科西河是冰河末期翻腾的冰川带下来的巨石堵塞而成的冰河。我们在一个名叫帕克丁的小村子里度过旅程的第一个晚上，村里的几户人家和供游客住宿的小旅馆坐落在临河山坡的平地上。夜幕降临，空气寒冷刺骨。第二天清晨，杜鹃花的叶子上闪着白霜。珠峰位于北纬 28 度，太阳冉冉升起照耀整个峡谷，气温骤升。中午时分，我走过一座在河上（这是我们一天当中跨过的第四条河了）高高架起的浮桥，虽然只穿着短裤和 T 恤衫，却已汗流浃背。

过了桥，泥泞的小路偏离河岸蜿蜒爬上峡壁，穿过芬芳的松树林。唐瑟古峰[1]和库萨姆坎格鲁峰[2]壮观的凹槽状冰峰直冲云霄，垂直高度达 3 千米之多。这片神奇的土地风景如画，但它并非蛮荒之地，而且几百年前就不是了。

每块土地都被开垦过，种植着大麦、荞麦和土豆。一串串祈祷的经幡挂满山坡，古老的佛塔和刻着精美经文的嘛呢石像哨兵一般伫立在最高的山口上。当我离河上岸时，路上挤满了徒步者、牦牛群、穿红袍的喇嘛和被木材、煤油、饮料压弯了腰的赤足夏尔巴人。

上岸 90 分钟后，我来到一个宽阔山脊上。经过一个由石头垒成的牦牛圈时，我突然发现自己已经到了南切巴扎小镇——夏尔巴社会的社交和商业中心。位于海拔 3 340 米以上的山区重镇南切巴扎，就像一个巨大的倾斜圆碗，犹如接收卫星电

[1] 海拔 6 608 米。“唐瑟古”在尼泊尔语里有“黄金门”的意思，当地居民看见它沐浴在黄昏金色阳光之下像一道门挡在前面，故而给它取此名字。——译者注

[2] 海拔 6 367 米。从卢卡拉开始登山，它是途中看到的第一座高逾 6 000 米的山峰。——译者注

视的圆盘天线，均匀分布在陡峭的半山腰上。百余间屋舍散落在岩石丛生的山坡上，迷宫般的小路将它们连接在一起，构成了一幅迷人的景致。我在小镇靠近山坡脚下的边缘找到了孔布旅舍。推开充当前门的厚毯子，我发现队友们正坐在角落的一张桌子边喝着柠檬茶。

霍尔向我介绍此次探险队的第三位向导——迈克·格鲁姆。这位 33 岁的澳大利亚人，有一头胡萝卜色的头发，身材像马拉松运动员般瘦削。格鲁姆来自布里斯班，职业是水管工，只是偶尔做向导。1987 年，他从海拔 8 586 米的干城章嘉峰下山时，被迫在山上露宿一夜，结果脚被冻伤，不得不截去所有脚趾。但是，这并不能阻止他攀登喜马拉雅山脉的步伐，后来他又攀登了乔戈里峰、洛子峰、卓奥友峰[1] 和阿玛达布拉姆峰。1993 年，他无氧登顶珠峰。冷静而谨慎的格鲁姆是个让人愉快的伙伴，他少言寡语，总是用几乎听不到的声音作简短回答。

晚餐时由三个人把持着对话，他们都是医生——哈奇森、塔斯克和韦瑟斯。这种情形在整个探险过程中不断重演，还好塔斯克和韦瑟斯都很幽默，经常使全队的人忍俊不禁。不过，韦瑟斯习惯把他的“独角戏”变成对无能的自由党人尖刻而长篇累牍的抨击。那天晚上我就犯了一个“错误”，在某个观点上与他意见不一。我针对他的评论提出，提高最低工资标准看起来应该是一个明智而必要的政策。消息灵通且能言善辩的韦瑟斯批驳我笨拙的声明，将我击得无言以对，最后我只好舌头木讷、汗流浃背地败下阵来。

当他继续滔滔不绝地用软绵绵的东得克萨斯口音细数各州的福利时，我起身离开桌子以免再次丢脸。我回到餐厅，向女老板阿旺多卡要了一杯啤酒。一个小巧而优雅的夏尔巴女人正在为一群美国徒步者点菜。“我们很饿，”一个面色红润的男人一边用蹩脚的英语大声嚷嚷，一边比划着吃饭的动作，“想吃土豆、牦牛肉汉堡、可口可乐。你们有吗？”

“愿意看看菜单吗？”阿旺多卡用清晰、干脆、略带加拿大口音的英语回答道，

[1] 世界第六高峰，海拔 8 201 米，距珠峰的直线距离有 30 公里，其西边是著名的中尼边境贸易通道朗喀巴山通道。正是由于这个通道，使得卓奥友峰成为 8000 米级独立山峰中最容易攀登的山峰之一。——译者注

“我们的品种很多。还有新烤的苹果派，如果你感兴趣的话，可以来点儿甜点。”

美国游客无法理解这位棕色皮肤的山地女人竟会用完美清晰的纯正英语跟他说话，而他则继续用他那滑稽走调的英语说道：“菜单？好的，好的。对，对，我们想看看菜单。”

夏尔巴人在那些喜欢透过浪漫面纱看他们的外国人眼中仍是一个谜。不熟悉喜马拉雅地区的人会认为所有尼泊尔人都是夏尔巴人，但实际上在尼泊尔，这个面积相当于北卡罗莱纳州、人口超过 2 000 万、有着 50 多个不同民族的国家中，夏尔巴人的数量不超过 2 万。夏尔巴人是大山的子民，虔诚的佛教徒，四五百年前他们的祖先从中国西藏南迁而来。夏尔巴村庄分散在尼泊尔东部喜马拉雅山脉的周围，锡金和印度的大吉岭建有相当大的夏尔巴社区。但是夏尔巴村庄的中心是孔布。这里有几个地势极其崎岖不平的山谷，谷底的河水来自珠峰南坡。这儿不通公路，汽车或一切带轮子的交通工具都难觅踪影。

在高寒陡峭的山谷地区从事农耕是相当艰难的，所以传统的夏尔巴经济以中国西藏和印度之间的贸易和牦牛放牧为主。然而从 1921 年，英国人首次攀登珠峰请夏尔巴人担任高山协作起，夏尔巴文化发生了巨大的转变。

1949 年以前尼泊尔一直关闭边境，所以最早对珠峰的勘测以及随后的 8 次探险活动都被迫从北面穿越中国西藏进行，从未穿越靠近孔布的任何地方。而最初 9 次由西藏一侧进行的探险活动都是从大吉岭出发的，那里有许多移居过来的夏尔巴人，他们在当地居民中赢得了吃苦耐劳、和蔼可亲且聪颖智慧的美名。大多数夏尔巴人世代居住在海拔 2 740 ~ 4 270 米高的村子里，生理上已经适应了高海拔气候。根据曾多次与夏尔巴人一起攀登和旅行的苏格兰医生克拉斯的建议，1921 年英国珠峰探险队雇用了一大批夏尔巴人搬运行李和搭建营地，这一做法在其后的 75 年中被大多数探险队沿用了下来。

过去的两个世纪里，孔布地区的经济和文化不可避免地越来越依附于每年随季节涌入的大约 1.5 万名徒步者和登山者。那些学习过攀登技巧和高山作业的夏尔巴人，尤其是那些曾经登上过珠峰的人，得到了极高的荣誉。然而那些成为登山好手的夏尔巴人也面临着随时丧命的危险。从 1922 年英国探险队第二次攀登珠峰时 7 名夏尔巴人死于雪崩起到现在，夏尔巴人丧命珠峰的人数异乎寻常的高——总共 53 人，超过攀登珠峰死亡总人数的 1/3。

尽管存在危险，夏尔巴人之间为了争夺探险队里的 12 ~ 18 个名额展开了激烈的竞争。对于夏尔巴人来说，最吃香的工作莫过于其中 6 个为登山好手设立的机会，因为这往往意味着两个月高危险的工作可以赚到 1 400 ~ 2 500 美元的报酬。这在一个人均年收入仅 160 美元的贫困国家是个相当诱人的数字。

为了满足人数日益增长的西方登山者和徒步者的需要，各种新建的小旅馆和茶馆如雨后春笋般出现在孔布地区。而在南切巴扎，这些新建筑尤为醒目。前往南切巴扎的路上，我超过了无数背着从低地林区刚刚砍伐下来的木材赶路的背夫。每根木材至少 45 公斤重，他们在用自己的血汗换取每天 3 美元的报酬。

很久以前曾到过孔布的观光客无不为人数激增的游客和他们给这片人间天堂带来的变化感到悲哀。山谷的树木被砍伐做成燃料，聚集在南切巴扎台球室里的年轻人大多穿着牛仔裤和芝加哥公牛队的 T 恤衫，而不是做工精致的传统长袍，一家人喜欢在晚上挤在录像机前观看施瓦辛格的最新动作大片。

孔布文化的诸多变化并不完全是件好事，但我从未听到夏尔巴人对此哀叹。徒步者和登山者带来了硬通货，由他们支持的国际扶贫组织带来的基金为南切巴扎及其他村子盖起了学校和医院，降低了婴儿的出生死亡率，还建起了人行天桥和水电站。西方人为孔布失去往日那种简单如画的生活而痛惜，反倒有些施恩者的味道。生活在这片偏僻乡村里的人们，大多数并不想与现代社会或者人类进程割断联系，夏尔巴人最不愿意做的就是成为人类学博物馆里的标本。

○ ○ ○ ○

一个身强体壮、适应了高海拔气候的徒步者可以在两三天内从卢卡拉走到珠峰大本营，但我们大多数人都是刚从海平面来到这里的，所以霍尔让我们尽量慢慢地走，以适应逐渐稀薄的空气。我们每天行走的时间很少超过三四个小时。当霍尔的行程计划要求我们进行环境适应时，就哪儿也去不了。

4月3日，在南切巴扎适应以后，我们继续往大本营赶路。离开村子20分钟后，我环顾四周，看到了一幅壮美的景致：脚底下600米处，杜德科西河在暗处泛着微光，像一条蜿蜒的银色沙带将周围的岩床切开了一道深深的缝隙；头顶上3 000米处，阿玛达布拉姆峰熠熠生辉的巨大峰尖俯视着整个山谷，犹如幽灵一般；而令阿玛达布拉姆峰相形见绌的，是比它还高2 000多米的躲在努子峰身后高耸入云的珠穆朗玛雪峰。像通常所看到的景象一样，一缕凝结的水汽像冰冻的烟雾从山顶向水平方向飘动，昭示着喷涌而出的风暴。

我凝望着那个山顶差不多有半个小时，试图想象站在那狂风凛冽的最高点会怎样。尽管我攀登过的山峰不下百座，但珠峰与它们完全不同，再丰富的想象力都无法描述它的神奇。峰顶看上去是那样寒冷、高耸而又遥不可及。我感觉自己像是要去月球旅行一般。转身继续前进时，我的情绪在不安的猜测和巨大的恐惧中忐忑。

下午晚些时候，我到达孔布地区最大也是最重要的佛教寺院腾波切。一位歪脖子的体贴的夏尔巴人崇巴加入到我们的探险队担任大本营的厨师，他邀请我们去拜见仁波切[1]——“全尼泊尔喇嘛的首领，”崇巴解释道，“一位非常神圣的人物。他昨天才结束了很长一段时间的无声修行，过去的3个月里没有说过一句话。我们将是他的第一批客人。这是很吉利的。”我、汉森和卡西希克每人给了崇巴100卢比（大约2美元）买哈达，然后我们脱了鞋，由崇巴带领来到正殿后面一间狭小通风的房间。

一位身材矮小、头顶发亮、胖乎乎的男人盘腿坐在一个织锦的垫子上，身上裹着勃艮第红葡萄酒颜色的长袍。他看起来又苍老又疲惫。崇巴向他虔诚地鞠躬，用夏尔巴语和他简单地耳语了两句，然后示意我们走上前来。仁波切一边为我们祝福，一边将我们买的哈达挂在我们的脖子上。事后他幸福地微笑着，给我们让茶。“你们应该戴着这条哈达登上峰顶，”崇巴用神圣的声音告诉我们，“愿老天开恩，保佑你们平安。”

[1] 佛教信徒在拜见或谈论某活佛时，一般都称其为某某仁波切，而不是叫“活佛”这个统称，更不可直接叫其名字。——译者注

我不知道应该如何在这位神灵般的人物、这位前世高僧的转世面前举止，唯恐有半点差池犯下不可宽恕的错误。当我喝着茶，坐立不安的时候，仁波切从旁边的柜子里拿出一本大大的、装饰华丽的书，然后递给我。我在我的脏裤子上擦了擦手，紧张地翻开书。这是一本影集。这位仁波切最近访问了美国，影集里是他此行的一些快照：在华盛顿林肯纪念堂和航空航天博物馆前的留影；在加利福尼亚的圣莫尼卡码头的留影……仁波切开心地笑着，兴奋地告诉我们，他最喜欢的两张照片是他和影星理查德·吉尔以及作家史蒂文·西格尔的合影。

○　○　○　○

行程的头 6 天我们如临仙境，行走在小径上，穿过成片的刺柏、低矮的白桦树、青葱的松树、茂盛的杜鹃、雷鸣的瀑布、迷人的石头花园和潺潺的溪流，而地平线上耸立着那些我儿时就耳熟能详的山峰。我们绝大多数的物品都由牦牛和背夫搬运，因此我的背包里只剩下一件夹克、一些糖果和一架相机。轻装前进的悠然步伐使我享受到了行走在异国他乡的乐趣，如坠梦境，但这种陶醉感始终不能持续。我不时想起我们的目的地，珠峰闪现在脑海中的阴影很快使我的注意力又集中起来。

我们都以自己的步伐前进着，不时在路边的茶馆里小憩，或与路人攀谈。我发现我常与邮政工人汉森和霍尔的初级向导哈里斯为伍。哈里斯是个高大健壮的青年，体格就像美国国家橄榄球大联盟的四分卫，有着一张香烟广告上经常出现的那种英俊而粗犷的脸。冬天，他被聘为抢手的直升机滑雪运动向导；夏天，他为在南极进行地质勘测的科学家工作，或护送登山者攀登新西兰的南阿尔卑斯山脉。

我们沿路前行，哈里斯兴致勃勃地讲起和他同居的女人，一位名叫菲奥纳·麦克弗森的医生。我们停下来在岩石上休息时，他掏出一张照片让我看。她高大，金发碧眼，看上去像运动员。哈里斯说，他和麦克弗森正在皇后镇外的山丘上建造一所房子，忙得不亦乐乎。哈里斯承认，接到霍尔让他共同攀登珠峰的邀请时，他的心情是矛盾的：“离开菲和房子真是件让人痛苦的事。我们刚刚盖好房顶。但是，我又怎能拒绝攀登珠峰的机会呢？尤其是当你有机会在罗布·霍尔这样的人身边工作时。”

虽然哈里斯以前从未到过珠峰，但他对喜马拉雅山并不陌生。1985 年，他攀登了位于珠峰西侧 48 公里海拔 6 685 米的乔布奇峰。1994 年秋天，他在佩里泽待了 4 个月的时间帮助麦克弗森管理医疗站。佩里泽是一个小村子，海拔 4 270 米，那里天气阴霾、风很大。后来，我们在那里度过了 4 月 4 日和 4 月 5 日两个晚上。

这个医疗站是由一个名叫喜马拉雅救援协会的基金会赞助的，主要致力于治疗高山反应引起的疾病，也为当地的夏尔巴人提供免费医疗，并向徒步者提示攀登过快过猛的危险。我们拜访的这个医疗站只有 4 个房间，里面的工作人员包括一名法国医生塞西尔·布夫雷，两名年轻的美国医生拉里·西尔弗和吉姆·利奇，还有一位精力充沛的环境法律师劳拉·齐默，她也是美国人，正在给利奇医生当助手。1973 年，一个日本旅行团的 4 名成员由于高山反应在附近死亡之后，这个医疗站便筹建起来。医疗站建起来之前，每 500 个穿越佩里泽的徒步者中就有一两个死于高山病。齐默强调说，这还不包括在山上发生意外事故的人数，而受害者大都是那些“循规蹈矩的普通游客”。

感谢医疗站的志愿者们提供的普及宣传和紧急救护，死亡率已降至三万分之一。虽然齐默等人在佩里泽医疗站的工作是无偿的，甚至还必须自行负担往返尼泊尔的旅费，但这一光荣的岗位仍吸引着来自世界各地的人们。霍尔的队医麦肯齐就曾在 1994 年秋与麦克弗森和哈里斯在喜马拉雅救援协会的医疗站里共事。

1990 年霍尔首次攀登珠峰时，医疗站由出色而自信的新西兰医生简·阿诺德主持。霍尔路经佩里泽时邂逅了她，一下子就被吸引了。“我问简，等我从珠峰下来后她能否和我一起出去，”霍尔回忆道，“她说好吧。我们的第一次约会是去阿拉斯加共同攀登麦金利山。”两年后他们结了婚。1993 年，阿诺德和霍尔一同登上了珠峰。1994 年和 1995 年，她在大本营当队医。若不是阿诺德怀着她和霍尔的第一个孩子已经 7 个多月了，她今年还会重返大本营。这次我们的队医是麦肯齐医生。

4 月 4 日星期四是我们在佩里泽度过的第一个夜晚。晚饭过后，齐默和利奇邀请霍尔、哈里斯以及我们的大本营总管威尔顿到医疗站喝上一杯。在那晚的谈话中，话题不知不觉地转移到攀登珠峰以及带领攀登珠峰固有的危险性上。利奇至今还清楚地记得谈话的内容：霍尔、哈里斯和利奇都认为，迟早会有一场“不可避免”的大灾难殃及许多登山客。但是，刚刚在1995年春季从西藏一侧攀登了珠峰的利奇回忆说，“霍尔认为厄运不会降临到他的头上，他担心的是‘不得不去救援其他队的菜鸟’。而当灾难真的降临时，‘肯定是发生在更危险的北坡’，即西藏一侧。”

○ ○ ○ ○

4月6日星期六，从佩里泽向上走几小时后，我们到达了孔布冰川的脚下，那是一条从珠峰南侧流出的绵延19公里的冰河。我希望这条路能成为我们通向峰顶的大道。在海拔4 800米的地方，我们告别了最后一抹绿色。20个石碑沿着冰川终点冰碛的顶部肃穆而立，俯瞰着迷雾笼罩的山谷。这些墓碑是为了纪念那些在珠峰死去的登山者，他们当中绝大多数是夏尔巴人。从这里开始，我们将生活在荒凉单调的岩石和风雪的世界里。尽管步履缓慢，但还是感觉到了高海拔的影响，我开始头重脚轻、呼吸急促。

这里大部分道路被一人多高的积雪覆盖着。积雪在午后的阳光下融化，牦牛的蹄子踏在坚硬的冰面上打滑，牦牛把式一边发牢骚一边拍打着他们的牲口向前赶路。傍晚时分我们到达罗布杰村，并找到一处可以躲避寒风的狭窄而肮脏的小旅馆。

靠近孔布冰川边缘的地方挤着几间摇摇欲坠的低矮建筑。罗布杰的条件很差，夏尔巴人、来自十几支探险队的登山者、德国徒步者以及成群的牦牛把这里塞得满满的，都要赶往从山谷向上还有一天路程的珠峰大本营。霍尔解释说，在这里受阻主要还是由于异常厚的积雪。直到昨天，都还没有牦牛能够越过冰雪到达大本营。村子里的几间旅馆已经住满了人。几块未被冰雪覆盖的泥泞地上并排挤着许多帐篷。从山下上来为各个探险队搬运行李的背夫们衣衫褴褛，在周围山坡上的山洞或者巨砾下面露宿。

村子里仅有的三四个石头茅坑粪便四溢，臭气熏天，让人难以忍受，以至于多数人在露天的空地上方便起来。散发着恶臭的人粪到处都是，根本不敢随便走。从宿营区中心蜿蜒而过的一条由融化的雪水形成的河流就是这里的露天下水道。

旅馆的正屋里有可供30多人就寝的木结构上下铺，我在上铺找到一席空位，使劲将跳蚤和虱子从布满灰尘的床垫上抖落下来，然后把我的睡袋铺在上面。靠近墙的地方有一个靠烧干牦牛粪供热的小铁炉。太阳落山后气温会降到冰点以下，所以背夫们便在寒夜里拥到炉子旁取暖。即使在最理想的条件下牦牛粪也不可能充分燃烧，更何况在这个海拔 4 940 米高的氧气明显不足的小木屋里。屋里充满了浓密呛人的烟雾，就好像柴油车的尾气管直接通到屋里一样。那一夜，我止不住地咳嗽，不得不两次跑到屋外去呼吸新鲜空气。早晨，我的双眼刺痛、布满血丝，鼻孔里堵着黑色的烟灰，从那之后我便患上了伴随整个攀登过程的干咳症。

霍尔原计划让我们在罗布杰用一天的时间适应一下，然后就一口气走完到大本营的最后十来公里路程。我们队的夏尔巴人早在几天前就到达大本营，好为我们整理好营地，并探出一条到达珠峰脚下山坡的路线。然而 4 月 7 日晚上，一个人从大本营气喘吁吁地跑到罗布杰，带来了令人不安的消息：霍尔雇用的夏尔巴年轻人丹增掉入冰裂缝 46 米深的地方，另外 4 名夏尔巴人已将他拖了出来，但他的伤势严重，可能摔断了大腿骨。面如死灰的霍尔宣布，他和格鲁姆将在黎明时分赶往大本营帮助营救丹增。“我很遗憾地告诉各位，”他继续说道，“剩下的人必须和哈里斯待在罗布杰，直到情况得到控制。”

后来我们才知道，当时丹增正和另外 4 名夏尔巴人在 1 号营地上面的孔布冰瀑较平缓的一段勘察线路。5 人虽很明智地排成一列，但没有使用登山绳，这是严重违反攀登规则的做法。丹增紧跟在 4 人身后，当他踩上那块薄薄的掩盖着冰裂缝的冰块时，其实是踩在前一个人的足迹上的。他还没来得及呼救，就已经像石头般坠入冰川腹中了。

在海拔 6 240 米高的地方，直升机救援困难重重，稀薄的空气无法为直升机的螺旋桨提供着陆和起飞所需的支撑力，甚至飞机在空中盘旋都是危险的。在这种情况下，必须用人力将丹增从孔布冰瀑护送至大本营，而这段垂直距离为 900 米的路程又是整个攀登路线中最陡峭、最危险的一段。将丹增活着送下山来需要群策群力。

霍尔一贯牵挂为他工作的夏尔巴人的安危。离开加德满都之前，他让我们全体就座，非常严肃地给我们上了一堂有关如何向我们的夏尔巴队友表示感激和尊重的课。“我们雇来的夏尔巴人是最好的合作伙伴，”他告诉我们，“他们辛勤工作只是为了赚取在我们西方人眼中为数不多的报酬。我希望你们都记住，没有他们的帮助，我们连一点儿爬上珠峰的机会都没有。我再重复一遍：没有夏尔巴兄弟的帮助，我们当中没有任何一个人能攀登珠峰。”

在后来的一次交谈中，霍尔提到过去的几年中，一些探险队的领队对他们的夏尔巴雇员漠不关心，这种做法应该受到指责。1995 年，一名年轻的夏尔巴人葬身于珠峰。霍尔认为，那次事故的发生是因为领队让夏尔巴人“在没有受过正规训练的情况下攀登珠峰。我认为，阻止类似事件再次发生是我们这些组织者的责任”。

去年，一个由向导带领的美国探险队雇用了一个名叫卡米利塔的夏尔巴人帮厨。这个二十一二岁、身体健壮且雄心勃勃的小伙请求美国人允许他以一名高山协作的身份在高山上工作。虽然卡米没有任何登山经验，也没有受过什么正规训练，但是为了答谢他的热情和奉献精神，几个星期后，他的愿望得到了满足。

在海拔 6 700 ~ 7 600 米的常规路线中，他们要攀登一道名为“洛子壁”的陡峭而险象环生的冰坡。安全起见，探险队通常会在冰坡上由下至上地系一连串登山绳，而登山者在攀登时还要在自己和固定绳之间系一根外挂绳。卡米，这个过分自信而又缺乏经验的年轻人认为，在登山绳上系一根外挂绳大可不必。一天下午，他背着担子攀登洛子壁，在石头般坚硬的冰面上失手坠到 600 米深的坡底。

我的队友菲施贝克目睹了事件的全过程。1995 年，他第三次尝试攀登珠峰时参加了这支雇用卡米的美国探险队。当时菲施贝克正在洛子壁的顶上沿登山绳向上攀登。他用颤抖的声音回忆说：“我们向上看时，一个人头朝下翻滚下来，尖叫着从我身边擦过去，留下一道血光。”

一些登山者迅速赶到坡底卡米落地的地方，他已经在坠落的途中因大面积擦伤而身亡。卡米的尸体被抬到大本营，按照佛教传统，他的朋友们为他的尸体供食三天，然后把他送到腾波切附近的村子里火葬。卡米的尸体被火焰吞没时，他的母亲

悲痛欲绝，一头撞在坚硬的石头上。

4月8日那天，当霍尔和格鲁姆匆忙赶往大本营将丹增活着送下珠峰时，卡米的影子始终在霍尔的脑海中闪现。

INTO
THIN AIR

04 生命中从未企及的高度

翻过幻影谷高耸的冰峰，我们来到乱石丛生的谷底，感觉就像进入了一个巨大的圆形剧场的底部……在这里，冰瀑像孔布冰川一样突然向南流去。我们将大本营扎在海拔 5 420 米的冰川侧碛上，这些冰碛构成了冰瀑拐弯处的外缘。

巨砾给周围的环境平添了一份坚固的感觉，但脚底滚动的碎石打破了这种错觉。所有能看到的、能感觉到的和能听到的，只有冰瀑、冰碛、雪崩和寒冷，人无法在这样的环境下生存。没有流水，没有生命，只有毁灭和腐烂……而在征服那山峰之前的几个月里，这里将是我们的家。

托马斯·霍恩宾 |《珠穆朗玛峰：西山脊》

4月8日，天色刚暗下来，哈里斯的对讲机就在罗布杰的旅馆外吱吱咯咯地响起来。是霍尔，他从大本营发来了好消息，35名来自几支探险队的夏尔巴人花了一天时间将丹增送下山了。他们把丹增绑在一个铝制的梯子上，通过放、拖和传的方式将丹增送下冰瀑，现在他正在大本营里休息。如果天气允许，会有一架直升机在日出时分将他送到加德满都的医院。听得出来霍尔如释重负，他指示我们天亮后离开罗布杰赶往大本营。

听到丹增平安的消息，我们这些顾客也感到十分欣慰。更让人感到解脱的是，我们要离开罗布杰了。塔斯克和卡西希克由于环境不洁患上了某种急性肠道疾病；我们的大本营总管威尔顿也患上了一种因高海拔引起的顽固性头痛；我的干咳症则因在浓烟弥漫的旅馆度过了两个晚上而变得愈发严重。

在第三个夜晚来临前，我决定逃离那烟熏火燎的木屋，搬到露天搭建的帐篷里，这个帐篷是霍尔和格鲁姆匆忙赶往大本营空出来的。哈里斯选择与我同住。半夜两点我被吵醒，睡在我旁边的哈里斯突然坐起来，发出阵阵呻吟。“嗨，哈里斯，”我躺在睡袋里问，“你怎么了？”

“我也不知道，晚饭吃的什么东西有些不对劲儿。”过了一会儿，哈里斯拼命拉开帐篷，费力地将头和身体伸到门外，然后呕吐起来。吐完之后，他一动不动地蹲了几分钟，半个身子露在外面。而后又突然跳起来，急速跑出几米远，猛地拉下裤子，发出一阵响亮的腹泻声。接下来的整个晚上他都待在天寒地冻的露天里，尽情地倾泻着肠胃里的杂质。

清晨，虚弱的哈里斯处于脱水状态，身体剧烈地颤抖。威尔顿建议哈里斯留在罗布杰恢复体力，但哈里斯对此不予考虑。“说什么我也不要待在这个粪堆里过夜了，”他将头放在两腿之间，一脸的苦相，“我今天要和你们一起去大本营，爬也要爬过去。”

上午 9 点，我们收拾好行装准备上路。其他队员轻快地走在前面，我和威尔顿陪着哈里斯跟在后面，他费了九牛二虎之力才迈开步子，一次次地停下来，弓着背，将整个身体撑在雪杖上喘气，然后又鼓足劲儿挣扎着向前走。

去往大本营的路沿着孔布冰川侧碛松动的石头跌宕好几公里后，最后又落在冰川上。大部分冰面被灰烬、粗糙的砾石和花岗石覆盖着，偶尔有一两块半透明、泛着缟玛瑙光泽的冰面裸露出来。融化的雪水沿着无数条地面上的和地底下的河道奔流而下，发出可怕的隆隆回响。

下午 3 点左右，我们来到一排奇形怪状的冰塔面前，最高的差不多有 30 米，那就是著名的幻影谷。在强烈的阳光照射下，这些冰塔向四周散发着幽幽的青绿色光芒，目光所及，犹如从碎石中伸出来的巨大的鲨鱼牙齿。曾多次到过这里的威尔顿告诉我们，离目的地不远了。

又走了 3 公里，冰川突然向东拐了。我们迈着沉重而缓慢的步伐走上一个长长的斜坡顶，出现在我们眼前的是一个由尼龙圆顶组成的五颜六色的城市。300 多个容纳了来自 14 支探险队的登山者和夏尔巴人的帐篷点缀在乱石丛生的冰面上。我们花了 20 分钟才在杂乱的宿营区找到我们的营地。当我们爬上最后一段起伏的小路时，霍尔大步流星地向我们走来。“欢迎来到珠峰大本营。”他咧嘴笑着。此时，我手表的高度计显示的是 5 360 米。

○ ○ ○ ○

接下来的 6 个星期，我们的“家”就安在这个特别的村子里，村子坐落在由险峻的山壁环绕而成的天然圆形剧场中。营地上方的悬崖被悬挂着的冰川所覆盖，每时每刻都有巨大的冰块崩裂，像雪崩似的滑下来。向东 400 米的地方，夹在努子壁和珠峰西翼之间的孔布冰川从一个由冰冻的碎石形成的狭窄山凹中流淌下来。圆形剧场向南敞开着，所以村子里阳光满溢。晴朗无风的下午，天气暖和得在室外可以只穿 T 恤衫；但当太阳落到普莫里峰那圆锥形的山峰后面时，气温直落到十几摄氏度。普莫里峰是紧靠大本营西侧一座海拔 7 161 米的山峰。当晚我躺在帐篷里，轻微的咯吱声和震耳欲聋的断裂声像小夜曲一样随时提醒着，我正躺在一条运动着的冰河上。

与恶劣的环境形成强烈反差的是堆积在冒险顾问公司营地旁充足的衣食给养，这里是被夏尔巴人统称为“队员”或“先生”的 15 个外国人和 11 个夏尔巴人的家。我们那用帆布搭成的如巨穴般的指挥帐里，有一张巨大的石桌、一台立体声设备、一个图书馆和几盏太阳能灯。帐篷间的通讯靠卫星电话和传真机进行。淋浴处则是由一根橡胶管和一桶在厨房里烧热的水拼凑而成的。每隔几天，就有牦牛送来新鲜的面包和蔬菜。依照以往探险队在殖民地时期就留下来的传统，每天早晨，崇巴和帮厨的小男孩顿迪都要进到每位顾客的帐篷里，为还躺在睡袋里的我们准备好热腾腾的夏尔巴茶。

我曾多次听说珠峰被日益增多的人群随意丢弃的垃圾变成一个大垃圾堆，而商业探险队被认为是罪魁祸首。20 世纪七八十年代的大本营的确如此，不过最近几年这里已经变成一个较干净的地方，是继我们离开南切巴扎后看到的最干净的人类宿营区了。而这一变化商业探险队功不可没。

年复一年将顾客带上珠峰的向导们与环境有着密不可分的联系，这一点是那些只来一次的观光客们所没有的。1990 年，霍尔和鲍尔发起了一次将 5 吨垃圾从大本营清除的活动。霍尔和他手下的几名向导与加德满都政府合作，制定了一系列鼓励登山者保持珠峰清洁的政策。到 1996 年，各探险队除了交纳许可证费用以外，还要交纳 4 000 美元的保证金。只有将一定数量的垃圾运回南切巴扎和加德满都后，保证金才能退回给探险队。甚至连我们用来从厕所掏粪便的木桶也要被运回。

大本营熙来攘往如同蚁穴。从某种意义上讲，霍尔的冒险顾问公司所在的营地相当于整个大本营的指挥中心，因为在山上没有谁能比霍尔更受人尊敬了。每当有问题发生，不管是与夏尔巴人的劳资纠纷还是紧急的医疗救护，或者是有关攀登策略的重要决定，人们都要赶到我们的指挥帐篷里来征求霍尔的意见。而霍尔也总是慷慨相助，为那些与他争夺顾客的对手们献出多年积累的经验，最强劲的对手莫过于斯科特·费希尔。

1995 年，费希尔成功带队攀登了一座 8 000 米级山峰[1]，即位于巴基斯坦喀喇昆仑山脉的海拔 8 047 米的布洛阿特峰。他曾 4 次尝试攀登珠峰，并在 1994 年登顶成功，但不是以向导的身份。1996 年春季，费希尔首次作为商业探险队领队造访珠峰。同霍尔一样，费希尔的探险队有 8 名成员。一块巨大的"星巴克咖啡"的招牌悬挂在房子般大小的花岗岩上，使得他的营地显得格外醒目。从我们的营地沿冰川向下走 5 分钟便可到达费希尔的营地。

以攀登世界最高峰为事业的男男女女们组成了一个小圈子。费希尔和霍尔虽是生意场上的对手，但也是在高山上狭路相逢的兄弟，因此从某种意义上讲，他们认为彼此是朋友。20 世纪 80 年代费希尔和霍尔在俄罗斯的帕米尔高原上相识，而后分别在 1989 年和 1994 年在珠峰上的各自公司里待了相当长的一段时间。他俩曾计划在 1996 年带领各自的顾客登上珠峰后，合力征服位于尼泊尔中部攀登难度很高的海拔 8 163 米的马纳斯卢峰。

费希尔和霍尔的关系早在 1992 年他们在世界第二高峰乔戈里峰邂逅时就得到了巩固。当时，霍尔正和他的朋友及生意伙伴鲍尔攀登乔戈里峰，而费希尔也正好同另一名出色的美国登山者埃德·维耶斯特尔斯一起攀登。当费希尔、维耶斯特尔斯和另一名美国人查理·梅斯顶着咆哮的暴风雪从峰顶下来时，遇到了奋力将几乎失去知觉的鲍尔弄下山的霍尔，当时鲍尔患了一种危及生命的高山病不能行动。费希尔、维耶斯特尔斯还有梅斯帮助霍尔在暴风雪中将鲍尔拖下被雪崩荡涤的缓坡，挽救了他的生命。（一年后，鲍尔因同样的疾病死在道拉吉里峰的山坡上。）

费希尔，40 岁，身材魁伟、性格外向，扎着一根金色马尾辫，精力过盛。当他还是新泽西州巴斯肯山脊中学一名 14 岁的中学生时，偶然间看了一个关于登山的

[1] 海拔超过 8 000 米的独立山峰。虽然有沽名钓誉之嫌，但是，征服 8 000 米级山峰的确会令攀登者名声鹊起。第一位登上全部 14 座山峰的人是莱因霍尔德·梅斯纳尔。截止到 1999 年，只有 5 位登山家征服了全部 14 座山峰。——作者注

电视节目，从此便着了迷。第二年夏天，他专程赶到怀俄明州，报名参加了美国国家户外领导学校 NOLS 主办的 OB 式野外训练课程。高中一毕业，他就搬到了西部，并在 NOLS 找了一份季节性的教员工作，从此义无反顾地选择登山作为他的职业。

在为 NOLS 工作期间，18 岁的费希尔爱上了一位名叫琼·普赖斯的女学生。7 年后他们结婚，把家安在西雅图，并有了两个孩子安迪和凯蒂·罗斯（1996 年费希尔攀登珠峰时，两个孩子分别是 9 岁和 5 岁）。普赖斯后来获得了商用驾驶员的执照，成为阿拉斯加航空公司的一名机长——一份受人尊敬且收入颇丰、可支持费希尔进行职业登山的工作。在她的资金支持下，费希尔在 1984 年成立了疯狂山峰公司。

如果说霍尔公司的名字“冒险顾问”反映了他有条不紊、谨慎细心的登山作风，那“疯狂山峰”则可以说是费希尔个人风格的准确写照。费希尔早在 20 多岁时就形成了他独树一帜的登山风格——不管不顾。在他整个登山生涯中，尤其是早年的登山岁月中，费希尔曾多次在足以使他丧命的意外事故中死里逃生。

在攀岩发生的意外事故中，费希尔至少两次从 20 多米高的地方摔到地上。一次他以初级教员的身份在风河山脉进行 NOLS 课程，在没系路绳的情况下坠落 20 多米，跌入丁伍迪冰川的冰裂缝底部。而他最不愿意提及的一次坠落，可能是他还是攀冰新手的时候。尽管没什么经验，但费希尔还是决定攀登位于犹他州普罗沃峡谷的“婚纱瀑”，这是一个难度很大的结冰瀑布。当时费希尔正与另外两名登山老手在冰壁上较量，突然从 30 多米高的地方失手坠地。

让那些目睹此次意外事故的围观者惊愕不已的是，费希尔竟自己站了起来，带着不很严重的外伤走开了。不过在漫长的下坠过程中，一个小冰镐的镐头穿透了他的小腿。拔掉这个空心镐头使他皮开肉绽，在腿上留下了一个铅笔粗细的洞。从当地医院的急诊室出来后，费希尔认为没必要再为这样一个皮外伤浪费他有限的资金，于是在以后的 6 个月里带着这个未包扎、已经化脓的伤口继续攀登。15 年后，费希尔骄傲地向我展示那次坠落留下的永久疤痕：一对硬币大小发亮的伤疤像括号似的将他的跟腱括在中间。

“费希尔可以让自己超越任何生理极限。”唐·彼得森回忆道。这位著名的美国登山家在费希尔从“婚纱瀑”失手坠地后不久遇到了他。从那之后彼得森便成了费希尔的良师益友，并在此后的 20 年中断断续续地与费希尔共同攀登。“他的意志力惊人。他不在乎吃了多少苦，总是无视痛苦而勇往直前，他不是那种因为脚痛就打退堂鼓的人。”

“费希尔想成为伟大的登山家，成为世界上最出色的登山者中的一员。我记得 NOLS 总部有一间简陋的健身房，费希尔定期到健身房里锻炼身体。他练得非常刻苦，以至于常常呕吐起来。如此有毅力的人很少见。”

人们被费希尔的精力和慷慨、单纯而近乎孩子般的热情吸引着。尽管费希尔鲁莽而又不好自省，但他爱交友、有魅力的个性还是很快为他赢得了许多挚友。数以百计的人，包括那些和他只打过一两次交道的人，都把他当成知己。健身器材造就的体形和影星般轮廓分明的面容使他看上去相当英俊。被他吸引的人中不乏异性，而他对这种关注也并非熟视无睹。

费希尔是个欲望强烈的人，他大量吸食大麻（但工作时不吸），而且饮酒过度。疯狂山峰公司办公室的后面有一间密室，是费希尔的秘密俱乐部。把孩子哄上床以后，他喜欢和朋友们围坐在一起，轮流抽着烟斗，观看记录着他们攀登山峰伟绩的幻灯片。

20 世纪 80 年代，费希尔进行了一系列让人印象深刻的登山活动，使他在当地小有名气，但世界登山界的名人却始终对他嗤之以鼻。尽管他做了巨大努力，但还是不能像某些更著名的同行那样得到相当多的商业赞助。一些顶级的登山家也看不起他。

“对费希尔来说，最重要的是得到承认。”简·布罗米特说。她是费希尔的宣传员、知己，有时还是训练伙伴，她跟随疯狂山峰公司带领的探险队到大本营，为“户外在线”做网络报道。“他渴望被认可。他有不为大多数人所熟知的脆弱的一面。真正让他烦恼的，是他不能像最出色的登山家那样赢得广泛的尊敬。因此，他感到受到了藐视和伤害。”

1996年春季费希尔前往尼泊尔的时候，他开始得到一些他认为早该属于他的认可。这一认可多数源于他在1994年无氧攀登珠峰的举动。费希尔那支名叫“萨迦玛塔环境探险队”的队伍从珠峰上移走了重达2.3吨的垃圾，这一举动不仅使风景大为改观，而且也为他带来了更好的公共声誉。1996年1月，费希尔发起了一次为慈善募捐而攀登非洲最高峰乞力马扎罗山的活动，这次活动共为慈善组织凯尔国际筹得50万美元。得益于1994年的珠峰清洁探险和后来的慈善攀登，费希尔在1996年前往珠峰时已经家喻户晓，并经常出现在西雅图的新闻媒体上。他的登山事业也蒸蒸日上。

记者们不可避免地问到费希尔，如何在登山所冒的危险与身为人夫人父的责任之间取得平衡。费希尔回答说，现在他遇险的机会与不计后果的青年时代相比已大大降低了，他已成长为一名谨慎而保守的登山者了。就在1996年去珠峰之前不久，他对西雅图作家布鲁斯·巴科特说：“我百分之百相信自己会回来……我妻子对此也毫不怀疑。我做向导时，她一点儿也不为我担心，因为我做出的选择都是正确的。我认为意外事故的发生都是人为错误所致，所以这正是我要尽力避免的。我年轻时曾发生过许多次意外事故，你能找出诸多原因，但最终都是人的错。”

尽管费希尔如此肯定，但他的高山事业还是使他难以维持正常的家庭生活。他非常疼爱自己的孩子，是一位非常慈爱的父亲，但登山经常使他离家数月。儿子的9个生日中，有7个他都不在。实际上，据他朋友说，1996年前往珠峰时，他的婚姻关系就已经很紧张了。

但普赖斯并没有把他们婚姻的裂痕归咎于登山。她说，他们的家庭所承受的压力更多的是来自她的雇主。作为一场性骚扰事件的受害人，普赖斯被牵涉进一桩针对阿拉斯加航空公司的令人沮丧的司法诉讼中。虽然官司最终得以解决，但她将一年中的大好时光浪费在令人不胜其烦的纠纷中，并且收入锐减。而费希尔向导公司的收益并不足以弥补空缺。“自从搬到西雅图以来，我们第一次遇到了经济问题。”她悲叹道。

像大多数同行一样，疯狂山峰公司自创业之初就面临着财政困境。1995年，费希尔只赚了 1.2 万美元。幸好费希尔的声望渐长，加之他的生意伙伴兼办公室经理卡伦·迪金森的组织才能和冷静头脑弥补了费希尔凭直觉和不计后果的做事方式，使得形势有所好转。受到霍尔成功带队攀登珠峰的启示以及巨额费用的刺激，费希尔认为他进入珠峰市场的时机到了。如果他能赶上霍尔，很快就能将“疯狂山峰”射向赢利的靶心。

金钱对费希尔来说并不是最重要的，他不在意这些物质财富，他渴望的是尊重。但他也明白，在我们的文化中，金钱是衡量成功的主要标准。

1994 年费希尔从珠峰归来几周后，我在西雅图遇到了他。我与他并不太熟悉，但我们有几个共同的朋友，并且经常在悬崖峭壁或登山者的聚会上碰面。这一次，他拉着我大谈特谈他带队攀登珠峰的计划，引诱我说我应该一同去，为《户外》杂志写篇文章。我回答说，像我这种高山经验如此有限的人去攀登珠峰，简直就是异想天开。他说：“咳，经验的重要性被夸大了。海拔并不重要，重要的是你的态度，哥们。你能行。你已经完成一些艰难的攀登，都比攀登珠峰困难。我们已经把珠峰征服了，我们把它都捆起来了。我跟你说，我们修了一条通往山顶的砖路。”

费希尔激起了我的好奇心，也许他自己都没有意识到这一点。而且他还很残忍，每次只要一见到我，就跟我大谈珠峰。更有甚者，他反复跟《户外》杂志的主编布拉德·韦茨勒夸耀他的想法。1996 年 1 月，由于费希尔的游说，杂志社决定送我去珠峰。根据韦茨勒的暗示，大概是作为费希尔探险队的一员。在费希尔的心里，这早已是板上钉钉的事了。

但是，在距计划的出发日还有一个月的时候，我接到韦茨勒打来的电话，通知我计划有些变动：霍尔为杂志社提供了更为优惠的条件，所以韦茨勒计划让我退出费希尔的探险队而加入冒险顾问公司的探险队。我认识费希尔，并且喜欢他，而当时我还不了解霍尔，所以起初不太情愿。但当一位登山挚友向我证实了霍尔的良好信誉后，我愉快地同意与他共同攀登珠峰。

在大本营的一天下午，我问霍尔为什么如此热心地让我参加他的探险队，他坦率地解释说，其实他并不是对我感兴趣，甚至也不是希望我的文章能给他带来特殊的公众效应。真正吸引他的，是从与《户外》杂志达成的这桩交易中获得的慷慨的广告回报。

霍尔告诉我说，按照协议，他只收取1万美元现金作为登山费用，剩下的部分则由昂贵的广告版面费来抵付。这本杂志面向的目标读者构成了霍尔的核心顾客群，也就是那些高消费阶层、富有冒险精神而又身强体壮的人。更重要的是，霍尔说："他们是美国读者。由向导带领攀登珠峰和七大洲最高峰的潜在市场有百分之七八十是在美国。当我的伙伴费希尔成为珠峰向导后，他就会比冒险顾问公司具有更大的优势，因为他在美国本土。要与他竞争，我们就必须将广告大刀阔斧地推进到那里。"

1月份，费希尔发现霍尔将我从他的队伍里抢走，怒火中烧。他从科罗拉多大峡谷给我打电话，用我从未听过的愤怒语气说他决不让步。像霍尔一样，费希尔直言不讳，他不是对我，而是对随之而来的公众效应和广告效益感兴趣。然而最终他还是不愿为杂志社提供可与霍尔相媲美的优惠条件。

当我以冒险顾问公司而不是疯狂山峰公司探险队员的身份到达大本营时，费希尔并未流露出丝毫的不高兴。我向下走到他的营地，他给我倒了一大杯咖啡，用胳膊搂着我的肩，看上去对我的到来感到由衷的高兴。

○ ○ ○ ○

尽管大本营看起来一应俱全、舒适安逸，但我们从未忘记自己身处海拔5 300多米的地方。开饭时我走到指挥帐，足足喘了几分钟。如果坐起来的速度太快，就会感到一阵头晕目眩。我在罗布杰患上的干咳症越来越严重，睡眠也变得不安稳，这是轻度高山病的常见症状。许多个晚上我都因呼吸困难而惊醒三四次，并感到窒息。伤口和擦痕也很难愈合。我的食欲减退，而需要充足的氧气来代谢食物的消化系统也拒绝加工我强迫自己咽下的东西。相反，我的身体开始消耗自身的储备。我的胳膊和腿渐渐干瘪得瘦长起来。

在缺氧和不卫生的环境中，一些队友的身体状况比我还糟。哈里斯、格鲁姆、麦肯齐、卡西希克、哈奇森和塔斯克都患上了胃肠紊乱症，频繁如厕；威尔顿和汉森被剧烈的头痛折磨着。汉森曾这样向我描述:“就像有人在我的眼睛之间钉钉子。”

这是汉森第二次跟随霍尔攀登珠峰。1994 年，霍尔强迫汉森和另外三名顾客在距山顶只有百米的地方下撤。一是时间晚了，二是因为当时山顶被一层厚厚的不结实的积雪覆盖着。“山顶看上去是那么近，”汉森带着遗憾的笑容回忆道，“你信不信，从那以后我没有一天不在想它。”霍尔对汉森没能如愿登顶感到很惋惜，他说服汉森今年再试一次，并在费用上给了他很大的优惠。

我的队友中，汉森是唯一一位多次不依靠职业向导独立登山的人。虽然他不是出色的登山家，但 15 年来积累的经验足以使他在高山上照顾好自己。如果我们的探险队里有谁能够登顶，我认为非汉森莫属，他身强体壮，铆足了劲儿，并且已经到达过相当高的地方了。

就在离汉森 47 岁的生日不到两个月的时候，也就是他离婚 17 年后，汉森向我承认，他曾与许多女人有染，而每个女人都是在厌倦了与山峰争夺他的注意力后纷纷离开他。1996 年去珠峰前的几个星期，汉森在图森访友时遇到了一个女人，双双坠入爱河。他们曾一度靠传真互诉衷肠。然而在以后的几天中，汉森没有收到她的任何消息。“我猜她明智地把我甩了，”他叹息道，垂头丧气，“她真的太好了，我真的以为这一次会很长久。”

一天傍晚，汉森挥着一张墨迹未干的传真走进我的帐篷。“卡伦·玛丽说她要搬到西雅图了！”他满脸陶醉地脱口而出，“喔！这回可要认真对待了。我最好在她改变主意之前爬上山顶，然后把珠峰从我的世界里赶出去。”

除了与他这位新结识的女人鸿雁传书外，汉森把在大本营的这段时间花在给一所名为日出小学的学生们寄明信片上。这是一所位于华盛顿肯特市的公立机构，曾以出售 T 恤衫的方式为汉森筹集登山的资金。他给我看了许多明信片，其中一张是他写给一个名叫瓦内萨的女孩儿的:“有些人拥有宏大的梦想，有些人有着微小的梦想，无论你有怎样的梦想，最重要的是你从未停止梦想。”

花费汉森时间更多的是给他两个已长大成人的孩子写传真——19 岁的安吉和

27 岁的杰米。汉森独自将两个孩子抚养成人。每当有安吉发来的传真，他总要兴高采烈地念给我听。“天呐，”他说，“你怎能相信，像我这样一个总是把事情搞得一团糟的人，竟能养活这么一个了不起的孩子。”

我很少给谁发传真或寄明信片。我把大部分时间用于思索自己在更高处，尤其是在海拔 7 600 米以上的“死亡地带”该如何行动。虽然我自认为在需要技巧的岩石和冰面上比其他顾客和向导花费的时间都多，但这些专业技巧对于别的山峰有用，对于珠峰就无能为力了，我在高海拔停留的时间实际上是这群顾客中最少的。可以这样说，大本营——珠穆朗玛峰的脚趾，已是我一生中到过最高的地方了。

霍尔对这一切并不担心。经过 7 次攀登珠峰，他摸索出一套行之有效的适应环境的计划，可以使我们适应空气中的低氧量。大本营的氧气含量相当于海平面的一半，而峰顶的则只有 1/3。为了适应不断升高的海拔高度，人体在许多方面都要做出调整，例如呼吸加速、血液 pH 值改变，输送氧气的红细胞数量激增，这一转变需要数个星期才能完成。

而霍尔坚持说，自大本营开始，每次攀登 600 米的高度，三次之后我们的身体就会充分适应了，并为登临 8 848 米的峰顶提供了安全保障。“这一方法已成功 39 次了，老兄，”当我表示质疑时，霍尔面带被扭曲的微笑宽慰我说，“有几个与我登顶的家伙也曾像你一样悲观。”

PART 2

海拔8848米的考验

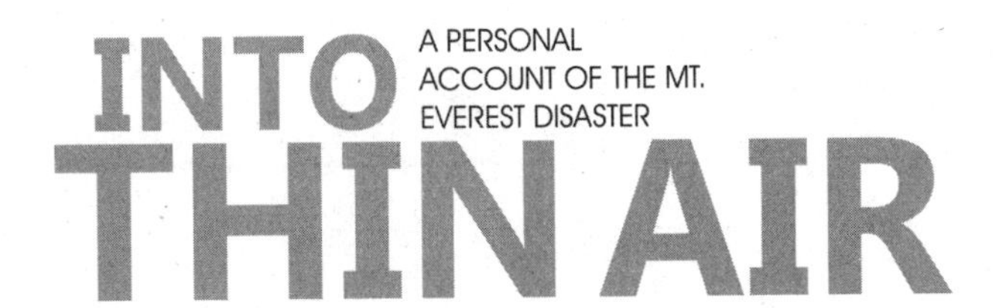

INTO
THIN AIR

05 最初的考验

情况越看似不可能，对登山者的要求就越高，当所有压力释放之后，血液的流动便愈加畅快淋漓。那些可能的危险不过是在磨炼人的感知力和控制力。也许这就是所有高危险运动存在的根本原因吧：刻意提高努力的难度，并全神贯注于其中，这样仿佛就能驱赶心中烦人的琐事。这是生活的缩影，不同的是，日常生活中所犯的错误还有机会改正、弥补，但在山上，在那特定的时间里，你的一举一动都攸关生死。

阿尔瓦雷斯 |《野蛮的上帝：自杀的人文研究》

攀登珠峰是个漫长而乏味的过程。跟我以前所熟悉的那种攀登不同，它更像是个巨大的建筑工程。算上夏尔巴人，霍尔的队伍共有 26 个人。大本营海拔 5 360 米，步行至最近的公路也有 160 多公里，要让每一个人都吃好住好且身体健康，真可谓是壮举。然而霍尔，这位举世无双的军需官，喜欢这种挑战。他会仔细阅读电脑打印出来的各种后勤保障所需的详细条目：菜单、机器配件、各种工具、药品、通讯器材、运送物品时间表以及牦牛的状况等。霍尔是个天生的工程师，他喜欢基建、电子和各种小玩意儿，把大部分时间花在没完没了地修理太阳能发电系统或阅读过期的《大众科学》上。

按照乔治·马洛里和其他大多数珠峰攀登者的惯例，霍尔也采用围攻山峰的策略。由夏尔巴人在大本营上面建 4 个营地，每一个营地都比前一个高约 600 米，然后在营地之间往返运送食物、燃料和氧气瓶，直到位于海拔 7 920 米的南坳有充足的必需品储备。如果一切都照霍尔的宏伟计划进行，冲顶将在一个月后由最高的营地，即 4 号营地开始。

虽然我们这些顾客不负担运送物资的任务，[1] 但为了适应环境，冲顶之前我们还要在大本营以上的地方反复演习。霍尔宣布，第一次适应性训练安排在 4 月 13 日，前往 1 号营地并返回大本营。1 号营地建在距大本营垂直距离约 800 米的孔布冰瀑顶上。

---

[1] 自人类首次尝试攀登珠峰以来，绝大多数的探险队，不管是商业的还是非商业的，都是由夏尔巴人将大多数物资送到山上。而我们这些由向导带领的顾客，除了少量的个人物品外，根本就不必带任何物资。这被认为是我们与那些非商业的探险队最大的不同。——作者注

我们在 4 月 12 日，也就是我 42 岁生日的那天下午准备登山装备。我们在大石头上摊开行李，挑拣衣服、整理安全带、挂上外挂绳、给高山靴装上冰爪（一组 5 厘米长呈网格状排列的钢钉，装在每只高山靴的底部用以紧抓冰面），大本营看上去就像一个露天拍卖会。看到韦瑟斯、哈奇森和卡西希克拿出他们崭新的高山靴，我大吃一惊，并开始为他们担心。他们承认以前很少使用高山靴。我担心他们是否清楚用从未穿过的高山靴攀登珠峰是在多么危险。20 多年前我穿着崭新的高山靴登山，痛苦的经历告诉我，在还没有穿跟脚以前，沉重而坚硬的靴子会把脚磨得伤痕累累。

年轻的加拿大心脏病专家哈奇森发现他无法将冰爪固定到新靴子上，霍尔翻遍了他那百宝箱似的工具箱，想出各种办法最终解决了问题。他用铆钉将一条特殊的皮带固定住冰爪，这样冰爪就能用了。

为次日的行程整理装备时，我了解到，我的队友们因为受限于家庭和他们如日中天的事业，极少有人在去年进行过一至两次的攀登训练。虽然每个人看上去都体格健壮，但他们只能在跑步机或者脚踏车上而非真正的山峰上进行体能训练。这使我感到踌躇。诚然，身体素质在登山中是个关键因素，但是还有一些同样关键的因素是在健身房里训练不出来的。

也许我有些假充内行了。无论如何，我的队友们显然和我一样兴奋地憧憬着明早能穿上高山靴踏上真正的山峰。

通往峰顶的路线顺着绵延于山腰的孔布冰瀑前进。位于海拔 7 010 米的背隙窿[1]标志着冰瀑上游的结束，这条气势宏伟的冰瀑流淌 4 公里后汇入西库姆冰斗相对平缓的峡谷中。冰瀑慢慢滑过西库姆冰斗下高低起伏的岩层后，就断裂为无数条垂直的沟壑，即冰裂缝。其中有些裂缝很窄，一步就可以跨过；有些则有二十多米宽百来米深，加起来差不多有 800 米长。那些大裂缝很容易成为登山途中令人烦恼的障碍，而且当它们被冰雪覆盖以后，危险性就更大了。不过多年的实践证明，西库姆冰斗上的冰裂缝是能够应付的。

[1] 背隙窿是一种巨大的冰上裂隙，通常位于冰川上游。冰川向下流动时，断裂的冰川体和上方的冰帽之间就会形成巨大的裂缝。——作者注

但冰瀑的情况就完全不同了。在南坳的整条路线中，没有什么地方比这儿更让登山者感到恐怖了。在海拔 6 100 米左右的地方，冰川从西库姆冰斗底部边缘突然陡降。这就是声名狼藉的孔布冰瀑，整条路线中最考验攀登技巧的一段。

冰瀑段的冰川以每天一米左右的速度运动着。当冰川沿着不规则的陡峭地形一阵阵滑落时，大块的冰裂成被称为“冰塔”的摇摇欲坠的巨大碎冰堆，有的竟有写字楼般大。由于攀登路线在成百座不稳定的冰塔下面、旁边或中间迂回前进，因此每次穿越冰瀑的旅程都有些玩俄罗斯轮盘赌的味道，任何一个冰塔都有可能在不发出任何警告的情况下崩塌下来，你只能祈祷自己在它崩塌的瞬间不被它压在身下。自 1963 年霍恩宾和翁泽尔德的一个队友杰克·布赖滕巴赫葬身于崩塌的冰塔之下，已相继有 19 人在此丧命了。

霍尔在去年冬天就和所有计划在春季攀登珠峰的探险队领队进行磋商，最终决定委托他们当中的一支队伍负责修建和维护一条穿越孔布冰瀑的道路。此项任务困难重重，因此被指定的探险队可以从其他每支探险队那里获得 2 200 美元的报酬。近几年来，这种合作方式虽不能说是完完全全，但也被广泛采纳了，不过这种情形并非历来如此。

一支探险队为穿越冰瀑而向另一支探险队交纳费用的做法始于 1988 年。当时，一支资金雄厚的美国探险队宣称，任何探险队企图从他们开掘的路线穿越孔布冰瀑，都必须向他们交纳 2 000 美元。那一年，由于无法接受珠峰不再是一座山峰而变成了一件商品的事实，山上的其他几支队伍被激怒了。反应最强烈的就是霍尔，当时他正率领一支规模很小、资金匮乏的新西兰队伍。

霍尔指责美国人“违背了山的精神”，他们的做法是无耻的高山敲诈。但是，作为美国探险队领队，毫无同情心的律师杰姆·弗鲁什坚决不让步。最后，霍尔咬着牙同意给弗鲁什开张支票，才被允许通过。（弗鲁什后来说，霍尔从来就没有兑现过他的支票。）

然而在其后的两年里，霍尔的观念大大转变了，他开始意识到对孔布冰瀑路线征收费用的合理性。事实上，在 1993 年至 1995 年期间，霍尔承包了这条路线并进行收费。1996 年春季，霍尔决定不再对孔布冰瀑负责，并高兴地支持另一支与他竞争的商业探险队[1]领队马尔·达夫接替他的工作。达夫是一名苏格兰的珠峰攀登老手，我们还没有到达大本营之前，达夫雇用的一批夏尔巴人就已经在冰塔中开掘出了一条 Z 字型的通道。他们系了大约 1.6 公里长的路绳，并在裂开的冰川表面安装了 60 个铝制梯子。这些梯子属于戈勒谢普村一个精明的夏尔巴人，他靠每个登山季出租这些梯子赚了不少钱。

1996 年 4 月 13 日星期六凌晨 4:45，当我在黎明前的寒冷幽光中上好冰爪时，我发现自己终于站到了梦幻般的冰瀑脚下。

一生经历磨难无数的顽固的老登山家们喜欢劝告年轻的门徒，为了逃生要倾听自己“心底的声音”。有许多故事是关于这个或那个登山者因为窥察到天空中某种不祥的征兆而执意留在自己的睡袋里，因而躲过了一场大劫难。

我从不怀疑直觉的潜在价值。当我等待霍尔领路时，脚底下的冰面发出一串响亮的噼啪声，仿佛小树被折成了两段。我感到自己随着每一声断裂和冰川移动时发出的隆隆声而畏畏缩缩。我的内心胆小如鼠，它叫喊着说我就要死去，而我每次系好高山靴都有这种感觉。因此我尽量无视自己虚构出来的事物，跟着霍尔向怪诞的蓝色迷宫走去。

虽然我从未到过孔布冰瀑这样令人毛骨悚然的冰瀑，但我攀登过许多其他的冰瀑。这些冰瀑大多都是垂直的，甚至是垂挂的路段，需要极高的使用冰镐和冰爪的专业技巧。孔布冰瀑显然不乏陡峭的冰面，但冰面都装上了梯子或路绳，抑或二者皆有，因此传统的攀冰工具和技巧在这儿就显得多余。

我很快就认识到，在珠峰上，甚至连登山绳这个造就登山者的精髓之物，都不是按照惯常的方式使用的。通常，登山者总是用一根 45 米长的登山绳将自己与另一

[1] 虽然我用“商业”来称呼那些以赚钱为目的的探险公司组织的探险队，但并非所有的商业探险队都是由向导带领。比如马尔·达夫，他收取的费用就比霍尔和费希尔要求的 6.5 万美元少得多。他只负责领导，并提供攀登珠峰所必需的基本物资，像食物、帐篷、氧气瓶、固定绳、夏尔巴高山协作等，但并不担当向导。参加他的探险队的登山者需要具备独立安全攀登珠峰并返回的技能。——作者注

名或另两名同伴系在一起，这样每个登山者都要直接对别人的生命负责。以这种方式用绳子结组是个非常严肃而又友好亲密的举动。然而在孔布冰瀑，利己主义使得我们更愿意独立攀登而不以任何方式在身体上受制于人。

达夫的夏尔巴人从孔布冰瀑的底部到顶上固定了一根静力绳。我在腰间系了一根末端带有快挂的一米来长的外挂绳，绳子的那一头连接着快挂和安全锁。在这里，安全感不是来自将自己系于另一名队友身上，而是来自用外挂绳将自己扣在固定绳上并顺着绳子在上面滑动攀登。以这种方式进行攀登，必须以最快的速度通过冰瀑上最危险的地段，而无需将自己的生命交付给技巧和经验都未知的队友。事实上，在整个攀登过程中，我们从来没有将自己的生命系在另一名队友手中。

虽然传统的攀登技巧在孔布冰瀑上派不上用场，但却需要掌握一整套全新的技巧。比如，穿着绑有冰爪的高山靴小心翼翼地从三个首尾相连、摇摆不定的梯子上爬过去，从而跨越一道令人畏惧的裂隙深沟。一路上有许多这样的跨越，而我总是感觉不适应。

有一次在黎明前的薄雾中，我正试图在一架摇摇晃晃的梯子上保持平衡，从一个弯曲的脚蹬横档上小心翼翼地挪向下一个。突然，两边支撑梯子的冰面像发生地震似的抖动起来。稍后，附近高处的一个大冰塔崩塌下来，发出震耳欲聋的吼声。我僵住了，心提到了嗓子眼儿。崩塌的冰塔在左侧滚落 40 多米后不见了，没有造成任何破坏。我用了几分钟才恢复镇静，然后继续向梯子的另一端仓皇逃去。

冰川频繁地汹涌流动，给跨越每架梯子增加了不稳定因素。冰川运动时，冰裂缝有时会收缩，像夹牙签似的将梯子夹弯；有时又会扩大，使梯子悬在半空，只有两端虚虚地搭在坚实的冰面上。当午后的阳光晒化了周围的冰雪，插进冰里用来固定梯子和绳子的锚点就会松动。虽然每天都要维修，但在体重的作用下，任何一条固定的路绳都有松动的危险。

孔布冰瀑让人紧张恐惧，但同时也展现了巨大的魅力。当黎明洗尽天空中的黑暗，支离破碎的冰川呈现出一幅三维空间的美幻景色。温度是零下 14 摄氏度。我的冰爪嘎嘎吱吱地踩在冰川的表面。沿着固定绳，我漫步穿行于林立着晶莹剔透的蓝色石笋的迷宫。陡峭的岩石拱壁与从冰川两侧挤压下来的冰接合在一起，高高地耸立着，像邪恶之神的肩膀。由于环境的吸引和体力的消耗，我开始沉浸于攀登的乐趣之中，有一两个小时竟忘记了恐惧。

在距 1 号营地还有 1/4 的路程时，霍尔在一个休息处评价说，现在的孔布冰瀑是他见过的最好状态：“这一季的路线简直就像高速公路。”在海拔 5 780 米的地方，路绳将我们带到一个巨大的、摇摇欲坠的冰塔底部。有 12 层楼高、呈 30 度角倾斜的冰塔在我们头上隐约可见。路线沿一条天然小径陡然爬上悬垂的冰面，我们必须攀越这个失去了平衡的冰塔，这样才能躲开它那令人恐怖的巨大重量。

我渐渐明白，安全是要靠一定的速度来保障的。我以自己能达到的最快速度向较为安全的塔顶冲去，但由于尚未适应，我的最快速度并不比爬行快多少。每迈出四五步就不得不停下来，靠在路绳上，在苦涩稀薄的空气里大口大口地喘气。

冰塔坍塌之前，我到达了它的顶部。我的呼吸都快停了，心脏怦怦地急跳着，跟手提电钻似的。稍后，大约在早晨 8：30，我越过最后一个冰塔到达孔布冰瀑的顶上。1 号营地的安全感也不能使我平静下来，我没法不去想下面不远处那些凶险的倾斜冰面。事实上，我至少还得从它摇晃的主体下面通过 7 次，这样才有可能爬上珠峰峰顶。我想那些将之戏称为“牦牛之路”的登山者显然是没有穿越过孔布冰瀑。

离开营地之前，霍尔解释说，即使我们当中有人未能到达 1 号营地，也要在上午 10 点整返回，以保证在正午的阳光将孔布冰瀑晒得更不稳定之前返回大本营。在指定的时间里，只有我、霍尔、菲施贝克、塔斯克和汉森到达了 1 号营地。霍尔通过对讲机宣布返回时，康子、哈奇森、韦瑟斯和卡西希克由向导格鲁姆和哈里斯带领，仍停留在距大本营垂直距离 60 米的范围内。

我们首次看到了彼此攀登的模样，并可以很好地评估今后几周里将与自己同舟共济的这些人的优势与弱点。56 岁的汉森和塔斯克是队里最年长的人，他们看上去很有实力。而菲施贝克，这位来自中国香港的颇有绅士风度、说话轻声细语的出版商着实令人吃惊。带着前三次攀登珠峰的感悟，他在起程时就表现得很稳健，然后匀速前进。到达冰瀑顶上之际，他默默地超过了所有人，甚至连呼吸都很均匀。

与之形成鲜明对比的是哈奇森，这位队里最年轻、看上去也最强壮的顾客，出发时一马当先，但很快就筋疲力尽。快到冰瀑顶上的时候，他已被甩到了队尾，一副痛苦不堪的样子。卡西希克因为在向大本营跋涉的第一天早上拉伤了腿部肌肉，行进得很缓慢，但实力仍在。相反，韦瑟斯，特别是康子，看上去则力不从心。

韦瑟斯和康子有好几次险些跌下梯子坠入冰裂缝。康子好像对如何使用冰爪一无所知。[1] 哈里斯是个耐心而有天分的老师，曾做过初级向导，负责关照队伍中那些速度最慢的顾客。哈里斯花了一个上午的时间训练康子掌握各种基本的攀冰技巧。

虽然我们的队伍存在许多不足，霍尔仍然在孔布冰瀑顶上宣布说，他对每个人的表现都很满意。“作为在大本营以上进行的第一次尝试，你们干得都很出色，”他像骄傲的父亲一样称赞道，“我想我们是一个很强的组合。”

我们用了一个多小时才返回大本营。当我卸下冰爪走在距营地最后百米的路上时，感到太阳在头顶上烧了个洞。稍后，当我和威尔顿还有崇巴在指挥帐里聊天时，头痛全面发作。我从来没有这样的感受，太阳穴之间令人无法忍受的剧烈压痛伴着阵阵让人颤抖的恶心感，让我几乎无法连贯地说话。我担心自己患了某种中风病，便蹒跚地离开谈话现场，钻到睡袋里，用帽子盖住眼睛。

头痛到了令人眩晕的程度，而我不知道这是怎么回事。我怀疑是高海拔所致，因为直到返回大本营才发作，不过它更像是对灼烧我视网膜、烧烤我脑壳的强烈紫外线的反应。不管是因何而起，总之疼痛难忍、痛苦万分。后来的五个小时里我一直躺在帐篷里，尽量避免任何感官刺激，哪怕是闭着眼将眼球从一侧转到另一侧，都感到撕心裂肺的剧痛。太阳落山的时候，我再也忍受不了了，便蹒跚地走进医疗帐篷，寻求队医麦肯齐的帮助。

---

[1] 虽然康子之前攀登阿空加瓜峰、麦金利峰、厄尔布鲁士峰和文森峰时曾用过冰爪，但那些攀登基本上都不涉及真正意义的攀冰，因为那些山峰主要是由相对平缓的雪坡或砾石状的碎石坡所组成。——作者注

她给了我一剂强效止痛剂，并给我喝了些水。但当我咽下几口水之后，立刻将药片、液体和午饭的残余物一股脑儿地吐了出来。“嗯……”麦肯齐边琢磨边观察我靴子上的呕吐物，“我想我们得试试别的。”我将一颗小药片放在舌头下含化，这种药能帮助我止住呕吐。然后又吞服了两颗可待因药片。一个小时后疼痛渐渐消退，感激涕零之后，我就朦胧地进入了梦乡。

○　○　○　○

我在睡袋里打着盹儿，看到上午的阳光越过帐篷投下一道阴影。我忽然听到威尔顿大喊：“乔恩！电话！是琳达！”我急忙踏上一双拖鞋，飞速地冲进46米以外的通讯帐篷，气喘吁吁地抓起听筒。

整部卫星电话和传真设备并不比一台笔记本电脑大多少。电话费十分昂贵，大约每分钟5美元，而且经常拨不通。我的妻子竟能在西雅图拨通13位数字的电话号码，与远在珠峰的我通话，着实让我吃惊不小。虽然琳达极尽安慰之辞，但她的忧虑之情还是从遥远的地球那端准确无误地传达出来。“我挺好的，”她安慰我说，“但我希望你能在我的身边。”

前往尼泊尔18天前，琳达痛哭流涕。“从机场开车回家的路上，”她说，“我哭个不停。和你告别是我经历的最伤心的事。我想你可能回不来了。现在看来这真是多此一举，真是愚蠢透顶。”

我们结婚15年半了。初次约会后不到一个星期，我们就登记结婚了。我当时26岁，刚刚决定放弃登山，开始严肃地生活。

第一次遇到琳达时，她也是名登山爱好者，并且非常有天分。摔伤了胳膊和背部之后她放弃了登山，并对这项运动固有的风险性给出了让人心寒的评论。琳达没考虑过让我放弃，但我打算放弃登山的表白坚定了她嫁给我的决心。然而，我没有意识到登山对我灵魂的召唤，抑或它赋予我原本毫无目的的生活以意义。我也没有料到由于缺少它而带来的空虚。不到一年的时间，我又鬼鬼祟祟地从储藏室里拿出路绳，回到岩石上。1984年我前往瑞士攀登以险峻著称的艾格尔峰时，我和琳达已走到了婚姻破裂的边缘。而登山是一切矛盾的症结所在。

攀登艾格尔峰失败后的两三年里，我和琳达的关系一直处于僵局，但我们最终还是度过了这个危机。琳达开始接受我登山，在她看来，这正是我之所以成为我的重要因素。她明白，登山充分体现了我个性中某些奇怪的、不可改变的特质，它们就像眼睛的颜色一样无法改变。然后，就在这微妙的关系恢复当中，《户外》杂志决定派我前往珠峰。

起初，我假装以记者的身份，而非登山者的身份前往珠峰。我接受这项任务，是因为珠峰的商业化是个非常有意思的题目，而且报酬颇丰。我向琳达和其他所有对我攀登喜马拉雅山脉的能力持怀疑态度的人说，我并不想在山上爬得很高。“我可能只从大本营向上攀登一小段路，”我坚持说，“只是尝尝高海拔的滋味。”

这当然都是信口雌黄。在这段旅程以及为旅程进行训练的日子里，我完全可以待在家里，揽些别的约稿的活赚更多的钱。我接受这项任务，是因为被珠峰的神秘魅力所折服。事实上在我的生命中，我从没有像渴望攀登珠峰那样渴望做一件事。从我同意前往尼泊尔的那一刻起，我的目标就是攀登到我的腿和肺能够支撑我到达的地方。

琳达开车送我到机场的时候，很快就看穿了我的托辞。她觉察到了我的野心是何等的大，这令她不安起来。“如果你死了，”她带着绝望和愤怒嚷道，“不仅是你要付出代价，我也要，你知道吗？我的后半生就绝望了，这对你来说无所谓吗？”“我不会死的，”我回答，“别太伤感了。”

INTO
THIN AIR

06 不合格的攀登者

有一种人，越是做不到的事对他们越有吸引力。这种人通常不是专家，他们的雄心壮志和想象力强到足以扫除那些谨慎人士的疑虑。决心和信念是他们最强大的武器。说得客气点，这种人叫怪人，说得不好听，那就是疯子……珠峰吸引着属于它的这种人。他们不是那种一点登山经验都没有的人，当然，他们当中没有一个人的经验可以使攀登珠峰成为一种合情合理的目标。这种人有三个共同特征：自信、坚决和耐力。

沃尔特·昂斯沃思 |《珠穆朗玛峰》

从小我就有远大的抱负和坚定的决心。如果没有它们，或许现在我会过得更快乐一些。我想得很多，并且总会像梦想家一样冒出些“遥不可及”的想法。远方的山峰总是使我着迷，让我对它们魂牵梦绕。我不敢保证锲而不舍就能够实现目标，但我心志高远，受挫只会让我更加坚决，一定要实现自己的梦想，至少是诸多梦想中的一个。

厄尔·登曼 |《独上珠峰》

1996年春季，珠峰的山坡上不乏梦想者。许多人资历跟我差不多浅，甚至比我还浅。如果掂量一下自己的能力，并和这座世界最高峰所带来的可怕挑战比较一下，大本营里有一半的人似乎都持有一种病态的、不切实际的想法。不过这也许不足为怪，珠峰一直以来都像磁铁一般吸引着“疯子”、爱出风头的人、无可救药的浪漫主义者和那些对现实举棋不定的人。

1947年3月，一位穷困潦倒的加拿大工程师厄尔·登曼到达了大吉岭。尽管他没有丝毫的登山经验，也没有得到进入中国西藏的官方许可，但还是公开宣布了他攀登珠峰的计划。不知他是如何说服两名夏尔巴人——昂达瓦和丹增诺盖与之同行的。

丹增，也就是后来随希拉里首次攀登珠峰的那个人，在1933年他19岁的时候从尼泊尔迁到了大吉岭。那一年的春季，他本希望被一支由英国著名登山家埃里克·希普顿率领的探险队雇用，然而这个充满渴望的夏尔巴年轻人落选了。他留在了印度，而后被希普顿雇为1935年英国珠峰探险队的成员。1947年丹增同意随登曼攀登珠峰的时候，他已经到过那里三次了。他后来承认，从一开始他就知道登曼的计划是愚蠢的，但就是无法抗拒珠峰的诱惑。

“登曼的计划没有道理可言。首先，我们可能连中国西藏都无法进入。第二，就算我们能够进入，作为向导的我们和登曼本人可能被扣留，那样麻烦就大了。第三，即使我们到达了山峰，我从来就不相信像我们这样的组合能够登顶。第四，这个尝试非常危险。第五，登曼既没有支付我们优厚的报酬，也没有保证一旦我们遭遇不测他将向我们的亲属支付抚恤金。任何一个理智正常的人都会拒绝，但我不能。

在我心里，我必须去。珠峰的吸引力强于地球上的任何力量。我和昂达瓦只商量了几分钟就做出决定。‘好吧，’我告诉登曼，‘我们尽力而为。’”

当这支小型探险队穿越西藏前往珠峰时，两个夏尔巴人开始渐渐喜欢并尊敬这位加拿大人。尽管他缺乏经验，但他们钦佩他的勇气和体力。值得称道的是，当他们站在珠峰的山坡上面对眼前的现实时，登曼终于认识到自己的不足。在海拔6 700米的地方遭遇了一场暴风雪后，登曼承认这次登顶失败。就这样，三人在离开大吉岭5周后安全返回。

登曼攀登珠峰的13年前，一位忧郁而富有理想主义的英国人莫里斯·威尔逊进行了同样鲁莽的攀登，但他就没这么幸运了。受一种将人引入歧途的救世愿望的驱使，威尔逊认为，攀登珠峰将是向世人宣扬“人类的各种疾苦都可以通过上帝主宰的禁食和忠诚来治愈”这一信仰的最好途径。他炮制了一整套攀登计划：先驾驶小型飞机飞到西藏，然后在珠峰侧面紧急降落，最后从那里开始攀登。既不懂攀登也不懂飞行的事实并没有成为威尔逊实施计划的主要障碍。

威尔逊购置了一架以织物作为机翼蒙皮的“吉普赛蛾”型小飞机，为其取名为“永远的争夺”，并学习基本的飞行知识。然后他用5周的时间在斯诺登山和英国湖区的山间跋涉，学习他认为应该掌握的登山知识。1933年5月，他驾驶着小飞机，开始了途经开罗、德黑兰和印度的珠峰之旅。

此时的威尔逊已得到相当多的媒体关注。他飞到印度的普塔布，但没有得到飞越尼泊尔的许可。于是他以500英镑的价格把飞机卖掉，改走陆路到大吉岭，却再次被拒绝进入中国西藏境内。但这一切都没能阻止他继续前行。1934年3月，他雇了三名夏尔巴人，将自己装扮成喇嘛模样，不顾政府禁令，秘密徒步行进480公里，穿越锡金的森林和西藏高原，于4月14日来到珠峰脚下。

他沿着东绒布冰川乱石丛生的冰面而上，最初的进展相当快。但由于忽略了冰川的走向，很快就陷入了困境。他不断地迷路，变得沮丧不已且疲惫不堪。但他仍不肯罢休。

5 月中旬，他到达东绒布冰川顶部海拔 6 400 米的地方。在那儿，他找到了 1933 年希普顿率领的那支未能如愿的探险队储藏的一批食物和装备。威尔逊从那儿开始攀登通往北坳的山坡，曾到达海拔 6 920 米的地方。面对一座对他而言难以逾越的垂直冰壁时，他不得不撤回希普顿探险队的藏身之处。但他仍不回头。5 月 28 日，他在日记中写道："这将是最后一搏，我感到我就要成功了。"然后又一次向上走去。

一年后希普顿重返珠峰，他的探险队在北坳脚下的积雪中发现了威尔逊冻僵的尸体。"经过一番讨论，我们决定将他葬在冰裂缝中。"查尔斯·沃伦是发现尸体的队员之一，他写道："我们脱帽致敬，每个人都心绪难平。我本以为自己已将生死置之度外，但此情此景，加之他和我们献身的是同一事业，他的悲剧对我们来说有如切肤之痛。"

○ ○ ○ ○

威尔逊和登曼在珠峰山坡上的"壮举"至今仍不断地被人重演，像我们这般能力有限的梦想者接踵而至。这一现象遭到了强烈的批评。但是，究竟谁应该属于珠峰而谁又不应该属于珠峰，这个问题并不像看上去那么简单。并不是说支付重金参加由向导带领的探险队，就表明一个人不适合这座山峰。事实上，1996 年春季攀登珠峰的商业探险队中，至少有两支队伍里有一些攀登喜马拉雅山脉的"老手"，即使按最严格的标准来衡量，这些人也完全合格。

4 月 13 日，我在孔布冰瀑顶上的 1 号营地等我的队友们，一对来自费希尔疯狂山峰队的登山者大步流星地超过了我。其中一人是克利夫·舍宁，来自西雅图 38 岁的建筑承包商及前美国滑雪队队员。他虽然身强体壮，但高山经验却很有限。紧随其后的是他的叔叔皮特·舍宁，号称"活着的喜马拉雅传奇"。

还有两个月就满 69 岁的舍宁身材瘦长、略微驼背，穿着一件褪了色发旧的 Gore-Tex 登山服。他是在消失了很长一段时间后才重返喜马拉雅山脉的。1966 年，他首次登上南极洲最高峰文森峰。1958 年，他作为主力首次攀登了位于巴基斯坦境内喀喇昆仑山脉主脊线上海拔 8 068 米的加舒尔布鲁木 I 峰，从而创造了历史——

美国登山者首次攀登的最高峰。但真正让舍宁名声远扬的是他在 1953 年一次不成功的乔戈里峰攀登中扮演的英雄角色。那一年也正是希拉里和丹增登顶珠峰的一年。

1953 年，舍宁所在的 8 人探险队被一场猛烈的暴风雪困在乔戈里峰上，正等待机会向山顶冲击。此时一名队员阿特·吉尔基得了血栓性静脉炎—— 一种由高海拔引起的致命血栓塞，只有迅速送至低海拔的地方才有一线生还的机会。于是，舍宁和他的队友们冒着凛冽的暴风雪将吉尔基沿陡峭的阿布鲁齐山脊往下送。在海拔 7 620 米地方，一位名叫乔治·贝尔的登山者突然滑倒，将同行的另外 4 人一起拖倒。舍宁将路绳在肩头和冰镐上反复绕了几圈，设法一只手握着吉尔基，另一只手同时抓住 5 个正在下坠的登山者，挽救了自己和其他人的生命。这是登山史上一个令人难以置信的奇迹，它将与“保护”[1] 这一登山运动术语一起被人们永远地记住。

现在，舍宁将在费希尔和他的两名向导贝德曼和布克瑞夫的带领下攀登珠峰。我问贝德曼这位来自科罗拉多州强壮的登山者带领舍宁这种身份的顾客有何感受，他带着自嘲的笑容纠正我说：“像我这样的人并不是‘向导’舍宁，我把能与他同队登山看成自己莫大的荣幸。”舍宁报名参加费希尔的疯狂山峰队，并不是因为他需要向导带路，而是想省去诸如申请许可证，安排氧气、帐篷、供给及夏尔巴高山协作等一系列后勤琐事。

紧随皮特·舍宁和克利夫·舍宁前往 1 号营地的是他们的队友夏洛特·福克斯。38 岁的福克斯精力充沛且沉稳冷静。这位来自科罗拉多州阿斯彭市的滑雪巡逻员曾攀登过两座 8 000 米级山峰：位于巴基斯坦境内海拔 8 034 米的加舒尔布鲁木Ⅱ峰和与珠峰毗邻的海拔 8 201 米的卓奥友峰。后来，我又遇到了马尔·达夫探险队旗下 28 岁的芬兰人维卡·古斯塔夫森，他以前攀登喜马拉雅山脉的记录包括珠峰、道拉吉里峰、马卡鲁峰和洛子峰。

相比之下，霍尔的队伍中无人问鼎过 8 000 米级山峰。如果把皮特·舍宁这样的人物比做棒球联赛中的明星，那我和我的队友们则更像是一群靠贿赂进入世界职

[1] “保护”（Belay）是一个登山运动术语，指在攀登时借助路绳保护同伴安全。——作者注

业棒球大赛的小镇垒球选手。没错，霍尔在冰瀑顶上称我们是“优秀而强壮的组合”。也许我们的确比霍尔前几年带领的顾客要强壮许多。但我非常清楚，没有霍尔的向导和夏尔巴人的鼎力相助，我们当中没人能够攀登珠峰。

而另一方面，我们的队伍又比山上其他一些队伍要有实力得多。在一支由一名说不清其喜马拉雅山脉攀登资历的英国人率领的商业探险队中，有一些成员的能力很值得怀疑。但最不合格的珠峰攀登者，实际上并不是那些由向导带领的登山客，而是那些以传统方式组织起来的非商业探险队的成员。

我带头从冰瀑底部返回大本营时，无意中发现了一对速度极慢、服装和装备都很怪异的登山者。很显然，他们并不熟悉冰川旅行的标准工具和技巧。走在后面的登山者不断地被脚下的冰爪挂住。我在一旁看着他们通过两个连在一起摇摇晃晃的梯子跨过一处很宽的冰裂缝，我吃惊地发现，他俩竟然试图一起跨过冰裂缝，几乎同步——这是完全不必要的危险行为。从冰裂缝另一端传来的断断续续的说话声，表明他们是中国台湾探险队的成员。

台湾人口碑不佳早在他们攀登珠峰之前就传开了。1995 年春，这支队伍前往阿拉斯加攀登麦金利山，为一年后攀登珠峰热身。9 名登山者到达了山顶，但其中 7 人在下山途中遭遇暴风雪而迷路。他们在海拔 5 910 米的地方露宿了一夜，迫使美国国家公园管理局展开了一场耗资巨大且危险的营救活动。

应公园巡逻队的请求，亚历克斯·洛和康拉德·安克这两位全美经验最丰富的登山家中断了自己的登山活动，从海拔 4 390 米的地方急速攀登，以营救奄奄一息的台湾登山者。他们克服重重困难，冒着生命危险各自将一名虚弱无力的台湾人从海拔 5 910 米的地方拖到海拔 5 240 米，然后由直升机将他们从山上撤离。撤离麦金利山的 5 名台湾登山者中，两人患了严重的冻伤，一人已经死亡。“只有一人死亡已算是万幸，”安克说，“如果我和亚历克斯没有及时赶到，另外两人也会死的。我们早就注意到了这队人，他们看上去明显能力不足。他们陷入困境一点儿也不奇怪。”

这支探险队的领队名叫高铭和，是个活跃的自由摄影师。登临喜马拉雅山脉的马卡鲁峰之后，他改名为“马卡鲁”。筋疲力尽且满身冻疮的“马卡鲁”被两名阿拉斯加向导搀扶下山。“阿拉斯加人将他送到山下时，”安克回忆说，“马卡鲁向每个过路者大喊‘胜利了！胜利了！我们到达了山顶！’仿佛灾难从没发生过。是的，这位马卡鲁公子真是让人不可思议。”1996 年麦金利山的幸存者出现在珠峰南侧时，马卡鲁又一次成为他们的领队。

台湾人的出现引起了山上其他探险队的极大关注。一旦他们遇险，其他探险队就不得不前往救援，这是相当危险的事。暂且不论这会使其他登山者登临峰顶的机会大打折扣，单是救援本身就需要冒生命危险。而他们还不是这山上唯一不够格的群体。我们大本营的旁边驻扎着一位名叫彼得·内比的 25 岁挪威人。他扬言要单人从珠峰最危险、技术要求最高的西南壁攀登，[1] 丝毫没有考虑到他有限的喜马拉雅经历只是攀登过两次附近的岛峰，那只不过是洛子峰的一个山脊上海拔 6 190 米的隆起，除了长途跋涉之外并不需要任何攀登技巧。

除此之外，还有南非人。由约翰内斯堡一家大报《星期日泰晤士报》赞助的这支南非探险队曾激起高涨的民族自豪感，并在出发前得到南非前总统纳尔逊·曼德拉的私人祝福。他们是首支被允许攀登珠峰的南非探险队，这支种族混杂的队伍立志要让黑人首次站到山顶上。领队是 39 岁的伊恩·伍德尔，他是个多嘴多舌而又胆小如鼠的男人，总喜欢津津乐道他在 20 世纪 80 年代南非对抗安哥拉的漫长而残酷的战役中经历的轶闻趣事，以及他在敌后方参加突击队的种种伟绩。

伍德尔召集三名南非最强壮的登山者组成了探险队的核心：安迪·德·克勒克、安迪·哈克兰德和埃德蒙·费布雷尔。这支由两种人种组成的队伍对说话轻声细语的黑人古生态学家和世界知名的登山者费布雷尔来说有着特殊意义。“我的父母为了纪念埃德蒙·希拉里爵士而为我取名，”他解释说，“攀登珠峰是我年轻时就有的梦想。但更重要的是，我将这次探险看成一个年轻国家彰显实力的象征，这个国家正试图实现统一迈向民主，各方面都百废待兴。在我成长的过程中，诸多方面都受限于种族隔离政策，深受其害。但现在我们是一个崭新的国家。我对我的国家所走的道路深信不疑。向世人展示我们南非的黑人和白人可以共同攀登珠穆朗玛峰，这是多么有意义的事情啊！”

[1] 尽管内比的探险号称是一项“单人”完成的壮举，但他还是雇用了 18 名夏尔巴人帮他搬运物品、固定登山绳、搭建营地并带他上山。——作者注

整个国家因这支小小的探险队而团结起来。“伍德尔只是很偶然地提出了这项计划，”克勒克说，“随着种族隔离制度的废除，南非人终于可以到任何他们想去的地方旅游了。我们的运动队也可以到世界各地去参加比赛。南非刚刚赢得世界杯橄榄球赛冠军，这难道不是让整个国家欢欣鼓舞并引以为傲的事情吗？所以，当伍德尔着手组建攀登珠峰的探险队时，每个人都赞成他的想法，因而他不费吹灰之力就筹得几十万美元的资金。”

除了三名南非男性登山者和一位名叫布鲁斯·赫罗德的英国登山者兼摄影师以外，伍德尔希望增加一名女队员。离开南非之前，他邀请 6 名女性候选人攀登只需要体力而不需要技巧的乞力马扎罗山。为期两周的测试之后，伍德尔将目标锁定在两名选手身上。一位是 26 岁的卡西·奥多德，白人新闻学讲师，登山经验仅限于法国的阿尔卑斯山，她的父亲是南非最大的铂金供应商英美公司的董事；另一位是 25 岁的黑人体育教师德尚恩·迪塞尔，之前没有一点儿登山经验，在一个种族隔离的村子里长大。伍德尔说，这两位女性都将随队到达大本营，然后他将根据两人的表现从中挑选一位继续攀登珠峰。

4 月 1 日，也就是到达大本营后的第二天，我意外地在南切巴扎下面的小路上碰到刚刚从山中走出来、准备前往加德满都的费布雷尔、哈克兰德和克勒克。克勒克告诉我，三名南非登山者和队医夏洛特·诺贝尔还没有到达山脚就已经退出。“领队伍德尔完全就是个卑鄙的家伙，”克勒克解释道，“他是个控制欲极强的偏执狂。你不能相信他，我们根本就不知道他哪句话是真哪句话是假。我们不能把自己的生命交给这样的人，所以我们离开了。”

伍德尔曾向克勒克等人吹嘘说他曾经攀登过喜马拉雅山脉的大部分地方，而且几次到达海拔 7 920 米以上。但事实上，伍德尔的全部经历不过是作为付费的顾客参加马尔·达夫带领的两次不成功的探险，一次是在 1989 年，伍德尔未能登上难度一般的岛峰；另一次是在 1990 年，他在安纳布尔纳峰海拔 6 490 米的地方（距峰顶垂直距离还有 1 600 米）无功而返。

此外，前往珠峰之前，伍德尔曾在探险队的网站上炫耀他辉煌的军旅生涯，服役期间他曾得到英国军方的提拔“来指挥精锐的长途山脉侦察组织，该组织在喜马拉雅山脉开展了大量训练”。他还告诉《星期日泰晤士报》的记者说，他曾在英格兰的桑德霍斯特皇家军事学院做过教官。事实上，英国军队根本就没有“长途山脉侦察组织”，伍德尔也没有在桑德霍斯特做过教官，更没有在安哥拉的敌后方作战。据英国军方发言人称，伍德尔只是个靠薪水过活的小职员。

伍德尔还在尼泊尔旅游局签署的攀登珠峰许可名单[1]上撒了谎。刚开始他说奥多德和迪塞尔都在许可名单上，而谁参加最后攀登的决定将在大本营做出。离开探险队以后，克勒克却发现奥多德、伍德尔69岁的父亲及一个名叫蒂尔里·雷纳的法国人（他曾付给伍德尔3.5万美元）都在名单上，而费布雷尔辞职之后唯一一名黑人队员迪塞尔却不在名单上。克勒克意识到，伍德尔从一开始就没有打算让迪塞尔攀登珠峰。

除了欺骗之外还有莫大的羞辱。离开南非之前，伍德尔警告已娶美国人为妻并拥有双重国籍的克勒克，他只有使用南非护照才可以进入尼泊尔。“他简直是小题大做，”克勒克回忆道，“说什么我们是第一支南非珠峰探险队等等。但伍德尔本人都没有南非护照。他根本就不是南非人，他是英国人，持英国护照进入的尼泊尔。”

伍德尔的诸多欺诈行为立刻成了国际丑闻，英联邦各大报纸头版争相报道。这些负面报道传到伍德尔的耳朵里时，这位妄自尊大的领队对此不屑一顾，并尽量将他的探险队与其他探险队隔离开来。他甚至不顾与《星期日泰晤士报》签署的合同，将记者肯·弗农和摄影师理查德·肖里赶出探险队，他的这一做法“被视为对整个合同的撕毁”。

《星期日泰晤士报》的编辑肯·欧文当时正与妻子前往大本营，这次徒步旅行的后半程特意安排得与南非珠峰探险队的行程相一致，并由伍德尔的女朋友，一名年轻的法国女人亚历山大·高迪恩领路。在佩里泽，欧文得知伍德尔赶走了他的记者和摄影师，大为吃惊。欧文给领队写了一张便条，解释说报社无意让弗农和肖里撤回，并已命令他们重返探险队。伍德尔接到这张字条时大发雷霆，并从大本营冲下来到佩里泽找欧文理论。

[1] 只有列于官方许可名单上的登山者才能进入大本营。这个规定是强制性的，违者将受到禁止攀登的处罚，并被驱逐出尼泊尔。——作者注

据欧文叙述，在后来的冲突中他直截了当地质问伍德尔迪塞尔的名字是否在名单上。伍德尔回答说："这不关你的事。"

当欧文指出迪塞尔只不过是他用来"制造南非主义假象的一个黑人幌子"时，伍德尔威胁说要杀掉欧文和他的妻子。这位紧张过度的探险队领队还一度扬言："我要把你该死的脑袋拧下来敲你的屁股。"

此后不久，记者弗农到达南非大本营，通过霍尔的卫星传真机发出了第一份有关事件的报道，只是说"在营地里，奥多德小姐表情严肃，显然，她视我为'不受欢迎的人'"。弗农后来在《星期日泰晤士报》上写道：

> 我告诉她，她没有权力禁止我进入由我的报社支付费用的营地。当我进一步同她理论时，她说是按照伍德尔先生的"指示"行事。她说肖里已被赶出了营地，我应该步他的后尘，以免在这里得不到食物和安身之所。我的双腿由于长途跋涉而颤抖不止。在我尚未决定是继续斗争还是离开之前，我请求她给我一杯茶。"没门。"她回答说。奥多德小姐走到探险队的夏尔巴领队昂多杰面前，高声说道："这是肯·弗农，我们跟你提到过的人之一。他不能得到任何帮助。"昂多杰是个坚强而又耿直的男人，我曾和他喝过几杯青稞酒。我看着他说："难道连一杯茶都不行吗？"昂多杰真是个好人，加之夏尔巴人热情好客的传统，他看了一眼奥多德小姐，说："胡扯。"然后抓住我的胳膊，将我拉到指挥帐篷中，为我端上一杯热气腾腾的茶和一碟点心。

在佩里泽，欧文与伍德尔进行了交涉。在这场被前者形容为"令人心灰意冷"的交谈之后，这位编辑"被说服了……探险队的气氛的确有些狂乱。《星期日泰晤士报》的记者肯·弗农和理查德·肖里会有生命危险"。欧文因此指示弗农和肖里返回南非，并在报纸刊登了一条声明，宣布终止对探险队的赞助。

此时的伍德尔早已拿到报社的钱，所以这一宣告纯属象征性的，对他在山上的举动毫无影响。事实上，即使在接到曼德拉总统请求为了国家利益而缓解矛盾的信后，伍德尔仍拒绝放弃探险队领队的资格或作出任何形式的让步。伍德尔固执地坚持攀登珠峰的行动要在他的领导下按原计划进行。

探险队解散后回到开普敦，费布雷尔无比失望。"可能我太天真了，"他断断续续地说，“我痛恨在种族隔离政策下长大。与安德鲁他们一起去攀登珠峰，是旧时代已被打破的伟大象征。但伍德尔对新南非的诞生漠不关心，他利用民族的梦想满足私欲。离开探险队是我一生中最艰难的决定。”

随着费布雷尔、哈克兰德和克勒克的离去，探险队里剩下的人基本上没什么高山经验，除了法国人雷纳，虽然他被列在许可名单上，但他是自己单独登山，并且自己雇用夏尔巴人。克勒克说，他们中至少有两人“都不知道该如何绑上冰爪”。

独行的挪威人、中国台湾人，尤其是南非人，经常成为霍尔指挥帐里的热门话题。“这山上有这么多不够资格的人，”4 月底的一个晚上，霍尔愁眉不展地说，“我想这个登山季不会太平。”

INTO
THIN AIR

07 第二具尸体

我怀疑没有人敢说自己享受高海拔地区的生活。行进虽然缓慢，但至少还可以从艰难的攀登中得到一种冷酷的满足。当这种安慰都不复存在的时候，便要在高山营地那极糟糕的环境里熬过大部分时光。

吸烟是不可能的，咽下去的食物只会让人呕吐；为了最大限度地减轻负重，能看到的文字只限于罐装食品上的标签；沙丁鱼油、炼乳和糖饴洒得到处都是。美好的感觉总是转瞬即逝，除此之外，这里真是“不堪入目”：帐篷里混乱不堪，同伴胡子拉碴、蓬头垢面，还好风声盖住了他那不畅的呼吸声；最糟糕的莫过于面对紧急情况时那种全然无助和束手无策的感觉。

过去，我常常试图这样来安慰自己：一年前，能参加这个探险队的想法曾令我激动不已，因为在当时看来这简直就是一个难以实现的梦想。但高度对大脑的影响不亚于对身体的影响：人的头脑会变得迟钝。现在，我唯一的愿望就是快点结束这折磨人的差事，尽快回到一个正常的环境中。

埃里克·希普顿 |《在那座山上》

4月16日星期二，黎明前。在大本营调整两天后，我们再次向孔布冰瀑前进，进行第二次适应性短程攀登。我小心翼翼、紧张兮兮地沿着咆哮的冰道蜿蜒前行，我注意到自己的呼吸已不像第一次冰川之旅时那样粗重了，说明身体开始适应这里的海拔高度了。但我对摇摇欲坠的冰塔的恐惧却丝毫未减。

我曾希望海拔5 790米处那个被费希尔队的一个家伙称为“捕鼠器”的巨大冰塔已经崩塌，可它仍晃晃悠悠地立在那儿，甚至比以前倾斜得更厉害了。我又一次在血流加速中和冰塔的恐怖阴影笼罩下急速攀登。到达冰塔顶部时，我双膝跪地，大口大口地喘着气，并因血管中产生的大量肾上腺素而哆嗦不止。

第一次适应性短程攀登时，我们只在1号营地逗留了不到一个小时就返回了大本营。这一次，霍尔计划让我们在1号营地里度过星期二、星期三两个晚上，接着继续向2号营地前进，并在那里再过三个晚上，然后返回。

上午9点，我到达1号营地的时候，我们的夏尔巴领队[1]昂多杰[2]正在冻得坚硬的雪坡上挖掘搭帐篷用的平台。他29岁，身材消瘦、五官清秀、性格腼腆、情绪忧郁，并且体力惊人。等待队友们上来之际，我抢起一把空出来的铁铲跟他一起挖。不到几分钟，我就呼哧带喘地没了力气，不得不坐下来休息，引得夏尔

[1] 即夏尔巴人的头儿。霍尔的队伍有一位大本营队长，名叫昂次仁，负责管理探险队雇用的所有夏尔巴人；而昂多杰则是登山时的夏尔巴领队，他听从昂次仁的指挥，监督攀登时的高山协作。——作者注

[2] 不要把他同南非探险队的那个夏尔巴人弄混，虽然他们同名。昂多杰跟边巴、拉卡帕、昂次仁、达瓦、尼玛以及帕桑一样，都是很普通的夏尔巴名字。在1996年的珠峰上，每一个这样的名字都至少对应两个夏尔巴人，这不时会让人犯晕。——作者注

巴人一阵大笑。“感觉不行了吗，乔恩？”他嘲笑道，“这只是 1 号营地，才 6 000 米。这里的空气还稠密得很。”

昂多杰来自潘波切，那儿沿着崎岖的山坡聚集着座座石壁房子和种土豆的梯田，海拔 3 960 米。他的父亲是一位受人尊敬的夏尔巴登山好手。为了让他拥有卓越的攀登技巧，父亲在他年幼时就向他传授登山的基本知识。但在昂多杰十几岁的时候，父亲因白内障失明，小昂多杰被迫辍学，开始挣钱养家。

1984 年，在为一群西方徒步者做厨师时，昂多杰引起了一对加拿大夫妇马里恩·博伊德和格雷姆·纳尔逊的注意。博伊德说：“我想念我的孩子们。当我逐渐与昂多杰熟悉以后，他让我想起了我的长子。昂多杰非常聪明，好奇心强，有求知欲，善良得近乎天真。他每天在高海拔地区背着巨大的行李，还流着鼻血。”

在征得昂多杰母亲的同意后，博伊德和纳尔逊开始在经济上资助这位年轻的夏尔巴人，这样他就可以重返学校完成学业了。“我永远都忘不了他的入学考试（为进入希拉里爵士在孔布创办的地方小学）。他比同龄的孩子显得矮小。我们和校长还有另外四名教师挤在一间小屋里，昂多杰站在中间，双膝不住地颤抖，他搜肠刮肚地想回忆原来学过的东西以应付这次考试。我们都汗流浃背……他被录取了，但是得跟小孩子们一起上一年级。”

昂多杰成为一名能干的学生。在接受了相当于八年级的教育后，他重返登山和徒步旅游业。博伊德和纳尔逊曾数次回到孔布，见证了昂多杰的成长。“因为获得了充足的营养，他长得又高又壮，”博伊德回忆道，“他兴奋地告诉我们他在加德满都的游泳池里学会了游泳。25 岁左右的时候他学会了骑自行车，并迷上了麦当娜的音乐。当他第一次将礼物——一条精心挑选的西藏地毯送给我们的时候，我们知道他真的长大了。他希望成为施予者，而不是获取者。”

昂多杰作为一名身强体壮、足智多谋的登山好手在西方登山界中声誉四起，被提拔到了夏尔巴领队的职位，并于 1992 年在珠峰上为霍尔工作。霍尔 1996 年的探险活动开始之前，昂多杰已经登顶珠峰三次了。带着无限的敬意和明显的好感，霍尔称他为“我的左膀右臂”，并多次表示昂多杰对我们成功登顶起着至关重要的作用。

我的最后一名队友疲惫不堪地走进1号营地的时候，阳光依旧灿烂。但到了中午，从南面吹来了一团高卷云。下午3点，浓云在冰川上空翻滚，呼啸的狂风夹着雪片不停地砸在帐篷上。暴风雪肆虐了一整夜。清晨，当我爬出与汉森共住的帐篷时，30多厘米厚的新雪覆盖了冰川。雪崩在十几处地方顺着陡峭的冰壁隆隆而下，我们的帐篷安然无恙。

4月18日星期四的黎明，天空放晴了。我们收拾好行装前往2号营地，踏上一段6 000米或者说垂直距离520米的路程。路线将我们带到西库姆冰斗的缓坡之上。这里是地球上最高的峡谷，是孔布冰瀑在珠峰山峦腹地挖出的一个马蹄形的峡谷。努子峰海拔7 849米的山体形成了西库姆冰斗右侧的冰壁，而珠峰巨大的西南壁则构成其左侧的冰壁。洛子壁那宽阔而高耸的冰峰在它的头顶隐约可见。

我们从1号营地出发时，天气异常寒冷，我的手都被冻僵了。但当太阳的第一缕光芒照在冰川上时，西库姆冰斗那铺满冰的冰壁就像一个巨大的太阳能炉子，吸收并向外散发着热量。突然间我又热得难受，担心在大本营袭击过我的偏头痛要再次发作。我脱掉衣服，只穿一条长内裤，并在棒球帽里塞了一把雪。接下来的三个小时里，我沿着冰川艰难地稳步上行，偶尔停下来喝口水，或者当雪在我乱蓬蓬的头发上融化时，往帽子里再塞一把雪。

到达海拔6 400米的时候，我已经酷热难耐、头晕目眩。偶然间我发现小路旁有一个裹在蓝色塑料布里的庞然大物。我那因高海拔而变得迟钝的大脑用了一两分钟才判断出这是一具尸体。我被吓呆了，足足盯了它好几分钟。晚上，我向霍尔问及此事时，他也不敢肯定，他认为遇难者是一名死于三年前的夏尔巴人。

位于海拔6 490米的2号营地由120个帐篷组成，它们散落在冰川侧碛边缘光秃秃的岩石上。在这里，高海拔显现出了它那可怕的力量，使我感觉犹如受到烈性红酒的折磨一般，吃饭乃至看书都让人痛苦不堪。随后的两天里，我几乎是用手捂住脑袋躺在帐篷里，尽量将身体蜷成一团。到星期六感觉稍好一些的时候，为了加强练习尽快适应环境，我顺着营地向上攀登了300多米。然而就在距离主路46米的西库姆冰斗顶部，我在积雪中撞见了另一具尸体，更确切地说，是尸体的下半身。

从衣服款式和老式皮靴来看，遇难者应该是个欧洲人。他的尸体至少在山上躺了 10 ~ 15 年。

第一具尸体让我几个小时都惊魂未定，但遇到第二具尸体时那种恐惧感转瞬即逝。没有几个蹒跚而过的登山者会多看这些尸体几眼。山上仿佛有一种心照不宣的默契，人们假装这些干枯的遗骸不是真实的，仿佛我们无人敢承认山上险象环生。

○　○　○　○

4 月 22 日，星期一。从 2 号营地返回大本营的第二天，我和哈里斯踱到南非营地探望他们的队员，想打听一些有关他们为何遭到舆论唾弃的内幕消息。我们从帐篷顺着冰川向下走 15 分钟就到达了他们位于冰川岩屑堆上的营地。尼泊尔和南非的国旗，还有柯达、苹果电脑以及其他赞助商的广告旗帜在两根高高的铝制旗杆上飘扬。哈里斯将脑袋探进他们的指挥帐，拿出他那最动人的微笑打招呼道：“喂，你好，有人吗？”

伍德尔、奥多德和赫罗德还在孔布冰瀑上，正从 2 号营地往回返，但伍德尔的女朋友高迪恩和他的弟弟菲利浦在指挥帐中。指挥帐里还有一位兴奋的年轻女人，她自我介绍说叫德尚恩·迪塞尔，并邀请我们进帐饮茶。这三名队员似乎与伍德尔备受谴责的行径和队伍即将解散的谣传毫无关系。

“那天我第一次尝试了攀冰。”迪塞尔热情地介绍说，用手指着附近的一座冰塔，那里有几支探险队的队员正在练习攀冰技巧。“这太令人兴奋了。我想过几天就登上冰瀑。”我本来是想向她询问伍德尔的欺诈行为和她得知未被允许攀登珠峰后的感受，但看到她如此的兴奋和天真，便又觉得索然无味。闲谈了 20 分钟后，哈里斯向包括伍德尔在内的整支队伍发出邀请，请他们当天晚上“到我们的帐篷里喝上几杯”。

回到自己的营地时，我发现霍尔、麦肯齐医生以及费希尔的队医英格里德·亨特医生正焦急地通过无线电和山上更高处的某人通话。今天早晨，费希尔从 2 号营地下到大本营，看到他雇用的一个夏尔巴人阿旺托普切正坐在海拔 6 400 米的冰川上休息。38 岁的阿旺牙齿稀疏、心地善良，是来自罗瓦林山谷的登山老手。他已经连续三天在大本营以上的地方搬运行李、干杂活了，但他的夏尔巴同伴却抱怨说他总是坐着，不干分内的事情。

费希尔询问阿旺时，他承认自己感到虚弱无力、摇摇晃晃和呼吸困难已有两天了。费希尔命令阿旺立刻返回大本营。但夏尔巴文化中的大男子主义因素使得许多男人都不肯承认身体上的虚弱。夏尔巴人是不应该得高山病的，尤其是那些来自以强壮的登山者闻名的罗瓦林地区的男人们。更有甚者，那些公开承认患病的人将会被探险队列在黑名单里。基于上述种种原因，阿旺无视费希尔的要求，非但没有下山，反而向上行至 2 号营地过夜。

阿旺在傍晚时分到达 2 号营地时已经神志不清了，如醉汉般跌跌撞撞，并咳着粉红色带有血丝的泡沫。这些症状表明,他得了严重的高山肺水肿—— 一种神秘的、潜在的致命疾病，通常是由于攀登过高过快而导致肺部积水。[1] 治疗高山肺水肿唯一真正有效的办法就是迅速下山。如果患者在高海拔地区停留时间过长，死亡是不可避免的结局。

从大本营向上攀登时，霍尔总是坚持让队员们待在一起，并由向导殿后。而费希尔的做法则截然不同，他认为，在适应阶段应该给队员们充分的自由独立上山、下山。所以当人们在 2 号营地发现阿旺病重时，除了费希尔的 4 名队员——戴尔·克鲁泽、皮特·舍宁、克利夫·舍宁和蒂姆·马德森之外，没有一个向导在场。营救阿旺的任务就落在了克利夫·舍宁和蒂姆·马德森的肩上。马德森来自科罗拉多州阿斯彭市，是一位 33 岁的滑雪巡逻员。参加这次探险活动之前，他从未到过海拔 4 270 米以上的地方，这次是他的女友、喜马拉雅登山老手夏洛特·福克斯说服他来的。

当我走进霍尔的指挥帐时，麦肯齐医生正通过无线电与 2 号营地的人对话：“给阿旺一些醋唑磺胺（利尿剂）、地塞米松（抗炎药）、10 毫克的舌下含化硝苯地平……是的，我知道这很冒险，但无论如何也要给他……我跟你说，在我们将他运下山之

[1] 据推测，高山肺水肿是在低氧条件下，由于肺动脉高压导致肺泡毛细血管通透性增加，液体漏出进入肺部所致。——作者注

前，他死于高山肺水肿的危险比服用硝苯地平导致血压降低的危险大得多。求你了，请相信我！给他服药！快！”

然而当时没有一种药对阿旺起作用，就连吸氧或把他放进便携式高压氧袋里也无济于事。高压氧袋是一个类似棺材大小的充气塑料房子，房子里的气压被升至与低海拔相近的数值。天色渐渐暗下来的时候，舍宁和马德森用瘪了气的高压氧袋当作临时雪橇，吃力地将阿旺往山下拖。这时，向导贝德曼和一队夏尔巴人正急匆匆地从大本营出发去迎接他们。

日落时分，贝德曼在孔布冰瀑顶上接替了营救阿旺的任务，并让舍宁和马德森返回 2 号营地继续适应环境。患病的夏尔巴人肺里充溢着液体。贝德曼回忆说：“他的呼吸声听起来就像是用吸管从杯底吸奶昔。下到一半的时候，阿旺摘下氧气面罩，将手伸到进气阀处擦了擦上面的鼻涕。当他把手拿出来时，我将头灯照在他的手套上。他的手套完全被他咳到面罩里的血染红了。然后，我又用头灯照了照他的脸，他的脸上也全是血。”

“当我们四目相对时，我看得出来他非常害怕，”贝德曼继续说，“我急中生智，俯下身去告诉他血是从他嘴唇上的一道伤口流出的。他稍稍镇定了一点。我们继续下山。”为了避免阿旺由于扭动身体而使病情恶化，贝德曼几次将病重的夏尔巴人背在身上。当他们到达大本营的时候，已是后半夜了。

由于一直在吸氧，加之亨特医生整晚看护，第二天早晨阿旺的病情稍稍好转。费希尔、亨特医生以及其他大多数医生都自信地认为，这个夏尔巴人的病情会因为海拔降低了 1 130 米继续好转起来，因为通常只需下降 900 米就足以使身体得到恢复。出于这个原因，亨特医生认为不用讨论用直升机将阿旺从大本营送到加德满都了，因为这一举动要耗资 5 000 美元。

“但很不幸，”亨特医生说，“阿旺并没有继续好转。早上晚些时候他的病情又开始恶化了。”因此，亨特医生认为阿旺需要立刻转移，但此时天空阴云密布，直升机无法飞行。她建议费希尔的大本营队长夏尔巴人尼玛卡雷，召集一队夏尔巴人用人力将阿旺护送下山。但尼玛不同意这个想法。据亨特医生说，这位队长坚决否认阿旺患了高山肺水肿或任何其他高山疾病，认为“就是‘胃部’难受而已，也就是尼泊尔话所说的胃痛”，因此没必要转移。

最终亨特医生说服了尼玛让两名夏尔巴人帮她护送阿旺到更低的地方。尽管只有不到 400 米的距离，但这位病人却走得非常缓慢而艰难，阿旺显然是不可能靠自己的力量徒步下山了，需要更多的帮助。于是她又把阿旺送回疯狂山峰公司的营地，“考虑一下别的办法”。

时间一分一秒地过去，阿旺的病情更加恶化了。当亨特医生试图把阿旺送回高压氧袋里时，他拒绝了。跟尼玛一样，他不承认自己得了高山肺水肿。亨特医生与大本营的其他医生商量对策，但她还没来得及跟费希尔讨论这种形势，此时，费希尔正赶往 2 号营地去接马德森下山。马德森在将阿旺拖下西库姆冰斗的过程中用力过猛，患上了高山肺水肿。由于费希尔不在，夏尔巴人便不愿意听从亨特医生。形势越来越危急。据她手下的一名医生观察，“亨特已无计可施了”。

32 岁的亨特医生去年 7 月才完成她的住院医生实习。虽然在高原医学这个特殊领域没什么经验，但她在尼泊尔东部的山脚下做过 4 个月义务的医疗救护工作。几个月前她在加德满都邂逅了刚刚得到珠峰许可证的费希尔，而后费希尔便邀请她以队医和大本营总管的双重身份加入他即将开始的珠峰探险活动。

1 月份亨特医生曾写信给费希尔表达她矛盾的情绪，但最终还是接受了这份无偿的工作，并于 3 月底在尼泊尔与队伍会合，打算满腔热忱地为探险队的成功贡献力量。管理大本营并在遥远的高海拔环境里满足 25 名队员的就诊需要，显然比她想象的要复杂得多。相比而言，霍尔则为两名经验丰富的全职工作人员——队医麦肯齐和大本营总管威尔顿支付佣金，做亨特医生一个人无偿做的工作。雪上加霜的是，在大本营的大部分时间里，她由于无法适应环境而受到剧烈头痛和呼吸急促的折磨。

星期二晚上，阿旺下撤未果而被送回大本营，病情愈发糟糕。部分原因是因为他和尼玛两人不断阻挠亨特医生对他的救治，并继续坚持认为自己没有得高山肺水肿。这天早些时候，麦肯齐医生发出的无线电呼救信号传到了美国医生吉姆·利奇那里，请求他迅速赶到大本营参加营救阿旺的工作。这位在 1995 年登顶珠峰的高原医学界声名显赫的专家，晚上 7 点的时候从佩里泽赶来，当时他正作为志愿者在佩里泽主持喜马拉雅救援协会医疗站的工作。利奇发现阿旺躺在帐篷里，有一个夏尔巴人在陪他，而这个夏尔巴人竟然允许阿旺将氧气面罩摘下来。利奇惊诧于阿旺在如此危险的状况下居然没有继续吸氧，并且不理解为什么他还没有被撤离大本营。利奇找到病倒在自己帐篷里的亨特医生，表示了他的担忧。

此时，阿旺的呼吸变得极为困难。他们立刻给他输氧，并要求第二天一早，也就是 4 月 24 日星期三，派一架直升机来援救。但是，暴风雪的肆虐使得直升机根本无法飞行，于是阿旺被装进一个篮子，在亨特医生的照顾下，由夏尔巴人背着赶往佩里泽。

那天下午，霍尔皱着眉头将他的担忧表露无遗。“阿旺凶多吉少，”他说，“他是我见过情况最糟糕的肺水肿病人之一。他们应该昨天早上就用飞机把他送下山去。如果这个病人是费希尔的一个顾客而不是夏尔巴人，我不认为他会受到如此待遇。这个时候再把阿旺送到佩里泽，对于挽救他性命来说可能太晚了。”

星期三晚上，病重的夏尔巴人从大本营经过 9 个小时的旅程到达佩里泽的医疗站，尽管他仍在继续吸氧，海拔高度也已降至 4 270 米了（比他生长的村子还要低），但他的病情还在恶化。亨特医生决定不顾阿旺的意愿强行将他放进高压氧袋里。由于不了解高压氧袋的治疗作用，阿旺产生深深的恐惧感，他要求见一名喇嘛，并请求被关进这个幽闭恐怖的空间时，可以带上他的祈祷书。

为了使高压氧袋正常工作，外面的人需要不断地用脚泵向里面输入新鲜空气。筋疲力尽的亨特透过氧袋顶部的塑料窗监视阿旺的病情，两个夏尔巴人则轮流踩脚泵。大约晚上 8 点，一个夏尔巴人杰塔注意到阿旺口吐白沫，显然已停止了呼吸。亨特医生立即拉开袋子，清理掉呕吐物后，确认阿旺的心脏已经停止跳动。她一边进行心肺复苏，一边叫来隔壁房间在喜马拉雅救援协会医疗站当志愿者的拉里·西尔弗医生。

“几秒钟后我赶到那里，”西尔弗回忆道，“阿旺的脸色发青，吐得到处都是，脸上和胸口上满是带着血色的唾液泡。亨特隔着呕吐物对他进行人工呼吸。我心想

‘这人快死了，除非给他插管治疗。’”西尔弗冲到附近的医疗站去取急救设备，然后将一根导管插入阿旺的喉咙，向他的肺中输送氧气，先是用嘴，接着通过人造泵，也就是“急救袋”。这时候，阿旺的自主脉搏和血压恢复了。但是，在阿旺的心脏重新开始跳动之前，他的大脑大约有10分钟处于缺氧状态。据西尔弗观察，“10分钟没有脉搏或者血氧浓度不足，足以导致严重的神经损伤”。

接下来的40个小时里，西尔弗、亨特、利奇轮流用急救袋向阿旺的肺里送氧气，每分钟用手挤压20次。当有分泌物阻碍导管进入他的喉咙时，亨特就用她的嘴把杂物吸干净。4月26日星期五，天气终于好转，可以用直升机救援了。阿旺被送到加德满都的医院，但他没有恢复过来。其后的几个星期，他日渐憔悴，双臂在身体两侧紧紧地蜷缩着，肌肉萎缩，体重下降到不足36公斤。6月中旬，阿旺去世了，抛下了在罗瓦林等待他回家的妻子和4个女儿。

○　○　○　○

奇怪的是，珠峰上的大多数登山者对阿旺困境的了解，竟比千里之外远离这座山峰的人们还要少。外界通过因特网得到信息，而因特网对我们这些大本营里的人来说无疑是超现实的。例如，我们只有通过卫星电话给在新西兰或者密歇根州浏览万维网的家人打电话，才能获得有关南非人在2号营地的一些消息。

因特网上至少有5个网站刊载来自珠峰大本营的记者采写的新闻报道[1]。南非队和马尔·达夫的国际商业探险队都拥有自己的网站。美国公共广播公司的一档电视节目《新星》制作了一个内容精致而丰富的网站，提供来自莉斯尔·克拉克和著名的珠峰历史学家奥德丽·索尔克尔德每日更新的专栏文章，她们是麦吉利夫雷·弗里曼IMAX探险队成员。这支探险队由获奖导演和登山老手布里希尔斯率领，他曾在1985年带领迪克·巴斯登上了珠峰。IMAX探险队当时正在拍摄一部耗资550万

[1] 尽管“在珠峰的山坡上与万维网之间建立起直接的、互动的链接”这一设想曾被大肆鼓吹，但由于技术所限，无法直接从大本营连接到因特网上。取而代之的，是记者将他们的报道通过卫星电话以语音或传真的形式发回，然后由纽约、波士顿、西雅图的编辑将报道发布到网上。电子邮件则是在加德满都接收，然后打印出来，由牦牛运送到大本营。与之类似，网络上看到的照片也先是由牦牛运输，再由航空快递到纽约。网络聊天则是借助卫星电话和纽约的打字员来完成。——作者注

美元的关于登山的宽银幕电影。费希尔的探险队里至少有两名记者为两家相互竞争的网站撰写新闻稿。

费希尔队的记者布罗米特每天通过电话给“户外在线”[1] 提供报道。但她不是顾客，因此未被允许攀登大本营以上的地方。而费希尔队的另一名网络记者计划随队登顶，并一路为美国国家广播公司的互动媒体做每日新闻报道。她的名字叫桑迪·希尔·皮特曼。她在珠峰上的行为无人能望其项背，招来的流言蜚语也是无人能及的。

皮特曼是一位附庸风雅的百万富翁登山者，这是她第三次尝试攀登珠峰。这一次她无比坚定地要登上峰顶，以完成她令人瞩目的七大洲最高峰攀登计划。

1993 年，皮特曼参加了一支由向导带领的探险队，试图从南坳和东南山脊登顶。当她带着 9 岁的儿子博和保姆出现在大本营时，引起了一阵小小的轰动。但她遇到了一系列的困难，只到达海拔 7 310 米的地方就返回了。

1994 年，皮特曼重返珠峰，这一次她筹集了 25 万美元的赞助，向北美最出色的登山家们付费并与之同行：布里希尔斯、史蒂夫·斯温森、巴里·布兰查德和亚历克斯·洛。洛是一位颇具争议的世界级登山多面手，被高薪聘为皮特曼的私人向导。这 4 个男人事先在珠峰西藏一侧最困难、最危险的康雄壁上固定好登山绳。凭借洛的大力帮助，皮特曼沿着固定绳攀登到海拔 6 710 米的地方，但在到达峰顶前又一次被迫放弃。这一次是由于她状态不稳定，且危险的积雪使得整支队伍偃旗息鼓。

前往大本营的路上，我在戈勒谢普峰偶然遇见皮特曼，虽然我对她耳闻已久，但我们之前从未谋面。1992 年，《男人》杂志派我同詹恩·温纳一道撰写一篇有关驾驶哈雷－戴维森摩托车从纽约到旧金山的报道。詹恩·温纳是《滚石》杂志、《男人》杂志和《我们》杂志等刊物的出版商，极具传奇色彩且非常富有。他的几位有

[1] 有些杂志和报纸错误地报道我是“户外在线”的记者。这种混淆源自这样一件事，布罗米特曾在大本营采访过我，然后将采访的稿件发到“户外在线”的网站上。而我并非隶属于“户外在线”。我攀登珠峰是《户外》杂志委派的任务，《户外》杂志（总部设在新墨西哥州的圣菲）与“户外在线”（总部设在西雅图）是一种松散的合作关系，后者出版该杂志的网络版。《户外》杂志和“户外在线”在某种程度上来说都是自主运作的，在到达大本营之前，我甚至不知道“户外在线”派了记者到珠峰。——作者注

钱的朋友包括罗卡·希尔、皮特曼的兄弟和她的丈夫——MTV的创始人之一鲍勃·皮特曼。

詹恩借给我的是一辆震耳欲聋、外壳镀着铬的黄色大摩托车。整个旅程令人毛骨悚然，不过我的有钱的同伴们倒也十分友好。而我与他们毫无共同之处，并且始终无法忘记自己是詹恩雇来的帮手。鲍勃、詹恩和罗卡在餐桌上大谈特谈他们的私人飞机，讨论他们在乡间的产业，还谈到皮特曼，她当时碰巧在攀登麦金利山。"嘿，"当鲍勃得知我也是一名登山者时建议说，"你和皮特曼应该聚在一起共同攀登一座山。"4年后的今天，我们如愿以偿。

身高1米82的皮特曼比我还高5公分，她假小子式的短发即便在海拔5 180米的地方看起来也是经过精心梳理的。生长在加利福尼亚州北部的她热情而直率。她还是一个小女孩的时候父亲就教她野营、远足以及滑雪的技巧。出于对自由的向往和对登山的喜好，大学期间及后来的生活中她一直坚持户外运动，即使是在20世纪70年代中期，由于第一次婚姻失败而搬到纽约这种登山机会很少的城市之后也是如此。

皮特曼在曼哈顿做过各种工作，当过邦威特·特勒公司的采购员，在《小姐》杂志做过商业栏目的编辑，在《新娘》杂志做过美容编辑。1979年她和鲍勃·皮特曼结婚。作为一名公众效应的不倦追求者，皮特曼时常让自己的名字和照片出现在纽约的社会新闻栏目中。她曾与布莱恩·特朗普、汤姆·布罗考、梅雷迪恩·布罗考、艾萨克·米兹拉希以及玛莎·斯图尔特共饮。为了能在他们富庶的康涅狄格州庄园和西中央公园大道那充满艺术情调且有身着制服的佣人服务的公寓之间往来穿梭，她和丈夫买了一架直升机，并学会了驾驶。1990年，皮特曼和她的丈夫被冠以"闪婚夫妻"的头衔出现在《纽约客》杂志的封面上。

此后不久，皮特曼便开始实施她那耗资巨大且大张旗鼓的计划：成为第一位攀登七大洲最高峰的美国女性。然而攀登最后一座山峰珠穆朗玛峰时困难重重。1994年3月，皮特曼在这场竞赛中输给了47岁的阿拉斯加登山者、助产士多利·勒菲弗，但她仍义无反顾地继续攀登珠峰。

有一天晚上，韦瑟斯在大本营里这样描述道："当皮特曼决定攀登一座山峰时，她跟你我都不一样。"1993年，韦瑟斯在南极参加由向导带领攀登文森峰的探险队，当时皮特曼在另一支探险队里攀登同一座山峰。韦瑟斯边笑边回忆道："她在巨大的行李袋里装满各种美食，要4个人才能提起来。她还带了一台便携式电视机和一台录像机，这样她就可以在帐篷里看电视了。嘿，你不得不承认像皮特曼这样高调登山的人确实不多。"韦瑟斯说皮特曼慷慨地与其他队员分享她带上来的珍贵物品，并且"与她为伍是件令人愉快而有趣的事"。

皮特曼在1996年的珠峰之旅中搜罗了一堆在登山者的营地里不常见的装备。启程前往尼泊尔的头一天，皮特曼在给美国国家广播公司互动媒体的第一份报道中洋洋洒洒地写道：

> 我将所有的个人物品都打理好了……看起来我的电脑和电子设备跟我的登山装备一样多……两台IBM笔记本电脑、一台摄像机、三架35毫米相机、一个柯达数码相机、两台打字机、一个CD播放器、一台打印机和足够的太阳能电池板及电池……我无法想象，如果没有足够的丁·德露卡牌混合威士忌和咖啡壶，我怎么能离开这座城市。因为要在珠峰上过复活节，所以我还带了4只裹着巧克力的彩蛋，我可不想在海拔5 490米的地方寻找一只复活节彩蛋！

那晚，社会新闻栏目的作家比利·诺威奇在曼哈顿的尼尔斯为皮特曼举行了告别晚会。出席晚会的客人包括比安卡·贾格尔和卡尔文·克莱恩。服饰品位独特的皮特曼在晚礼服外面套上了冲锋衣，并配以高山靴、冰爪、冰镐和一串铁链。

到达喜马拉雅山之后，皮特曼仍极力维护上层社会的礼节。前往大本营的途中，一个名叫边巴的夏尔巴人每天早晨为她卷起睡袋，并将她的帆布包整理好。4月初，当她和费希尔的其他队员到达珠峰脚下时，她的行李中甚至有一叠有关她的报道的剪报供大本营上的人们阅读。后来的几天里，夏尔巴信差定时将通过DHL全球特快专递寄至大本营的邮件送来，包括最新出版的《时尚》《名利场》《人物》和《诱惑》等杂志。夏尔巴人总是对女士内衣广告着迷，并且认为洒了香水的带子是件滑稽可笑的东西。

费希尔的队伍是一个志趣相投且具有凝聚力的团体。大多数队员对皮特曼的特异性格都能泰然处之，并将之视为他们中的一分子。“皮特曼会让人感到筋疲力尽，因为她总想成为人们关注的焦点，不知疲倦地自吹自擂，”布罗米特回忆道，“但她并不消极，她不会扫大家的兴致，几乎每天都精力充沛且乐观开朗。”

尽管如此，与皮特曼不在同一探险队的几位著名登山家还是将她视为哗众取宠的业余爱好者。1994 年她攀登珠峰康雄壁失败后，一则凡士林特效润肤露广告将其称为“世界级登山者”，她因而受到几位世界级登山家的嘲讽。但皮特曼本人从未这样公开自居过，实际上，她在为《男人》杂志撰写的一篇文章中强调，她希望布里希尔斯、洛、斯温森和布兰查德“明白，我并没有将自己作为一名爱好者的能力与他们所具有的世界级技巧混为一谈”。

而皮特曼 1994 年的登山伙伴们对她并没有发表过任何蔑视的评论，至少在公共场合如此。事实上，那次登山活动之后，布里希尔斯成了她的亲密朋友，斯温森也几次站出来为皮特曼招架责难之辞。“你瞧，”斯温森从珠峰回来后不久在西雅图的一次社交聚会上向我解释道，“皮特曼可能不是出色的登山者，但在珠峰康雄壁的冰面上，她认识到了自己的不足。没错，亚历克斯、巴里、戴维还有我做了所有探路和固定路绳的工作，但她也以自己的方式为此作出贡献，她总是情绪饱满，积极地筹集资金并应付媒体。”

不过，对皮特曼持贬损态度的大有人在。许多人对她过分炫耀财富和不知羞耻地追逐公众瞩目的做法深恶痛绝。乔安妮·考夫曼在《华尔街日报》上写道：“在某些高级社交圈中，皮特曼女士更像是一位社会地位攀登者，而非真正的登山者。”她和皮特曼先生是各类社交晚会和慈善活动的常客，也是所有闲话栏目的热门人物。“许多燕尾服上都曾留下过桑迪·皮特曼的指印，”一位皮特曼先生曾经的生意伙伴说道，“她感兴趣的是公众效应。如果让她默默无闻地做这些事情，我想她是不会登山的。”

无论舆论是否有失公允，皮特曼将大众对她的贬损归结为对迪克·巴斯将七大洲最高峰世俗化，继而损害了世界最高峰尊严的做法的谴责。被金钱、受雇者和妄自尊大包围起来的皮特曼对于别人的愤恨与蔑视毫不在意。她像简·奥斯汀笔下的埃玛一样健忘。

INTO THIN AIR

08 每座山都是一个神灵

我们给自己编故事是为了生存……我们反省自杀行为，探究这起夺去5人性命的事件之社会及道德教训。我们对所看到的事物进行分析，从多个选择中挑选最可行的。我们保持着生活的完整性，尤其是作为作家，我们要描写迥然不同的形象，定格那些反映我们实际经历而又瞬息万变的景象。

琼·迪迪翁 |《白色影集》

凌晨 4 点，手表上的闹铃嘟嘟作响，我已经醒了。我几乎彻夜未眠，在稀薄的空气里大口喘气。又到了恐怖的训练时间，我必须从温暖的羽绒睡袋里爬出来，经受海拔 6 490 米的严寒考验。两天前，也就是 4 月 26 日星期五，我们一口气在一天之内从大本营赶到了 2 号营地，开始为冲顶做第三次也是最后一次适应环境的准备。按照霍尔的总体计划，今天早晨我们将从 2 号营地爬到 3 号营地，并在海拔 7 320 米的地方过夜。

霍尔让我们 4 点 3 刻准时出发。45 分钟的时间几乎不够穿好衣服、咽下一块糖、再喝几口茶，同时还得上好冰爪。我把头灯照在那个别在我用来当枕头的皮大衣上从廉价商店里买来的温度计时，发现这个狭窄的双人帐里的温度已降至零下 22 摄氏度。“汉森！”我朝旁边睡袋里的那个鼓包喊道，“该收拾东西了，你醒了吗？”

“醒了吗？”他沙哑的声音带着疲倦，“你凭什么知道我睡着了？我的感觉糟透了。我的喉咙出状况了。哎，我想我已经老得经不起这份折腾了。”

整个晚上，我们呼出的废气在帐篷壁上凝结成一层易碎的白霜。凌晨时分我坐在黑暗中搜寻衣物时，无法不触碰到低矮的尼龙墙。而每当这个时候，帐篷内就会经历一场暴雪的袭击，所有东西都被雪粒覆盖了。我哆哆嗦嗦地拉开拉链，将自己的身体装进用聚丙烯材料制成的三层保暖绒毛内衣和防风尼龙外罩里，蹬上笨重的高山靴。使劲系紧鞋带的时候，我感到一阵剧痛。过去两周来，我破裂流血的指尖在寒冷的空气中状况日益恶化。

我借着头灯的光亮钻出帐篷，跟着霍尔走在冰塔与碎岩石之间，渐渐接近冰川的主体。随后的两个小时里，我们在一个像为滑雪初学者准备的缓坡上攀登，并最终到达标志孔布冰川上游起点的背隙窿。在玫瑰色的洛子壁上，一大片积雪在晨光的映衬下若隐若现，如同不干净的铬黄一般。从冰川上垂下来的 9 毫米粗的路绳仿佛从天而降，不停地摇摆着，如同传说中的少年杰克见到的通天豆树一般。我抓起登山绳的末端，将祝玛尔式上升器[1] 卡住稍稍有些磨损的绳子，然后开始攀登。

离开大本营时我就感觉有些不舒服。由于想到每天早晨太阳照在西库姆冰斗上产生的太阳能炉子效应，我穿得比较单薄。然而今天早晨，山顶吹来的刺骨寒风使得气温不但没有上升，反而降至零下 40 摄氏度。还好我背包里还有一件毛衣，但要穿上这件毛衣，得先把自己悬在固定绳上，然后摘掉手套，拿下背包，并脱去冲锋衣。我担心这样做可能不慎使东西坠落，于是决定到了不十分陡峭可以站稳的地方再把毛衣穿上。我继续向上攀登，感到越来越冷。

狂风翻卷起巨大的雪沫，如同惊涛拍岸般向山峰袭来。我的衣服上披了一层厚厚的霜，防风镜上也结了一层冰壳，看东西非常困难。我的脚开始失去知觉，手指也冻得麻木了。在这种状态下继续攀登十分危险。我走在队伍的最前面，在海拔 7 010 米的地方，比向导格鲁姆快 15 分钟的路程。我决定等他上来，跟他谈谈我的情况。就在格鲁姆快走到我跟前的时候，他夹克里揣着的对讲机传出霍尔的叫嚷声，他停下来回答呼叫。“霍尔要大家下山！”他顶着呼啸的风声大声宣布，“我们离开这儿。”

我们是中午时分返回 2 号营地的，许多人都不同程度地受了伤，除了累一点之外我还算无恙。澳大利亚医生塔斯克的手指尖有轻微的冻疮，相比之下汉森的伤势就严重多了。他脱掉靴子的时候，几个脚趾头都有冻疮的迹象。1995 年攀登珠峰时他的脚受了严重的冻伤，造成大脚趾的残缺和永久性的血流不畅，使得他极易患感冒。现在，新的冻伤使他在山上恶劣的条件下变得更加脆弱。

更糟糕的是，汉森的呼吸道受伤了。前往尼泊尔之前不到两周的时间，汉森接

[1] 祝玛尔式上升器是一种钱包大小的装置，通过一个金属凸轮“抓住”绳子。凸轮可以使上升器自如地向上滑动，当设备承重时，它可以很安全地收紧绳子。实际上，它的工作原理就是利用棘爪咬合把自己向上移动，这样登山者就可以沿着绳子上升。——作者注

受了一次小型的喉部手术，手术使他的气管处于一种非常敏感的状态，加之今天早晨吸入了大量混着雪沫的刺激性空气，他感觉喉咙冻得生疼。“我不行了，”汉森用几乎听不到的嘶哑声音哽咽道，看起来精神萎靡，“我连话都说不出来了，登顶我是没戏了。”

“别现在就打退堂鼓，汉森，”霍尔鼓励他说，“过两天再看看你的感觉如何。你是个身强体壮的人。我想你要是恢复的话，仍有很大的把握登顶。”汉森并没有被说服，他回到我们的帐篷，把睡袋蒙在自己的脑袋上。看到他如此懈气真让人难过。他已成了我的好朋友，并慷慨地与我分享他在1995年登顶尝试中所获得的经验。我的脖子上挂着一块锡石——这是刚开始攀登时汉森送给我的由潘波切寺院的喇嘛开过光的护身符。我渴望他能登上峰顶的心情并不亚于我自己想登顶的心情。

这一天的剩余时间里大本营都笼罩在一种恐慌和消沉的氛围中。虽然山峰还没有把它最恶劣的一面表现出来，但仅这一点就已经让我们对安全问题不敢有丝毫懈怠了。事实上，不仅仅是我们的队伍感到压抑和怀疑，2号营地上其他几支队伍的士气也都陷入了低潮。

霍尔同中国台湾队和南非队的领队之间发生的口角使大家的心情糟透了。争执的起因是大家如何为固定一公里多长的登山绳共同承担责任的问题，这根路绳是通往洛子壁所必需的安全保护措施。4月底，从西库姆冰斗顶上到3号营地之间半个冰面上已固定好了一根登山绳。为完成整个工程，霍尔、费希尔、伍德尔、马卡鲁·高和托德·伯利森（高山攀登国际公司探险队的美国领队）达成协议，4月26日每队各派出一到两名队员在余下的冰面上，即从3号营地到位于海拔7 920米的4号营地之间的冰面上固定路绳。但事情并未照计划进行。

4月26日凌晨，当霍尔队的两名夏尔巴人昂多杰和拉卡帕赤日、费希尔队的向导布克瑞夫以及伯利森队的一名夏尔巴人前往2号营地时，南非队和中国台湾队中原定参加的夏尔巴人都以躺在睡袋里的方式拒绝合作。当天下午，到达2号营地的霍尔得知这一情况后，立刻通过对讲机查明计划受阻的原因。台湾队的夏尔巴领队卡米多吉连忙道歉并保证改正。但当霍尔通过对讲机联系伍德尔时，这位毫无悔意的南非领队用了一连串污秽而无礼的语言给予回答。

“说话干净些，伙计，”霍尔恳求道，“我想我们事先有约。”伍德尔回答说，他的夏尔巴人之所以待在帐篷里是因为没人来叫醒他们并告之需要帮助。霍尔反驳说，昂多杰曾多次招呼他们，但他们却视而不见。

这时伍德尔嚷道：“你和你的夏尔巴人都是大骗子。”然后威胁说要派两名夏尔巴人用拳头收拾昂多杰。

这次不愉快的交锋过去两天后，我们与南非人之间的芥蒂依然很深。有关阿旺每况愈下的零星消息使得2号营地弥漫的这种不愉快的气氛更加浓重。他的病情在低海拔地区继续恶化时，医生诊断他的病不是单纯的高山肺水肿，而是由高山肺水肿引发的肺结核或其他以前就有的肺部疾病。然而夏尔巴人却有截然不同的判断：他们相信费希尔队里的某个登山者得罪了珠峰——萨迦玛塔，即“天空女神”。这是神在阿旺身上施行报复。

原来，一位登山者与准备攀登洛子峰的探险队的一名队员建立了某种特殊关系。在大本营这种类似分租的地方根本不存在隐私，在这个女人的帐篷里所发生的任何幽会都会被她的队友，尤其是夏尔巴人及时地窥视到。夏尔巴人在整个过程中都坐在帐篷外面指指点点，窃笑不止。

尽管夏尔巴人对此类事情一笑置之，但他们从根本上是反对未婚男女在萨迦玛塔的神圣领土上做爱的。每当天气变得恶劣，总有两三个夏尔巴人指着天空中翻滚的乌云虔诚地说：“有人在做爱。厄气来了。暴风雪来了。”

在一篇记录1994年探险活动的日记中，皮特曼提及了这种迷信现象。1996年这篇日记在被发表在因特网上：

> 1994年4月29日
> 珠峰大本营（海拔5 420米）
> 康雄壁，西藏
> ……那天下午来了一名邮差。他带来了书信和一本女子色情杂志，这本杂志是一位登山的朋友寄来消遣的……半数的夏尔巴人把杂志拿回帐篷里仔细阅读，而其他人则认为读这本杂志会为他们招致“厄运”，因而感到惴惴不安。

被他们称为珠穆朗玛的女神是不能容忍任何不干净的东西的。

孔布上游地区的佛教鲜明地崇尚“万物有灵论”，夏尔巴人信奉那些传说中出没于峡谷、河流和山峰的各种神明与鬼怪。对诸神进行适当的膜拜被视为安全通过险象环生区域的重要保证。

为了供奉萨迦玛塔，像往年一样，今年夏尔巴人也在大本营精心修建了十几个漂亮的石制佛龛，每个佛龛代表一支探险队。我们营地的祭坛呈正立方体形，高 1.5 米，上面立着 3 块精心挑选的尖石头。石头上竖着一根 3 米高的木杆，木杆的顶端摆放着一根形状优雅的大树枝。从木杆到我们帐篷的上方，飘扬着 5 串颜色鲜亮的呈放射状的经幡[1]，用来保护营地免遭灾难。每天早上天还没亮，我们的大本营队长，一位颇具兄长风度又备受尊敬的四十多岁夏尔巴人昂次仁会在佛龛里点燃用杜松树枝做成的香棒，并诵经祈祷。前往冰瀑之前，西方人和夏尔巴人都要从祭坛旁边走过（始终按顺时针方向），并穿过淡淡的云雾接受来自昂次仁的祝福。

虽然夏尔巴人信奉的佛教格外注重这种庄重的膜拜仪式，但他们也越来越顺应时代的变化，绝不僵化教条。比如说，为了得到萨迦玛塔的庇护，任何探险队在没有举行烦琐的仪式之前是不允许进入孔布冰瀑的。但如果那个被指定主持仪式的喇嘛没能如期从遥远的村庄赶到，昂次仁就会宣布我们可以攀登孔布冰瀑，因为萨迦玛塔明白我们打算事后不久就举行仪式。

夏尔巴人对发生在珠峰山坡上的私通事件也有些听之任之，虽然他们在口头上禁欲，但不少夏尔巴人自己就经常破例。1996 年，一名夏尔巴人和 IMAX 探险队的一名美国妇女演绎了一段浪漫史。因此，夏尔巴人将阿旺的疾病归咎于发生在疯狂山峰帐篷里的恋情颇让人觉得奇怪。但当我向夏尔巴人洛桑江布（费希尔 23 岁的夏尔巴领队）指出这个事实时，他坚持认为，关键的问题不在于费希尔的队员在大本营“翻云覆雨”，而在于她在山上很高的地方仍继续和情人同床共枕。

[1] 经幡上印满了神圣的佛教符咒，最常见的是“嗡、嘛、呢、叭、咪、吽”，经幡每飘动一次就意味着向上天传递了一遍经文。通常，经幡上除了印有经文之外，还印有飞马图案。在夏尔巴人的宇宙观中，马是一种神圣的生物，并被认为可以飞一般地将经文带给上天。在夏尔巴语中，经幡叫“龙达”（lung ta），按字面翻译为“风马”。——作者注

“珠穆朗玛峰就是神——对我如此，对每个人都是如此，”洛桑在探险开始后的第10个星期若有所思地说，“只有夫妻同床才合情合理。X和Y睡在一起会给我的队伍带来厄运……所以我对费希尔说：‘求求你，费希尔，你是领队。请告诉X不要在2号营地和男朋友睡觉了。求求你。’但费希尔只是笑。X和Y在帐篷里睡觉之后的第二天，阿旺就在2号营地病倒了。现在他死了。”

阿旺是洛桑的叔叔，这两个男人曾亲密无间。洛桑参加了4月22日晚将阿旺送下孔布冰瀑的营救队。而后，当阿旺在佩里泽停止呼吸而必须被送往加德满都时，洛桑从大本营（在费希尔的鼓励下）飞驰下山，并一直到飞机上陪伴他的叔叔。仓促的加德满都之行和随后回大本营的返程，使得他的身体变得虚弱并有些不适应了，这一情形对费希尔的队伍相当不利，费希尔对他的依赖程度不亚于霍尔对他的夏尔巴领队昂多杰。

1996年，珠峰尼泊尔一侧闪现着几位优秀的喜马拉雅攀登者的身影，包括霍尔、费希尔、布里希尔斯、皮特·舍宁、昂多杰、格鲁姆和IMAX队中的澳大利亚人罗伯特·肖尔。即使在这样一个出色的群体中，仍然有4人的名字显得卓尔不群，因为他们曾在海拔7 920米以上的高山上创造过惊人之举：在IMAX电影中担任主角的美国人维耶斯特尔斯、为费希尔工作的哈萨克斯坦向导布克瑞夫、被南非队雇用的夏尔巴人昂巴布，还有洛桑江布。

喜欢交友、相貌英俊且宽以待人的洛桑是个极其骄傲但却魅力十足的人。他生长在罗瓦林地区，是家里的独子。他既不抽烟也不喝酒，这在夏尔巴人当中是十分罕见的。他镶着一颗金色的门牙，十分爱笑。虽然他身材瘦小，但其高雅的举止、敬业的精神和出色的运动天赋使他成为孔布的英雄。费希尔告诉我，他认为洛桑有望成为“第二个莱因霍尔德·梅斯纳尔”——历史上最伟大的喜马拉雅登山者。

洛桑出道于1993年。当时他20岁，受雇于一支由印度妇女巴什瑞·帕尔率领的印度—尼泊尔联合探险队。刚开始，他的任务是搬运行李。这支队伍的队员大多数是女性。作为队里最年轻的队员，洛桑最初被视为做辅助工作的一类角色。然而因为他体力过人，所以在最后时刻被指定加入攀登峰顶的队伍。5月16日，他无氧登顶珠峰。

登上珠峰后 5 个月，他随一支日本探险队登上了卓奥友峰。1994 年春季，他为费希尔的“萨迦玛塔环境探险队”工作，并第二次在不借助氧气瓶的情况下登顶。同年 9 月，他随挪威探险队从西山脊攀登珠峰时遭遇雪崩。滚落 60 米之后，他奇迹般地用冰镐阻止了自己继续下坠，并因此挽救了与自己结为一组的另外两名搭档的性命。当时有一位没有和别人结为一组的叔叔辈的夏尔巴人明玛诺布葬身雪海。虽然惨痛的教训对洛桑的打击很大，但却丝毫没有削弱他对登山的热情。

1995 年 5 月，他作为霍尔队的雇员第三次无氧登顶。三个月后，他在为费希尔工作时登上了巴基斯坦境内海拔 8 047 米的布洛阿特峰。到 1996 年与费希尔再度攀登珠峰时，他只有 3 年的登山经验。但他参加过不下 10 支喜马拉雅探险队，并赢得了高水平的高山攀登者之美誉。

在 1994 年共同攀登珠峰的过程中，费希尔与洛桑开始彼此敬佩起来。这两人都有无穷的精力、不可抗拒的魅力以及让女人神魂颠倒的诀窍。将费希尔视为良师益友及楷模的洛桑甚至像对方一样留起了马尾辫。“费希尔是个非常强壮的家伙，我也是个强壮的家伙，”洛桑带着性格中特有的傲气向我解释道，“我们合得来。费希尔不如霍尔或日本人给我的钱多，但我不需要钱；我看重的是未来，费希尔就是我的未来。他告诉我：‘洛桑，我强壮的夏尔巴！我会让你出名！’……我想费希尔为疯狂山峰和我制订了许多宏伟的计划。”

INTO
THIN AIR

09 加尔文式的艰难之旅

美国公众对登山缺乏与生俱来的民族热情，这一点跟欧洲的阿尔卑斯山国家和孕育了登山运动的英国不同。在这些国家，人们的血液里流淌着攀登情结。虽然大多数人会认为这是对生命的无谓冒险，但他们明白这是必须完成的事情。然而在美国却没有这样的认同。

沃尔特·昂斯沃思 |《珠穆朗玛峰》

我们第一次前往3号营地的计划由于狂风和严寒而受挫。第二天，除了汉森继续待在2号营地让喉咙的伤口愈合之外，霍尔队中的所有人都开始了第二次尝试。在通往洛子壁300多米长的巨大斜坡上，我沿着一条似乎没有尽头的褪色尼龙绳向上攀登。我爬得越高，动作就越迟缓。我用戴着手套的手将上升器沿路绳向上滑动，然后将身体靠在上面喘两口粗气；接着抬起左脚，将鞋底的冰爪插入冰中，迫不及待地再深吸两大口气；而后把右脚挪到左脚旁，调匀呼吸，并再一次将上升器沿路绳向上滑动。过去的三个小时里我已经竭尽全力了，我希望自己在休息之前的一小时内可以一直保持这种状态。我以这种痛苦不堪的方式向这片光秃秃的崖面某处的一排帐篷爬去。我的速度只能以厘米计算。

未曾有过登山经历的人（芸芸众生中的绝大多数）认为，这是一项无谓的冒险运动，是对刺激的疯狂追求。那种将登山者视为追寻合法毒源的吸毒者的观点是荒谬的，尤其对那些向珠峰发起挑战的人们来说，简直是大错特错。我在这里所经历的，与蹦极、空中跳伞或以190公里的时速驾驶摩托车的感觉毫无相同之处。

事实上，除了在大本营能够享受到些许舒适感，此次探险几乎变成了加尔文式的艰难之旅。与攀登其他山峰的经历相比，这一次我饱尝的痛苦远远超过了获得的快乐。我很快便意识到，攀登珠峰根本就是一种持久的痛苦。在一周又一周地经受艰辛、乏味和痛苦之后，我深受打击：我们中的多数人一直以来孜孜以求的东西可能只是一种感恩的心境。

当然，众多的珠峰攀登者中也不乏一些动机不善的游戏者，追求微不足道的名人效应、事业上的飞黄腾达、自我抚慰、吹牛的资本以及肮脏的钱财收益。但这些卑鄙的诱惑所占的比重远比许多评论家预想的小得多。事实上，随着时间的流逝，数周以来我所观察到的一切使我在根本上改变了对一些队友的最初印象。

以韦瑟斯为例，此时他正像一个小红点闪现在我身下150米的冰面上，那里已接近队尾。我对韦瑟斯的第一印象并不好：一个爱套近乎、攀登技巧末流的达拉斯病理学家，乍看之下像一名富有的、企图用金钱购买珠峰战利品的共和党吹鼓手。但是，我对他的了解越多，就越尊重他。即使脚被坚硬的新靴子磨成了汉堡包，他都没有吭一声，每天仍坚持蹒跚而上。他意志坚定、干劲十足，且淡泊名利。我最初认为的傲慢，现在看来更像是一种旺盛的生命力。他对任何人都没有恶意，他的乐观主义赢得了我对他的喜爱。

身为空军军官的儿子，韦瑟斯从小就在军事基地之间穿梭，直到在威奇托福尔斯进入大学。从医学院毕业后他结了婚，并有了两个孩子。后来他在达拉斯安顿下来，开始收入颇丰的行医生涯。1986年，年近不惑的韦瑟斯在科罗拉多度假时感到了高山的召唤，于是参加了落基山国家公园的初级登山课程。

医生成为登山客并不足为怪，韦瑟斯也不是第一个对新爱好过分热衷的医生。但登山不同于只需要三五好友就能消遣的高尔夫球、网球或其他娱乐方式，它更是一种对体力和意志的考验。真实的危险使之不仅是一种游戏。登山如同生活本身，只是以更尖锐的方式表现出来罢了。还没有任何东西曾让韦瑟斯如此痴迷。韦瑟斯的妻子对他沉迷于登山而远离家庭生活渐感焦虑。韦瑟斯开始登山后不久便宣布要参加攀登七大洲最高峰的活动，他的妻子对此感到十分不悦。

虽然韦瑟斯对登山的痴迷有些自私而浮夸，但绝不轻率。我在来自布卢姆菲尔德山的律师卡西希克身上也感受到了同样的一股认真劲，在难波康子这位每天用面条当早餐的娴静的日本女性身上，以及在塔斯克这位56岁的退役军人、来自布里斯班的麻醉师身上，也看到了同一种精神。

“刚从军队退役时，我感到很迷惘。”塔斯克用浓重的澳大利亚口音哀叹道。他曾在军队中担任要职——“空军特勤团”少校，那是澳大利亚的特种部队，相当于美军的“绿色贝雷帽”。他曾在越战最激烈之时两次服役出征越南，之后发现自己无法适应脱下军装后的平淡生活。“我发现自己没法跟其他人交流，”他继续说道，“我的婚姻破裂了。我所能看到的，就是一条长长的、黑漆漆的，通向年老、衰弱和死亡的道路。于是我开始登山。这项运动补偿了我在生活中丢失的大部分东西——挑战、战友情谊和使命感。”

随着我对塔斯克、韦瑟斯以及其他一些队友的同情之心日益增强，我对自己记者的身份越发感到尴尬。当我如实描写霍尔、费希尔和皮特曼的时候，我丝毫不会感到不安，因为这些人多年来一直在吸引媒体的注意力，但顾客们的情形却截然不同。报名参加霍尔的探险队时，他们完全不知道有一名记者混在其中。为了能让那些缺乏同情心的公众窥知他们的弱点，这名记者将不断地悄悄记录下他们的言行举止。

此次探险活动结束后，韦瑟斯接受了电视节目《转折点》的采访。在未被播出的一段采访中，美国广播公司新闻节目主持人福雷斯特·索耶问韦瑟斯：“你如何看待与记者同行？”韦瑟斯回答说：“这在无形之中增加了很多压力。某人登山归来便炮制一篇被几百万人阅读的故事，你知道我对这种做法一直有些介意。我的意思是，自吹自擂、自欺欺人地认为好像只有你自己和登山队是最了不起的，这种做法真的很糟。有人可能会让你为杂志连篇累牍地写上几页，就如同小丑必须摸透你的心理（你会作何反应，你是否会抵触）才能表演成功一样。我还担心，这种急功近利的现象可能会驱使人们做出一些力所不能及的举动。向导们也是如此。他们希望将登山者带到山顶，因为只有这样，他们才能再次成为被描写的对象，才能再次得到认可。”

不久后索耶又问：“你觉得有记者随行是否给罗布·霍尔增加了额外的压力？”韦瑟斯回答道：“我想应当会的。这是（霍尔）谋生的手段，并且如果任何一位顾客受伤，对于向导来说都是非常严重的事情……前两年，他的确有过将每个人都送上峰顶的辉煌成绩，这是非常罕见的。实际上我想，他认为我们的队伍很强壮，我们可以让辉煌重现……所以，他希望再次出现在新闻媒体面前的时候，一切的报道都是那么完美。”

○ ○ ○ ○

中午时分，我终于跌跌撞撞地爬到了 3 号营地。在通往令人眩晕的洛子壁的途中，3 个黄色的小帐篷一个挨着一个地挤在我们队的夏尔巴人在冰坡上挖出来的平台上。我到的时候，拉卡帕赤日跟阿里塔还在平台上为第 4 个帐篷忙活着。我放下背包，帮他们干起活来。在海拔 7 320 米的地方，我每挥动七八下冰镐就不得不停下来喘上一分多钟。自不必说，就我这点儿贡献完全可以忽略不计，这个帐篷我们差不多用了一个小时才完成。

我们的小营地安扎在比其他探险队的帐篷高出三十来米的地方，这里的视野更开阔。我们已经在峡谷里苦苦跋涉了数周，现在，我们终于能够面对大片的天空而不再是绵延的大地。朵朵积云在阳光里飘荡，眼前的景致在光影交错中不断交换。等待其他队友上来之际，我坐在悬崖边，将双脚悬在万丈深渊之上，或望穿浮云，或俯视海拔 6 710 米高的山顶，一个月前它还耸立在我的头顶。看起来我终于真正接近世界屋脊了。

不过，峰顶还是被掩映在垂直距离 1 000 米之上的层层云雾中。即使有时速超过 160 公里的大风从山顶刮过，3 号营地的空气也几乎丝毫不动。临近下午，由于强烈的太阳辐射，我渐渐感到有些头晕目眩，我希望是由于酷热而不是脑水肿才致使我变得反应迟钝。

高山脑水肿虽不及高山肺水肿普遍，但却更致命。当液体从缺氧的脑血管中渗出，便会引发高山脑水肿。它会导致大脑严重肿胀，并可能在毫无征兆的情况下发作。当颅内压升高，肌肉运动机能和神经机能便会以惊人的速度衰退，通常在几小时或更短时间内发生，而患者对此毫不知情，接下来就会进入昏迷状态。除非被迅速送至低海拔地区，否则死亡在所难免。

那天下午我之所以会想到高山脑水肿，是因为两天前费希尔的一位顾客——来自科罗拉多州的牙医、44 岁的克鲁泽，他在 3 号营地患了很严重的高山脑水肿。克鲁泽是费希尔的老朋友，一位身体健壮且经验丰富的登山者。4 月 26 日，他从 2 号营地爬至 3 号营地，为自己和队友沏好茶，便回自己的帐篷小憩片刻。“我马上就睡着了，”克鲁泽回忆道，“我一连睡了 24 个小时，直到第二天下午两点。当别人终于将我叫醒时，他们立刻明白我的大脑已经不工作了，而我对此一点感觉都没有。费希尔告诉我：‘我们必须立刻送你下山。’”

克鲁泽费了九牛二虎之力才把衣服穿好。但他却将安全带弄反了，把它跟防风衣缠在了一起，而且还没有系紧安全扣。幸亏费希尔和贝德曼在克鲁泽准备下山前及时发现。“如果他这样沿路绳下滑，”贝德曼说，“会立刻滑脱安全带，滚到洛子壁下面。”

“我就像喝醉了一样，”克鲁泽回忆说，“走路踉踉跄跄，完全失去了思考和说话的能力。那真是一种奇怪的感觉，脑子里有些话想说，却不知道怎么把它们送到嘴边。费希尔和贝德曼给我穿好衣服，并检查我的安全带，然后费希尔将我沿固定绳送下山。”克鲁泽返回大本营后回忆说：“直到三四天之后，我才能不跌跤地从我的帐篷走到指挥帐。”

○　○　○　○

落日的余晖在普莫里峰后面消失殆尽，3 号营地的气温骤降了二十七八度。当寒气袭来，我的脑子清醒了起来：我对高山脑水肿的焦虑是多余的，至少现在看来毫无根据。在海拔 7 320 米处度过了一个痛苦难眠的夜晚之后，第二天一早我们又下至 2 号营地。一天之后，也就是 5 月 1 日，我们继续下至大本营为冲顶养精蓄锐。

至此，我们适应环境的训练已全部完成。而颇让我喜出望外的是，霍尔的策略奏效了：在山上待了三周之后，我发现，相较于山上几个营地极其稀薄的空气而言，大本营的氧气含量稠密得多。

然而我的身体状况却堪忧。我掉了差不多20斤肉，主要集中在肩膀、后背和腿上。由于几乎耗尽了所有的皮下脂肪，我变得非常畏寒。而最糟糕的还是我的胸腔，几周前在罗布杰染上的干咳症愈演愈烈，以至于我在 3 号营地的一次剧烈咳嗽弄伤了胸部软骨。并且咳嗽持续不止，每一阵干咳都像是有人在肋骨之间猛敲。

大本营上的大多数登山者都处于类似的疲惫状态，这就是珠峰生活的一个不争的事实。5天之后，霍尔和费希尔的队员们将离开大本营前往峰顶。为了防止体力继续下降，我决定在这段时间里好好休息一下，服用一些布洛芬药片，并强行咽下尽可能多的卡路里。

霍尔计划在5月10日冲顶。“在我4次登顶的历史中，”他解释说，“有两次都是在5月10日。正像夏尔巴人解释的那样，10对于我来说是一个‘吉利’的数字。”选择这一天还有一个更客观的理由：由于退潮和季风的影响，每年5月10日左右都可能出现一年中最理想的天气状况。

整个4月，气流如同消防水管一般将扫射的目标对准珠峰，不断地向金字塔形的峰顶吹送强风。在大本营，即使在风和日丽的日子里，也不时会有大片雪花从峰顶随风飘落。但我们希望5月初从孟加拉湾吹来的季风能将气流向北推至西藏。如果今年的气候变化跟往年的差不多，那么在飓风退去季风风暴到来之前，我们会赶上一段晴朗舒适的好天气。这段时间里登顶的可能性比较大。

但不幸的是，每年的天气变化都反复无常，而每支探险队都将目光瞄准了晴朗的5月。为了避免在峰脊上因拥堵而出现危险，霍尔在大本营召集全部探险队的领队开了一次隆重的议事会。最后大家达成协议：戈兰·克罗普，这位从斯德哥尔摩骑自行车到达尼泊尔的年轻瑞典人，于5月3日只身一人首次做冲顶尝试；紧随其后的是来自黑山地区的探险队；5月8日或9日，则是IMAX探险队。

最后大家决定霍尔的队伍同费希尔的队伍于5月10日这一天共同攀登峰顶。挪威独行者彼得·内比在珠峰西南壁攀登时，被一块滚落的岩石砸到，险些丧命，他在某天早晨悄悄地离开了大本营，返回斯堪的那维亚半岛。由美国人伯利森和阿萨斯率领的探险队、达夫的商业探险队以及另一支英国商业探险队，都像中国台湾队[1]答应的那样避开了5月10日。然而伊恩·伍德尔却宣称，南非队将在他们认

[1] 虽然霍尔跟其他探险队的领队都确信台湾队曾保证不会在这一天登顶，但山难发生后，马卡鲁·高却坚持说他不知道有此承诺。有可能是台湾队的夏尔巴领队赤仁在没有通知高的情况下，以他的名义作的保证。——作者注

为适宜的任何时候攀登峰顶，大概在 5 月 10 日左右，任何对此持异议的人都可以滚蛋。

平时为人处世不愠不火的霍尔听到伍德尔拒绝合作时勃然大怒：“我可不想和那群赌徒同时出现在山上！”

PART 3

狂热登顶路

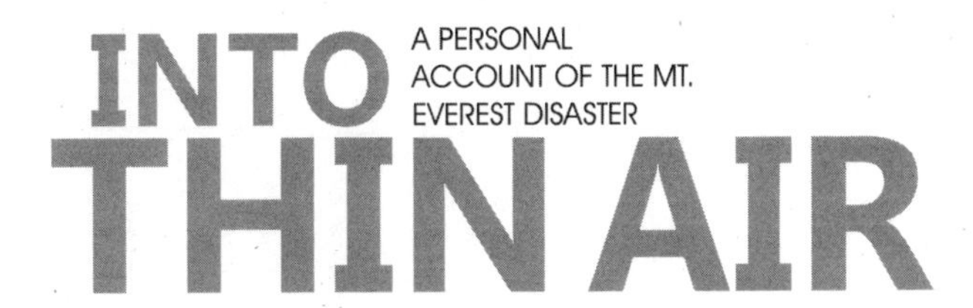

INTO
THIN AIR

10 突如其来的死讯

登山的魅力就在于它使人际关系变得更加单纯，个人交情被淡化而沟通协作得以增强，就如同战争，其他因素则取代了人际关系本身。探险充满了神奇的吸引力，它所蕴涵的那种坚忍不拔和无拘无束的随性生活理念，是对我们文化中固有的追求舒适与安逸的生活态度的一味“解药”。它标志着一种年少轻狂式的拒绝……拒绝怨天尤人、拒绝意志薄弱、拒绝复杂的人际关系、拒绝所有的弱点、拒绝缓慢而乏味的生活。

一流的登山者……会被深深打动，甚至会流下热泪，但只为那些曾经志同道合如今死得其所的山友。阅读布尔、约翰·哈林、博纳蒂、博宁顿以及哈斯顿等人的作品，会体味到一种令人惊奇的相似基调：某种冷漠，驾驭一切的冷漠。也许这正是极限攀登的意义所在，用哈斯顿的话说就是，当你到达某一高度时，“如果困难出现，就要战斗到底。如果你训练有素，你就会生还；若非如此，大自然将把你收为己有”。

戴维·罗伯茨 |《犹豫的时刻》

5月6日凌晨4:30，我们离开大本营向峰顶进发。距我们垂直距离三公里处的峰顶看起来如此遥不可及，所以我将注意力集中在我们当天的目的地2号营地上。当第一缕阳光照在冰川上时，我已经站在海拔6 100米的西库姆冰斗上了。谢天谢地，我已将孔布冰瀑甩在了身后，顶多下山的路上最后通过一次。

每次通过西库姆冰斗都要备受酷热的煎熬，这次也不例外。我和哈里斯走在队伍的前列，我不停地往帽子里塞雪，并在双腿和呼吸所能承受的范围内以最快的速度向上攀登，希望在被太阳晒晕之前赶到阴凉处。但当晨光流逝，阳光火辣辣地照下来时，我的头开始隐隐作痛。舌头也肿了，使得靠嘴呼吸变得困难起来，要保持清醒越来越困难。

上午10:30，我和哈里斯步履艰难地走进2号营地。狂饮了两升佳得乐之后，我的体力才逐渐恢复过来。"我们终于踏上前往山顶的路了，这种感觉真好，对吧？"哈里斯问道。大部分时间里，哈里斯由于受到肠道疾病的影响而状态欠佳，但他最终还是恢复了体力。今天早晨，当霍尔让哈里斯在队伍前面自由攀登时，这位有着惊人耐心的天才教练感到有些吃惊，一直以来他都被安排断后以照顾行动缓慢的顾客。作为霍尔队的初级向导，也是唯一一名未曾登临珠峰的向导，哈里斯渴望在资深同行面前证明自己的实力。"我想我们最终能战胜这座山峰！"他咧着嘴笑着对我说，仰头注视着峰顶。

那天较晚的时候，29岁的瑞典独行者克罗普经过2号营地返回大本营。他看上去筋疲力尽。1995年10月16日，他骑着一辆载着108公斤装备的定制自行车离开了斯德哥尔摩。他计划从瑞典的海平面向珠峰的峰顶进发，作一次不借助夏尔巴人和氧气瓶而只凭个人力量完成的往返旅程。虽然这是一个野心勃勃的目标，但克罗普完全有资格：他曾 6 次攀登喜马拉雅山脉，并单人登上过布洛阿特峰、卓奥友峰和乔戈里峰。

骑车前往加德满都的 12 900 公里路程中，克罗普被罗马尼亚的小学生抢劫过，还在巴基斯坦遭到一群人的围攻。在伊朗，一名愤怒的摩托车手用球棒击打克罗普的头盔。尽管如此，克罗普还是在 4 月初安然无恙地到达珠峰脚下。他的身后跟着一个电影摄制组。到达山脚后他立刻投入到适应性的短程攀登中。紧接着在 5 月 1 日星期三，他离开大本营前往峰顶。

克罗普在星期四下午到达位于南坳的海拔 7 920 米的营地，午夜刚过他便起程前往峰顶。大本营的每一个人都整日守候在无线电旁，焦急地等待着他行进中的每一点消息。威尔顿在我们的指挥帐上悬挂了一大幅标语，上面写道："前进，戈兰，前进！"

数月来，山顶上第一次风和日丽，但山上的积雪依然很厚，使得进程十分缓慢。克罗普在雪堆中勇往直前地攀登着。星期四下午两点钟，他到达南峰下面海拔 8 750 米的地方。虽然距峰顶只有不到 60 分钟的路程，但他还是决定返回，因为他认为自己太疲惫了，如果再继续攀登，他将无法安全下山。

5 月 6 日，当克罗普从山上下来拖着沉重的步伐经过 2 号营地时，霍尔摇着头若有所思："在距离峰顶那么近的地方下撤，这表明年轻的戈兰具有非凡的判断力。这真令我难忘，比他继续攀登并最终到达峰顶更令人难忘。"过去的一个月里，霍尔曾反复向我们强调，冲顶日那天，无论距离山顶有多近，都要在预定时间内返回。对我们而言，大概在下午一点，最晚不超过两点。[1]"只要有足够的决心，任何傻瓜都能爬上这座山峰，"霍尔说，"但关键是要活着返回。"

霍尔随和的脸上浮现出对成功的渴望，用他自己的话来说，就是要把尽可能多

[1] 珠峰的天气有一个规律：一过中午就变天，常常由小风变大风，甚至有出现暴风雪的可能。因此，向导常常会对每一个冲顶的队员反复强调"关门时间"。"关门时间"通常不超过下午两点，这是为了让队员们在变天之前安全下撤。——译者注

的顾客送上峰顶。为了确保成功，霍尔对一切细节都做了精心安排，包括夏尔巴人的健康状况、太阳能发电系统的运转情况，以及顾客们的冰爪的锋利程度。霍尔热爱向导事业，但以希拉里爵士为首的一些著名登山家对向导工作的艰辛并不理解，也没有给予应有的尊重，这些都深深地刺痛了霍尔。

○　○　○　○

霍尔将 5 月 7 日星期二定为休息日。我们很晚才起床，坐在 2 号营地的周围窃窃私语有关冲顶的种种紧张预测。我摆弄了一会儿冰爪和其他一些装备，然后拿起《卡尔·希尔森》平装本试着读了一小会儿。但我的注意力完全集中在攀登上，以至于我的目光机械地在同一行文字上扫来扫去，没有看进去一个字。

最后我把书丢到一边，拿起相机给汉森拍了几张照片，他拿着日出小学的孩子们要求他带上山顶的旗子摆了几个姿势。我问他在山顶附近可能会遇到哪些困难，他对去年的情景记忆犹新。“到达山顶时，”他眉头紧锁地说道，“我保证你会筋疲力尽的。”汉森喉咙上的伤仍未痊愈，并且体力也有些不支，但他仍固执地坚持要参加冲顶。正如他自己所说：“我已为这座山峰付出太多，我欲罢不能了，我要为它付出我的全部。”

那天下午黄昏时分，费希尔噘着嘴从我们营地前经过，面无表情地向自己的帐篷缓慢走去。通常，登山时他总是保持着无所畏惧的昂扬斗志。他的口头禅之一就是：“如果你总是失望、沮丧，你就登不到山顶。既然我们要向上攀登，那么就应该保持最佳状态。”然而此时此刻，费希尔并没有表现出一丝最佳状态的迹象，反而看上去忧心忡忡且非常疲惫。

因为费希尔鼓励他的顾客在适应环境阶段可以独立地在山上往来，所以当几名顾客遇到麻烦而不得不被护送下山的时候，费希尔在大本营和上面的几个营地之间做了几次计划外的匆忙之旅。为了援救蒂姆·马德森、皮特·舍宁和戴尔·克鲁泽，他已进行了几次额外的攀登。就在这个人人都迫切需要休息的一天半里，由于好朋友克鲁泽复发高山脑水肿，费希尔不得不再次在 2 号营地和大本营之间来回奔波。

前一天中午，也就是我和哈里斯先于费希尔的顾客从大本营开始攀登之后，费希尔就到达了 2 号营地。他曾指示向导布克瑞夫带上装备紧随队伍并关照好每个人。但布克瑞夫无视费希尔的指示，非但没有随队伍一同攀登，反而还睡了一个小时的懒觉，洗了个澡，在最后一名顾客离开 5 个小时后才出发。因此，当克鲁泽在海拔 6 100 米头痛欲裂时，布克瑞夫并不在附近，这使得费希尔和贝德曼听到经过西库姆冰斗的登山者捎来的消息后，不得不急急忙忙地从 2 号营地赶下山去。

就在费希尔见到克鲁泽并费力地将他护送到大本营后不久，他们在孔布冰瀑顶上遇到了正独自攀登的布克瑞夫。费希尔对布克瑞夫的失职进行了严厉的训斥。“是的，”克鲁泽回忆说，“费希尔狠狠地责骂了布克瑞夫。他想弄明白为什么他在别人后面这么远，为什么他不和队伍一起攀登。”

据克鲁泽和费希尔的其他队员介绍，费希尔和布克瑞夫之间的紧张关系由来已久。费希尔付给布克瑞夫 2.5 万美元，这对于向导来说是一笔相当丰厚的酬金（这座山峰上的大多数向导只能拿到 1 万～ 1.5 万美元，攀登技术娴熟的夏尔巴人只有 1 400 ～ 2 500 美元），然而布克瑞夫的表现并没有达到费希尔所期望的标准。“布克瑞夫是个强壮的技术型登山者，”克鲁泽解释说，“但他的社交能力很差。他不关心别人，不把自己看成是集体中的一员。我早就对费希尔说过，我不想和布克瑞夫一起攀登，我怀疑如果遇到困难，能否指望得上他。”

问题的根源还在于布克瑞夫和费希尔对责任感有截然不同的诠释。作为俄罗斯人，布克瑞夫认同崇尚坚强、自信和不畏艰险的登山文化，不同情弱者。在东欧，向导们要负责拖行李、固定路绳和探路，这些其实更像是夏尔巴人所做的事情，而非向导们的职责。身材高大、金发碧眼、有着斯拉夫人英俊五官的布克瑞夫，是世界上最著名的高山攀登者之一。他有 20 年攀登喜马拉雅山脉的经历，并且两次无氧登顶珠峰。在其辉煌的登山生涯中，布克瑞夫对登山形成了一系列根深蒂固且与众不同的观念。他曾直言不讳地认为，向导对顾客的放纵是一种错误。“如果顾客没有向导的巨大帮助，就无法攀登珠穆朗玛峰，”布克瑞夫对我说，“那他就不应该出现在珠峰上，否则将后患无穷。”

布克瑞夫对西方传统观念中的向导角色的拒绝（抑或是不胜任）激怒了费希尔，这也迫使他和贝德曼不得不分担更多的责任。到5月的第一个星期，这种做法已使费希尔的健康明显受损。5月6日晚，费希尔将病重的克鲁泽送至大本营后，先后与西雅图的生意伙伴迪金森和他的特约记者布罗米特[1]通了卫星电话。在电话中，他狠狠地谴责了布克瑞夫的玩忽职守。她们怎么都没有想到，这竟是最后一次与费希尔通话。

○　○　○　○

5月8日，费希尔和霍尔的队伍都离开了2号营地，在洛子壁上沿登山绳开始了漫长的攀登。就在3号营地下面不远处，距西库姆冰斗底部610米的地方，一块电视机大小的岩石从悬崖上滚落下来，正好砸在哈里斯的胸口上。重击使得哈里斯双脚踩空，悬挂在固定绳上休克了好几分钟。若不是他用上升器将身体与路绳卡住，早就滚下山崖一命呜呼了。

到达营地后，哈里斯喋喋不休地表示他没有受伤。“早些时候我可能有些僵硬，”他坚持说，“但我想那该死的东西只是擦破了我的皮。”就在岩石滚落前，哈里斯正埋头向前移动。石头滚落的一刹那，他正好仰头向上望，所以岩石不偏不倚地擦过他的下巴落到了胸口上。这块石头离他的头盖骨已相当近了。“如果那块石头碰巧砸在我头上……”哈里斯放下背包带着痛苦的表情说道，欲言又止。

3号营地是整座山上唯一一个不与夏尔巴人共享的营地（这个狭窄的平台上除了我们之外再也无法容纳其他的帐篷），这就意味着我们必须自己做饭，还要融化相当数量的冰作为饮用水。在如此干燥的空气里沉重呼吸，必然导致严重脱水，每人每天差不多要消耗3.8升水，因此我们需要搞到45升水供8名顾客和3名向导饮用。

作为5月8日第一个到达营地的人，我自觉担负起砸冰块的任务。三个小时过去了，当我的队友们陆续到达营地躺在睡袋里时，我仍留在户外用冰镐劈砍冰坡，

[1] 布罗米特在4月中旬就离开大本营返回西雅图了，此后，她继续给“户外在线”撰写网络文章报道费希尔的探险活动。她定期与费希尔通电话，以获得最新的报道素材。——作者注

把砍下来的冰块填满塑料桶并送到帐篷里融化。在海拔 7 320 米的地方做这种事情让人筋疲力尽。而每当我的队友喊道："嗨，乔恩！你还在那儿吗？我们需要更多的冰！"我就感到，夏尔巴人为我们做的实在很多，而我们对此的感激之情却太少太少。

那天下午晚些时候，当太阳向起伏的地平线缓慢移去时，气温骤降。除了自愿要求留下来"打扫卫生"而最后出发的卡西希克、菲施贝克和霍尔之外，其他人都已进入营地。下午 4:30，向导格鲁姆的对讲机里传来霍尔的呼叫："卡西希克和菲施贝克还在营地下面 60 米的地方缓慢移动，格鲁姆能否下来帮他们一把？"格鲁姆匆忙装上冰爪，毫无怨言地消失在固定绳的下面。

格鲁姆再次出现时差不多是一个小时之后了，他走在其他人的前面。卡西希克疲劳至极，让霍尔替他背包。他摇摇晃晃地走进营地，看上去脸色苍白，而且有些心烦意乱。他痛苦地呻吟道："我完了，我完了。我快要断气了。"几分钟之后，菲施贝克也疲惫不堪地出现了，但他拒绝将背包交给格鲁姆。看到这两位近来攀登状况相当不错的仁兄变成这副模样，着实让人震惊不小。菲施贝克的衰退状态对我的打击尤其大，我一直认为，如果我们队伍中有谁能够爬上峰顶，当中必定有菲施贝克这位曾三次上到山上极高地方并充满智慧和力量的人。

○ ○ ○ ○

黑暗笼罩营地之际，向导发给每个人氧气瓶、流量调节阀和面罩。在接下来的攀登过程中，我们将呼吸这种压缩气体。

自 1921 年英国人首次携带氧气装备前往珠峰起，依靠氧气瓶攀登的做法就引起了激烈的争论。不轻易相信任何事物的夏尔巴人把这种笨重的氧气瓶戏称为"英国空气"。最初，对瓶装氧气最激烈的批评者是乔治·马洛里，他认为使用氧气瓶"违反体育精神，因此也违背英国精神"。但此后不久事实就证明，在海拔 7 620 米以上的"死亡地带"，如果没有氧气的支持，人体极易受到高山肺水肿、高山脑水肿、体温降低、冻伤以及其他一系列致命危险的袭击。马洛里在 1924 年第三次前往珠峰时，开始相信没有氧气的支持是无法到达山顶的。他放弃了原来的主张，并开始使用氧气。

减压舱里的试验证明，将人体从海平面猛然拉至氧气含量只有1/3的珠峰峰顶，人体会在几分钟内失去知觉并很快死亡。但一些富有理想主义精神的登山者却坚持认为，具有卓越身体素质的天才运动员在经历了一段较长时间的环境适应期后，可以在不使用氧气瓶的情况下登上山顶。纯粹主义者则将这一观点上升至逻辑的极限高度，他们认为使用氧气无异于欺骗。

早在20世纪70年代，著名的提洛尔登山家莱因霍尔德·梅斯纳尔作为无氧攀登的倡导者宣称，他将用“无欺骗手段”来攀登珠峰，否则，就根本不会进行攀登。其后不久，他和老搭档奥地利人彼得·哈伯勒震惊了世界登山界：1978年5月8日下午1点，他们经南坳和东南山脊，在不借助任何氧气装备的情况下登上了珠峰。这一事件被一些登山者认为是第一次真正意义上的征服珠峰。

然而梅斯纳尔和哈伯勒的历史伟绩并未赢得各界人士的赞美之声，特别是夏尔巴人的首肯。大多数夏尔巴人拒绝相信西方人能实现如此壮举，因为这对于最强壮的夏尔巴人来说都是难以企及的。很多人怀疑梅斯纳尔和哈伯勒借助了藏于衣服内的小型氧气瓶。丹增诺盖和其他一些著名的夏尔巴人还签署了一份请愿书，要求尼泊尔政府对那次攀登的真伪进行官方调查。

但事实证明，无氧攀登是不可反驳的事实。两年后，梅斯纳尔堵住了所有怀疑者的嘴。这一次他单人无氧从中国西藏一侧登上珠峰，整个过程没有借助夏尔巴人或其他任何人的帮助。1980年8月20日下午3点，他在浓云和飞雪中到达山顶时。梅斯纳尔说：“我一直处于极度痛苦中，在我一生中从未有过如此的疲惫。”在记录那次攀登的书《透明的地平线》中，他描述了自己挣扎着爬完最后几米并最终登顶的情景：

> 当我休息时，除了呼吸让喉咙感到烧灼外，完全感觉不到生命的存在……我几乎走不动了。没有绝望，没有幸福，没有焦虑。我还没有失去对感情的控制，事实上已不再有感情了。我拥有的就只剩下意志。而每挪动几米，意志便在无止境的疲惫中消逝殆尽。然后我的思维一片空白。我让自己倒下，躺在那里。我犹豫不决，不知过了多长时间，然后再向前挪动几步。

梅斯纳尔回到文明社会以后，他的登顶被认为是有史以来最伟大的攀登壮举。

梅斯纳尔和哈伯勒证明了无氧攀登珠峰的可能性之后，一群雄心勃勃的登山者也认为应该在无氧状态下攀登。自此，如果有人想跻身喜马拉雅精英之列，无氧攀登是必修的内容之一。截至 1996 年，共有 60 人无氧登顶，但其中有 5 人未能生还。

虽然我们当中也不乏野心勃勃者，但霍尔的队伍中没有人考虑过不带氧气瓶攀登。即使三年前曾有过无氧攀登珠峰经历的格鲁姆也说，这一次他将使用氧气，因为他是向导。他凭经验知道，在不使用氧气瓶的状态下，他的身心都将受到极大损害，这样他便无法完成向导的使命。像很多经验丰富的珠峰向导一样，格鲁姆认为虽然无氧攀登是可行的，而且从美学的角度上讲也更令人神往，但是作为向导，进行无氧攀登是一种极不负责的行为。

霍尔所使用的氧气装备是俄罗斯造的最新型装备，包括类似越战时期米格战斗机驾驶员佩戴的硬塑料氧气面罩，通过一根橡胶管和一个流量调节阀与一个橙色的钢制凯夫拉氧气瓶相连。这种氧气瓶不论体积还是重量都小于水下呼吸器，装满氧气时只重 6 斤。虽然之前我们在 3 号营地从未借助氧气瓶入睡，但现在，在我们即将开始向峰顶冲刺之际，霍尔劝我们晚上睡觉时通过氧气瓶呼吸。“在处于这一高度和更高海拔的每一分钟，”他告诫道，“你的大脑和身体都在受到损害。”我们的脑细胞正在死亡，血液也危险地逐渐黏稠并凝集起来，视网膜中的毛细血管很自然地开始出血。即使休息时，心脏也在剧烈地跳动。霍尔保证说：“瓶装氧气可以令衰退减缓，并有助于睡眠。”

我试图听从霍尔的忠告，但潜意识里的幽闭恐怖症开始作祟。在鼻子和嘴上夹紧氧气面罩时，我不断地想象这会令我窒息，痛苦地度过一个小时后，我拿掉面罩，在无氧状态下辗转反侧地度过了剩下的夜晚。我每隔 20 分钟看一次表，以确定是否到了出发时间。

我们营地下方 30 米的地方是大多数同样在风雪中飘摇的其他探险队的帐篷，包括费希尔的队伍、南非人的队伍和中国台湾人的队伍。第二天凌晨，也就是 5 月 9 日星期四，当我蹬上高山靴准备向 4 号营地攀登时，来自中国台北的钢铁工人陈玉男正缓慢地走出他的帐篷，在他的平底高山靴里排泄起来，这是判断力严重衰退的表现。

他蹲在冰面上，突然失足沿着洛子壁跌落下去。令人难以置信的是，滚落了20米后，他头朝下栽入一个冰裂缝里停止了下坠。目睹陈下坠过程的是IMAX队的夏尔巴人江布，他碰巧经过3号营地，一个人背着物资向南坳走去。他立刻叫醒台湾队的领队马卡鲁·高。两人给陈放下一根绳子，很快把他从裂缝里拉出来，并将他护送回帐篷。陈虽然只是受了一点轻伤，但却惊吓过度。当时，包括我在内，霍尔队里没有一个人知道他所发生的不幸。

稍后，高和其他台湾人出发前往南坳，留下陈和两名夏尔巴人在帐篷里恢复体力。虽然霍尔认为高不会在5月10日攀登峰顶，但这位领队显然改变了主意，打算和我们在同一天登顶。

时间一分一秒地过去，陈的病情大大加重了，神志不清且浑身剧痛。台湾队的一名夏尔巴人沿洛子壁护送陈到2号营地。江布通过无线电得知陈情况危急，便匆忙从南坳返回，帮助他沿固定绳下撤。在距离冰坡底部百米的地方，陈突然一翻身失去了知觉。稍后，2号营地的布里希尔斯的无线电咯咯作响起来，江布用充满恐慌的声音报告说陈已经停止了呼吸。

布里希尔斯和他的IMAX队友维耶斯特尔斯匆忙向山上赶，试图挽救陈的生命。40分钟后他们到达陈的身边，没有发现任何可能生还的迹象。当晚，高到达南坳后，布里希尔斯通过无线电向他呼叫："马卡鲁，陈已经死了。"

"知道了"，高回答说，"谢谢你的消息。"然后他向他的队伍保证，陈的死丝毫不会影响他们在午夜前往峰顶的计划。布里希尔斯目瞪口呆。"我刚刚替他为朋友合上眼睛，"他怒不可遏地说，"我刚刚把陈的尸体拖下来，而马卡鲁的反应竟只有'知道了'。我真不明白，我想这可能是文化差异吧。也许他认为纪念陈最好的方式就是继续向峰顶攀登。"

过去的6周里发生了若干起严重事故：丹增在我们尚未到达大本营前坠入冰裂

缝；阿旺高山肺水肿发作，随后病情恶化；达夫队里一个名叫金格·富伦、外表健康的年轻英国登山者在孔布冰瀑顶上心脏病发作；达夫队里的丹麦人金·谢伊伯格在冰瀑上被倒塌的冰塔压断了几根肋骨。但直到那时，还没有一个人死亡。

陈的死讯从一个帐篷传到另一个帐篷，阴暗逐渐笼罩在山峰上。短短几小时之内将有 33 名登山者奔赴峰顶，此时忧郁的气氛很快就被迫在眉睫的紧张心情所驱散。大多数人完全被冲顶的狂热冲昏了头，以至于无法对我们当中一员的死亡进行彻底反思。登顶成功并返回之后，有的是时间进行反思——至少我们当时是这样认为的。

INTO
THIN AIR

11 名义上的队伍

我向下望去。下山的路让人了无兴致……我们付出了太多的努力、太多的不眠之夜和太多的梦想，才走到这里。我们不可能在下周末返回然后再来一次。如果就此下山，那我们今后将会被一个巨大的问题所困扰：那上面会有什么？

托马斯 · 霍恩宾 |《珠穆朗玛峰：西山脊》

5月9日星期四早晨，在3号营地经历了不眠之夜后，我仍处于昏昏沉沉的状态，浑身软弱无力。我慢慢穿上衣服走出帐篷。等我背上背包、装上冰爪，队里的大多数队员已攀上登山绳向4号营地出发了。令人惊讶的是，卡西希克和菲施贝克也在其中，考虑到他们头天晚上到达营地时的狼狈相，我原以为他们肯定会放弃。“不错，坚持，伙计！”我向他们大声喊道。

我急速赶上队伍，低头看见一支来自其他探险队约50人的队伍已攀上登山绳跟了上来，走在队伍前列的人马上就追上我了。因为不想陷在拥堵不畅的环境中（在这种地方待的时间越长，就越有可能被上面冷不丁滚落下来的石头砸到，而且还会有其他风险），我加快步伐，向队伍前列攀去。由于只有一根路绳蜿蜒伸展在洛子壁上，要想超过缓慢前行的登山者并不是一件很容易的事情。

每当我解开路绳从别人身边绕过时，哈里斯被坠石砸中的情景就浮现在脑海中，即使是一小块坠落物在我脱离路绳之际击中我，都足以将我送入谷底。此外，超越其他登山者不仅让人神经紧张，而且还使人筋疲力尽。这就如同驾驶一辆动力不足的汽车在陡坡上极力超过其他车辆一般，我必须在令人难以忍受的一段很长的时间内一直猛踩油门以便绕过所有人。我的呼吸变得非常困难，甚至担心自己会在氧气面罩里呕吐起来。

这是我生平第一次带着氧气瓶攀登，过了好长一段时间才渐渐习惯。虽然在海拔7 320米的高度使用氧气的好处不言而喻，但我还是很难立刻认识到这一点。当我超过三名登山者并试图喘一口气时，氧气面罩竟然让我感到窒息，于是我把它从脸上扯下来，这时我才发现，没有它，呼吸更困难了。

越过著名的“黄色地带”那极易松动的黄褐色石灰岩峭壁时，我已经克服了重重困难行进到队伍的前列，并且以很轻松的步伐前进着。我缓慢而沉稳地向上攀登，从左侧穿过洛子壁的顶部，然后攀登到被称为“日内瓦横岭”的黑色片岩的前端。我终于掌握了通过氧气装备进行呼吸的要领，并且与离我最近的伙伴拉开了一个多小时的距离。在珠峰上独处是件很难得的事情，而我有幸在如此壮美的环境中获得片刻美妙的享受。

我在海拔 7 890 米的横岭顶上停下来，喝了些水，然后欣赏起四周的风景：稀薄的空气泛着微光，清澈而透明，使人觉得远处的山峰似乎触手可及。在正午阳光的强烈照射下，珠峰高耸的峰顶在浮云中时隐时现。透过相机的长焦镜头，我眯着眼抬头向东南山脊望去，惊奇地发现 4 个蚂蚁般大的人影正悄无声息地向南峰移动。我推断他们一定是黑山队的探险队员。如果他们登顶成功，那么他们将是今年首批到达山顶的登山者。这也就意味着，我们一直听说的有关难以对付的深雪的传言是没有事实根据的。如果他们到达了山顶，也许我们也有机会。但是现在，从山脊上吹起的鹅毛大雪是一种不祥之兆，而黑山人正顶风冒雪奋勇前进。

下午一点，我到达了南坳，这是我们向峰顶进发的基地。这是在海拔 7 920 米处伸展开来的一处布满坚冰和被风吹乱的巨砾的高原。它横亘在洛子峰和珠峰之间广阔的槽口地带，几乎成直角，约有四个足球场长、两个足球场宽。南坳的东侧沿康雄壁向下 2 130 米进入中国西藏境内，另一侧向下 1 220 米进入西库姆冰斗。从坳口边缘向后，在南坳的最西边，4 号营地的帐篷安扎在由上千个废弃的氧气瓶[1]围成的一小块不毛之地上。如果这个星球上还有什么地方比这儿更凉荒、更不适合人居住，我真希望永远都不要见到它。

气流受到珠峰断层壁挤压通过南坳 V 形地带时，风速快到令人难以想象。实际

[1] 将用完的氧气瓶丢弃在南坳进行堆放的做法始于 20 世纪 50 年代。感谢费希尔的“萨迦玛塔环境探险队”在 1994 年所做的清理垃圾的举动，如今这里的废弃氧气瓶已经大为减少。更需要感谢的是一位名叫布伦特·毕晓普的探险队员，他是《国家地理》杂志的著名摄影师巴里·毕晓普的小儿子。布伦特·毕晓普发起了一项非常成功的激励计划——夏尔巴人从南坳每拿回一个氧气瓶就可以获得现金奖励。霍尔的冒险顾问公司、费希尔的疯狂山峰公司以及伯利森的高山攀登国际公司都积极响应布伦特·毕晓普的计划，单单 1994 至 1996 年，从山上搬下来的氧气瓶就多达 800 个。——作者注

上，与峰顶肆虐的狂风相比，南坳的风更猛烈。其实这并不足为怪。每到初春时节，没完没了的飓风就会刮过南坳。这也正好说明，为什么附近的斜坡被积雪覆盖，而这儿却依然布满裸露的岩石和冰块——因为所有没被冻住的东西都被吹到了中国西藏一侧。

当我走进4号营地时，6名夏尔巴人正在时速90多公里的狂风中奋力支起霍尔的帐篷。为了帮他们搭起我的帐篷，我把帐篷支在一些废弃的氧气瓶中间，并用我能搬动的最大的石块压在上面加固。然后，我钻进帐篷里等待队友，并暖和我那双快冻僵的手。

午后，天气更加恶劣。费希尔的夏尔巴领队洛桑负重36公斤上来了，其中约14公斤是卫星电话及其配套硬件，因为皮特曼准备从海拔7 920米的地方发送网络报道。我们队最后一位是下午4：30到达营地的，而费希尔队的收尾者则更晚。这时，猛烈的暴风雪肆虐到了极致。天黑时，那些黑山人返回南坳报告说，峰顶仍然上不去，他们刚到“希拉里台阶”脚下就返回了。

对于计划在5个小时内出发的我们来说，恶劣的天气和黑山人的失败没有给我们带来好兆头。大家一到南坳就钻进自己的睡袋里休息起来，狂风拍打帐篷所发出的哒哒声好似机关枪在扫射，巨大的声响交织着对未来的忧虑，使大多数人睡意全无。

我和加拿大心脏病学家哈奇森被安排在一个帐篷里，霍尔、菲施贝克、格鲁姆、塔斯克和康子在另一个帐篷里，卡西希克、韦瑟斯、哈里斯和汉森在第三个帐篷里。当卡西希克和他的伙伴们在帐篷里打瞌睡时，一个陌生的喊声从大风中传来：“快让他进来，否则他会死在外面！”卡西希克拉开帐篷，顷刻间，一个留着络腮胡子的男人瘫软在地，他是布鲁斯·赫罗德——南非队37岁和蔼可亲的副领队，也是该队中唯一一位持有登山运动证书的队员。

“布鲁斯的情况很糟，”卡西希克回忆道，“他不停地哆嗦，神志不清，基本上不能自理。他的体温非常低，几乎不能说话。显然，他的队友们正在南坳的某个地方或者正在来南坳的途中，但他不知道他们在什么地方，也不知道怎样才能找到自己的帐篷。我们让他喝了些水，尽量使他暖和起来。”

汉森的情况也不怎么好。“汉森的气色看起来很差，”韦瑟斯回忆说，“他抱怨说已经有好几天没有睡好觉了，也没吃什么东西。但他执意用皮带绑住装备攀登。这令我非常担心，他曾经到过距峰顶仅 90 米的地方，但最后不得不无功而返。这个问题整整困扰了他一年，每天都在折磨他。很显然，他不愿意再次被拒绝。他坚持向峰顶挺进，直到生命的最后一刻。”

那天晚上有 50 多人在南坳宿营。人们在并排搭起的帐篷里相互偎依，然而，一种奇怪的孤独感像幽灵般挥之不去。咆哮的狂风使帐篷间根本无法通话。在这片荒凉的地方，我感到自己在感情上、精神上以及身体上都与周围的队友们隔绝开来，这种感觉是我之前在任何探险中都不曾有过的。我悲哀地意识到：我们只是名义上的队伍。虽然几小时之后我们将作为群体离开营地，然而在攀登的过程中我们却是作为个体去行动的，既不通过登山绳也不依靠深厚的忠诚与他人联系在一起。每个人都将为自己行事。我也不例外。比如说，虽然我真诚地希望汉森能够登上峰顶，但如果他中途返回，我也要尽全力继续前进。

从另一个角度讲，这种意识让人沮丧。但我对天气情况太专注，因而没有继续细想。如果风势不减，登顶根本不可能。上周，霍尔的夏尔巴人已经在南坳储备了重达 165 公斤的 55 瓶氧气。虽然这听起来不少，但也只够 3 名向导、8 名队员和 4 个夏尔巴人使用。气压表的指针不停旋转，甚至我们躺在帐篷里时也在消耗宝贵的氧气。若有必要，我们也可以摘掉氧气面罩，在这儿安全地待上 24 小时。可这样做之后，我们则必须面临要么向上攀登、要么下山返回的两难选择。

说来也怪，晚上 7:30 的时候，奇迹出现了：大风突然停了。赫罗德爬出卡西希克的帐篷，蹒跚着寻找他的队友们。当时气温已降到零下 18 度以下，但几乎没有风，这是冲顶的绝佳条件。霍尔的直觉真不可思议。显然，他已经将我们的行程规划好了。“嗨！哈奇森！”他在隔壁帐篷里喊道，“看来我们要继续干了，小伙子们。准备好，活动活动，11 点半出发。”

我们喝了口茶，便不再多说话，然后开始闷头准备登山装备。为了这一刻的到来，我们已经饱受折磨。跟汉森一样，两天前离开2号营地以来，我几乎没有吃什么东西，也没有睡好觉。每次咳嗽，撕裂胸骨的疼痛就像有人拿小刀戳我的肋骨，痛得我直流眼泪。但只要一想到冲顶，我知道，除了不顾身体的虚弱坚持攀登外，我别无选择。

晚上11:35，我戴好氧气面罩，打开头灯，开始在黑暗中攀登。霍尔的队伍共有15人：3名向导，8位装备充足的顾客和4个夏尔巴人，其中包括昂多杰、拉卡帕赤日、阿旺诺布和卡米。霍尔指示另外两个夏尔巴人阿里塔和库勒多姆留在帐篷里待命，以备紧急救援。

疯狂山峰队包括费希尔、贝德曼和布克瑞夫3名向导，6个夏尔巴人和6位顾客，其中包括福克斯、马德森、克利夫·舍宁、皮特曼、加默尔高和亚当斯，他们在我们出发后半小时也离开了南坳。[1] 洛桑原打算只派5个夏尔巴人随队攀登峰顶，留下两人在南坳待命。但是他说："费希尔心血来潮，告诉我的夏尔巴人说：'你们都可以上峰顶'"。[2] 最后，洛桑背着费希尔命令一个夏尔巴人，也就是他的表弟"大"边巴留在营地。"边巴对我发火，"洛桑说，"但我告诉他：'你必须留下，否则我再也不会给你安排工作了。'就这样，他留在了4号营地。"

费希尔队离开营地之后不久，马卡鲁·高和3个夏尔巴人也启程了，这违背了当初的约定，即中国台湾人不在我们冲顶的同一天攀登。南非人原本也打算向峰顶进发，但从3号营地攀登到南坳已使他们筋疲力尽，连钻出帐篷的力气都没有了。

那天夜里共有33名登山者起程向山顶进发。虽然我们是作为三支独立的探险队离开南坳的，但我们的命运已经交织在了一起，而且，每向上攀登一米，我们的命运就被捆绑得越来越紧。

---

[1] 费希尔队里少了几名顾客。克鲁泽正受到高山脑水肿的困扰，不得不留在大本营里休息；皮特·舍宁，这位极富传奇色彩的68岁的登山健将决定只爬到3号营地，因为哈奇森、塔斯克、麦肯齐等几位医生对他的心电图进行会诊后得出结论：他有严重的心律不齐。——作者注

[2] 1996年，珠峰上的大多数夏尔巴人都希望有机会登顶。他们的潜在动机五花八门，一点儿也不逊色于西方登山者，但大部分人的动机还是希望获得更多的工作机会。正如洛桑所言："成功登顶珠峰的夏尔巴人更容易找到工作，因为每个人都想雇他。"——作者注

○　○　○　○

当我们向上攀登时，夜晚显现出一种清冷、梦幻般的美。空旷的夜空中繁星点点。一轮凸月从海拔 8 463 米的马卡鲁峰的山肩上升起，月光沐浴着我脚底下这块闪着冥光的斜坡，因而不需要头灯的照亮。在遥远的东南方，沿着印度和尼泊尔边境，巨大的雷暴云从特拉沼泽的上空飘过，超现实般橙色和蓝色的闪电照亮了天空。

离开南坳不到三个小时，菲施贝克就预感到某种不祥之兆。他离开队伍，转身返回帐篷。他第四次攀登珠峰的尝试就这样结束了。

这之后不久，汉森也走出了队伍。“当时他在我前面一点，”卡西希克回忆道，“他突然出列，就站在那儿。当我走到他旁边时，他告诉我他很冷，感觉不舒服，接着便朝下走。”那时，霍尔正在后面扫尾。他追上了汉森，和他简单谈了几句。没人听到对话的内容，因此也无从知晓他们说了些什么。但最后的结果是汉森归队继续前进。

○　○　○　○

离开大本营的前一天，霍尔召集全体队员到指挥帐里介绍情况。他首先谈到了冲顶日服从命令听指挥的重要性：“我不会容忍任何自作主张的行为，”他直截了当地盯着我告诫道，“我的话将是绝对的法律，不容置疑。如果你们对我的某个决定有异议，我乐意回来后与你们交流，但在山上绝对不行。”

这种潜在冲突最明显的根源是，霍尔有可能在到达峰顶前让我们下撤。而他还有一个特别担心的问题：适应环境阶段的后期，他给了我们少许自由行事的权力，比如可以按自己的步速前进，甚至允许我领先大队人马两三个小时。然而现在他强调，冲顶日的上半天里，他希望大家保持较近的距离。“直到我们都到达东南山脊的顶峰，”他说，也就是海拔 8 410 米处的一块被称为“阳台”的特殊悬崖，“大家必须保持不超过百米的间距，这很重要。天黑也要继续爬，我要求向导们与你们保持较近的距离。”

5 月 10 日黎明前几个小时的攀登中，我们这些步速较快的队员被迫数次停下来，在刺骨的严寒中等待最慢的队员赶上来。有一次，我、格鲁姆、还有昂多杰在一块被冰雪覆盖的岩脊上坐了 45 分钟，冻得直哆嗦，拍手跺脚以防被冻伤。但是，相较严寒对我们的打击而言，看着时间一分一秒地流逝更让人难受。

凌晨3:45，格鲁姆说我们在前面走得太远了，需要停下来再等一等。我将身体抵在一块页岩上，尽量躲避从西边吹来的刺骨寒风。我向陡坡下面张望，试图分辨出那些在月光下向我们缓慢移动的登山者们。等他们走近一些之后，我看到费希尔的一些队员已经赶上了我们，霍尔的队伍、疯狂山峰队以及中国台湾队现在已经混成了一支长长的、断断续续的队伍。后来，一件奇怪的事情引起了我的注意。

在下面20米的地方，一个身着嫩黄色羽绒服的高个儿被一个身材小得多的夏尔巴人用一根一米来长的绳子拽着走。那个夏尔巴人没有带氧气面罩，他大口大口地喘着粗气，正拖着他的同伴往斜坡上走，就像马在拉犁。当这古怪的一对从别人身边走过时，大家都被逗乐了。这种被称为“短绳技术”[1]的援助虚弱或受伤的登山者的方式，看起来使双方都很危险且极不舒服。过了一会儿，我认出那个夏尔巴人是费希尔爱炫耀的夏尔巴领队洛桑江布，而穿黄色衣服的登山者则是皮特曼。

向导贝德曼也注意到了洛桑拖着皮特曼的情形。他回忆说：“我从下面走上来时，洛桑正弓身倾在斜坡上，像一个三角架支在岩石上，用一根绷紧的系绳支撑着皮特曼，看起来既笨拙又相当危险。我是不会效法的。”

大约凌晨4:15，格鲁姆向我们发出前进的号令，我和昂多杰开始以最快的速度攀登，好让我们的身体暖和起来。当第一抹曙光在东方地平线上亮起时，我们在晨曦中发现，曾经的岩石梯状地形变成了由松软的积雪形成的明显的岩沟。我和昂多杰轮流用大冰镐劈路。凌晨5:30，太阳冉冉升上天空时，我们到达了东南山脊的顶峰。此时，世界5座最高峰中的3座在柔和的曙光映衬下初露峥嵘。我的高度计显示的海拔是8 410米。

霍尔清楚地告诉我，我必须等全队人马都到达这块阳台状的集合地后才能继续攀登，于是我坐在背包上等。当霍尔和韦瑟斯终于出现在大家身后时，我已经在那儿坐了90多分钟。在我等待的时候，费希尔队和中国台湾队都赶了上来，并从我身边超过去。由于等待的时间太长，我感到很沮丧，并且落到别人后面也让我很

---

[1] 两个登山者用较短的绳子连在一起，剩下的绳子卷起来背在肩上。——译者注

生气。但我明白霍尔的道理，因此也只好忍住怒火。

在34年的登山生涯中，我认识到登山运动的最大魅力就在于它强调自立、决断、应变和责任感。然而作为顾客参加登山，你会被迫放弃所有这一切，甚至更多。出于安全的考虑，一位负责的向导必须循规蹈矩，根本无法容忍顾客独立做出重要决定。

部分队员的依赖性就是这样在攀登的过程中被助长起来的。夏尔巴人负责探路、搭建营地、做饭和搬运所有物资。这使得我们可以养精蓄锐，大大增加了登顶的几率。但我却感到极大的不满足。有时我觉得自己仿佛并没有真正在登山，而是由代理人包揽了一切。为了能和霍尔一起登上珠峰我甘愿忍受这种角色，但我从来没有习惯过。所以，当早上7:10霍尔到达“阳台”顶上并允许我继续攀登时，我欣喜若狂。

继续前进时，我碰到的第一个人是洛桑，他正跪在满是呕吐物的雪地上。通常，即使他不使用氧气装备，也是所有登山者中最强壮的一个。在这次探险之后，他骄傲地告诉我：“攀登每一座山峰时我都冲在最前面，并负责固定路绳。1995年，我跟罗布·霍尔一起登上珠峰。从大本营到峰顶，我始终走在最前面，所有的登山绳都是我固定的。”但在5月10日早晨，他却几乎落到了费希尔队的队尾，肚子里翻江倒海般的难受，表明他的状况很糟。

头一天下午，洛桑为皮特曼将卫星电话从3号营地搬到了4号营地，加之他自己还有行李，累得筋疲力尽。贝德曼在3号营地看见他吃力地挑着36公斤重的担子时，他告诉这个夏尔巴人，把电话搬到南坳并非必要，并建议他把它丢掉。洛桑后来承认，电话只能在3号营地的边上勉强工作，在更寒冷、环境更恶劣的4号营地看起来不太可能用得上。[1]“我也不想搬运电话，但费希尔告诉我，‘如果你不搬，那我来搬’。因此我带上电话，把它绑在我的背包外面，继续将它搬到4号营地……这让我感到很累。”

洛桑用短绳拽着皮特曼离开南坳已经有五六个小时了，这种做法加重了洛桑的负担，妨碍他担当领路和制定路线的角色。他从队首位置意外消失影响到了那

[1] 卫星电话在4号营地根本无法工作。——作者注

天的攀登，因此事后他用短绳拖拉皮特曼的决定招来非议，并且使大家都很泄气。“我不知道洛桑为什么要用短绳拉皮特曼，”贝德曼说，“他忘记了他在这儿该干什么，应该先干什么。”

皮特曼并没有要求洛桑用短绳拖着她。从4号营地出发时，她走在费希尔队的前面，但是洛桑突然把她拉到旁边，用马肚带挽了一个绳扣，系在她安全带的前面，然后未经商量就把另一端系在自己的安全带上。她一再声明，洛桑拖着她上斜坡是有违她的意愿的。但人们不禁要问：作为一个众所周知的过分自信的纽约人（她强硬到大本营的一些新西兰人给她起了一个绰号叫“公牛桑迪”），她为什么不直接解开那根连接她和洛桑的一米来长的绳子，这只不过是轻而易举的事情。

皮特曼解释说，她没有把自己和夏尔巴人分开，是出于对他权威的尊重。“我不想伤害洛桑的感情。”她还说，虽然她当时没有注意看表，但她回忆说他只拉了她“一个到一个半小时”，[1] 而非五六个小时。这一点另外几名登山者也注意到了，而且洛桑也证实了。

当洛桑被问及为什么要拖皮特曼，这位他在多个场合公开表示轻视的人时，他的理由自相矛盾。他告诉西雅图的律师皮特·戈德曼（皮特曾在1995年与费希尔和洛桑攀登过布洛阿特峰，也是费希尔最信任的老朋友之一），他在黑暗中将皮特曼与丹麦顾客莱娜·加默尔高搞混了，当他意识到他的错误时便停止了拖拉。但在我对他进行的一次录音采访中，洛桑的解释却相当具有说服力，他一直都清楚他是在拖皮特曼，而且他也是故意这样做的：“因为费希尔希望所有人都到达山顶，而我认为皮特曼是最弱的队员，我想她会拖后腿的，所以我先照顾她了。”

洛桑是位具有洞察力的年轻人，而且对费希尔言听计从，这个夏尔巴人明白，把皮特曼送到山顶对他的朋友兼雇主是多么重要。实际上，在费希尔与大本营的布罗米特的最后几次联络中，他曾若有所思地问布罗米特：“如果我能设法将皮特曼送到山顶，我打赌她一定会出现在电视上。你认为她炫耀的时候会提到我吗？”

---

[1] 从珠峰返回6个月后，我和皮特曼通了70分钟的电话，在电话里我们讨论了一些事情。除了澄清关于“短绳事件”的某些观点外，她请求我不要在本书中引用那次谈话的内容，我尊重了她的请求。——作者注

正像戈德曼解释的那样："洛桑对费希尔非常忠诚。我不认为他会用短绳拖任何人，除非他坚信费希尔想让他这么做。"

不管出于什么动机，洛桑的这种行为在当时看来并不是一个严重的错误，然而这却最终成为诸多复杂的、不易觉察的铸成厄运的因素之一。

INTO THIN AIR

12 与时间赛跑

应当承认，（珠峰上）有我所见过的最陡峭的山脊和最嶙峋的悬崖，而所有那些声称它只是一个可以轻松征服的雪坡的言论都无异于天方夜谭……亲爱的，这是一项令人激动的事业，我无法形容山峰对我的吸引力有多大，以及它所呈现的景色是何等的雄伟壮丽！

乔治·马洛里写给妻子的一封信

在南坳以上的死亡地带，生存的含义无异于与时间赛跑。5 月 10 日从 4 号营地出发时，每位顾客都带了两个三公斤重的氧气瓶，并准备在南峰上夏尔巴人为我们准备的储备点取第三瓶氧气。以保守的每分钟两升的速度计算，每瓶氧气可以维持五六个小时，也就是到下午四五点钟的时候，每个人的氧气都将被用得一干二净。根据每个人适应环境的能力不同，我们仍可能在南坳以上的地带行动，但行动不会很自如，而且时间不能太长。我们在短时间内极易受到高山肺水肿、高山脑水肿、体温降低、判断力下降和冻伤的袭击。死亡的危险骤增。

曾 4 次攀登珠峰的霍尔非常明白速战速决的重要性。在认识到一些顾客欠缺基本的攀登技巧的情况下，霍尔试图依靠固定绳来保护并加速我们队以及费希尔队在这段最艰难的路途上的攀登。今年尚没有一支探险队到达峰顶的事实让霍尔深感焦虑，因为这意味着这段地形的大部分地方都还没有固定路绳。

虽然瑞典的独行者克罗普在 5 月 3 日到达了距峰顶垂直距离 110 米的地方，但他根本没有固定任何路绳。而那些上到更高地方的黑山人虽然固定了一些路绳，但由于缺乏经验，他们在南坳上面 430 米的范围内就把所有路绳用完了，在一些根本不需要固定路绳且相当平缓的斜坡上浪费了许多。因此，那天早晨我们向峰顶进发时，依稀可见东南山脊上半部分陡峭的锯齿状冰雪中还残留着以往探险队留下来的、被扯得七零八落的路绳。

预料到这一可能性，离开大本营之前，霍尔和费希尔就召集两队的向导开会。他们在会上达成协议，双方各派两名夏尔巴人（包括夏尔巴领队昂多杰和洛桑），在大队人马出发前 90 分钟离开 4 号营地，以便有足够的时间在顾客到达之前在山上大多数暴露的地段固定好路绳。“霍尔明确指出这样做的重要性，”贝德曼回忆说，“他想不惜一切代价避免在瓶颈地段浪费时间。”

然而由于某些不明原因，没有任何夏尔巴人在 5 月 9 日晚上先于我们离开南坳。也许是因为直到晚上 7：30 才停息的狂风使得他们没能如期出发。攀登结束后，洛桑坚持说是霍尔和费希尔在最后时刻取消了固定路绳的计划，因为他们得到黑山人已在高至南峰的地方完成了这一任务的错误信息。

如果洛桑的说辞是正确的，那么为什么三名幸存的向导贝德曼、格鲁姆和布克瑞夫对更改计划一事一无所知呢？如果固定路绳的计划是有意识地改变的，那么为什么洛桑和昂多杰从 4 号营地出发时还要携带百米长的登山绳走在各自队伍的前面呢？

总之不管怎样，海拔 8 350 米以上的地方没有事先固定好的路绳。我和昂多杰在凌晨 5：30 率先到达“阳台”，比霍尔的其他队员领先了一个小时。当时，我们可以毫不费力地安装固定绳。但霍尔明确禁止我这样做，而洛桑还在下面很远的地方用短绳拖着皮特曼，没有人能与昂多杰合作。

我们坐在一起看日出，生性沉默寡言的昂多杰看起来格外忧郁。我试图与他交谈却枉然。他的坏情绪可能是由于两周来一直在折磨他的疼痛难忍的脓肿牙齿，抑或是在为他四天前看到的令人心烦意乱的场面而冥思苦想。在大本营度过最后一个夜晚时，他和其他夏尔巴人用狂饮青稞酒的方式来庆祝即将到来的冲顶。第二天早晨，宿醉未醒的他显得尤为焦躁不安，在攀登孔布冰瀑之前，他告诉一位朋友说他在夜里看到了鬼魂。笃信神灵的年轻人昂多杰是不可能对这一预兆泰然处之的。

不过还有一种可能是他在生洛桑的气，他认为洛桑是个爱炫耀的家伙。1995 年霍尔曾同时雇用他们俩，但这两个夏尔巴人合作得并不愉快。

那一年的冲顶日，当霍尔的队伍在下午 1：30 左右到达南峰时，他们发现一片厚重且松软的积雪覆盖了峰脊的最后一段路。霍尔派一个名叫盖伊·科特的新西兰向导跟随洛桑而不是昂多杰前去打探继续攀登的可能性。当时，作为夏尔巴领队的昂多杰将此视为一种耻辱。稍后，当洛桑攀登到“希拉里台阶”脚下时，霍尔决定放弃登顶，并示意科特和洛桑返回。但洛桑无视命令，甩开科特，径直向峰顶攀去。霍尔对洛桑不服从命令的行为感到愤怒，而昂多杰对他的雇主也耿耿于怀。

尽管今年他们各自效力于两支不同的队伍，但昂多杰又被要求在冲顶日与洛桑合作，而这一次洛桑又表现得我行我素。昂多杰已尽职尽责地工作了6个星期，现在，他显然已厌倦了再做分外之事，闷闷不乐地坐在我身旁的雪地上等着洛桑，将登山绳扔在了一边。

这种局面造成的后果就是，从“阳台”向上攀登90分钟后到达海拔8 530米的地方时，我遇到了第一个瓶颈地段。在这里，来自各个探险队的登山者被一连串巨大的、需要路绳才可以安全越过的岩石台阶挡住了去路。顾客们在台阶的脚下乱糟糟地挤了将近一个小时，而贝德曼不得不代替“失踪”了的洛桑奋力地将路绳展开。

在这个过程中，霍尔的顾客、焦急而缺乏经验的康子险些酿成大祸。作为东京联邦快递公司一名成功的女实业家，康子不甘于日本中年女性那种温顺、谦恭的传统形象。她曾笑着告诉我，她的丈夫在家里包揽了做饭、洗衣服等家务活。她攀登珠峰的壮举曾在日本国内引起了小小的轰动。在之前的登山活动中，她一直都是一个慢条斯理、不太果敢的登山者，但由于今天的目标锁定在了峰顶，她表现出异乎寻常的昂扬斗志。“我们一到达南坳，”与她合住一个帐篷的塔斯克说，“康子就一心想着攀登峰顶，她甚至都有些神情恍惚。”离开南坳后，她一直极为努力地向上攀登，很快便冲到了队伍的前列。

贝德曼在康子前面30米靠着岩石立足未稳，还未将他那一端的登山绳系牢之前，心急的康子便将上升器卡在了上面。正当她准备将身体的全部重量加载到路绳上时（这可能会让贝德曼摔下山去），格鲁姆及时制止了她，并委婉地对她的草率行为提出了批评。

随着登山者的陆续到来，路绳上的拥堵状况越来越严重，致使后面混乱的人群排起了长龙。上午就快过去，霍尔的三位顾客哈奇森、塔斯克和卡西希克同霍尔一起被挤在了队伍的后面，他们开始对迟缓的进度感到焦躁不安。而紧挨在他们前面的是行动缓慢的中国台湾队。“他们的攀登方式非常古怪，几乎是人挨人地贴在一起，”哈奇森说，“就像被切开的面包片，一个接一个。这意味着他人很难超过他们。我们花了很长时间等他们沿路绳向上爬去。”

从大本营向峰顶进发前，霍尔曾仔细考虑过两个可行的返回时间——下午一点或者两点，但他并未明确宣布我们应该遵守哪个时间。这多少有些令人感到困惑，因为霍尔再三强调制订并遵守严格的时间期限的重要性。出发时，我们都很含糊地认为，霍尔会全面考虑天气和其他一些因素并做出最后决策，直至最终登顶，而且他将亲自负责保证每个人在预定时间内返回。

然而直到5月10日上午九十点钟的时候，霍尔都没有宣布确切的返回时间。保守的哈奇森便开始按照他自己假定的下午一点行事。大约在上午11点钟的时候，霍尔告诉哈奇森和塔斯克距离峰顶还有三个小时的路程，然后就奋力地向前冲，试图超过台湾人。“看来我们要在下午一点之前到达山顶是不太可能了。”哈奇森说。紧接着是一段简短的讨论。卡西希克起初不甘心就此承认失败，但塔斯克和哈奇森极力劝说他。上午11:30，这三个男人转身向下走去，霍尔派夏尔巴人卡米和拉卡帕赤日送他们下山。

选择下山对这三名顾客以及早在几小时前就返回的菲施贝克来说无比艰难。登山的吸引力使他们不会轻易改变目标。在这次探险的后期，我们已经习惯了常人难以忍受的艰辛与危险。坚持走到这一步，必须有超凡的坚韧性格。

令人遗憾的是，那种将个人痛苦置之度外而奋力向峰顶攀登的人，通常也是那些对死亡无所畏惧、敢坦然面对危险的人。这就构成了每个珠峰攀登者都要面对的两难境地：要想成功，就必须勇往直前；但如果急于求成，则可能出师未捷身先死。况且，在海拔7 920米以上的高度，在适度的热情与不顾一切的登顶狂热之间并没有清晰的界限。因此，珠峰的山坡上才会尸骨遍野。

塔斯克、哈奇森、卡西希克以及菲施贝克每人支付了7万美元，并忍受了数周的巨大痛苦才获得这次攀登峰顶的机会。他们都是雄心勃勃的男人，不愿屈服于失败，或是半途而废。但当面临艰难抉择之时，他们是那一天当中为数不多的几个作出正确选择的人。

岩石台阶的上面，也就是塔斯克、哈奇森和卡西希克调头下山的地方，固定绳就没有了。从此处开始，路线沿冰雪覆盖的狭窄山脊急转向上一直到南峰。我在上午 11 点到达南峰时，遇到了第二个，也是更糟糕的瓶颈地段。在南峰上面一点，那个像被扔下来的大石头是“希拉里台阶”垂直的切口，再向上一点就是山顶了。令人惊叹的壮丽景色和长途跋涉的疲惫使我一时语塞。我拍了几张相片，然后坐下来和向导哈里斯、贝德曼以及布克瑞夫等待夏尔巴人在冻结着冰雪的峰脊上固定路绳。

我注意到布克瑞夫像洛桑一样没有使用氧气装备。虽然这位俄罗斯人曾两次无氧登顶（洛桑有三次），但令我吃惊的是，费希尔竟然同意身为向导的他们不使用氧气，因为这样做对于顾客来说是很不负责的。我还吃惊地发现，布克瑞夫居然没有带背包。按理说，向导的背包里应该装有一捆登山绳、急救用品、裂缝救助装备、额外的衣服和其他一些在紧急情况下帮助顾客所需的用品。布克瑞夫是我在所有山上见到的第一个无视这些传统的向导。

事后我了解到，布克瑞夫离开 4 号营地时曾带了背包和氧气瓶。他后来告诉我说，尽管他不打算使用氧气，但他还是带了一瓶，以备在体力不支时和山上更高的地方使用。然而到达“阳台”的时候，他扔掉了背包，并让贝德曼替他背着氧气瓶、面罩和流量调节阀，显然他决定将负重减至最轻以便在非常稀薄的空气中获得最大的成功机会。

微风以每小时 40 公里的速度掠过山脊，将一缕积雪向康雄壁方向吹去，头顶上的天空仍是湛蓝一片。我穿着厚厚的羽绒服站在海拔 8 750 米高的地方在阳光下闲逛，并在因缺氧而引起的麻木状态下凝视着世界屋脊，完全失去了时间概念。我们谁都没有注意到昂多杰和霍尔队的另一个夏尔巴人阿旺诺布正坐在我们的旁边，他们呷着热茶而丝毫没有继续向上走的意思。大约上午 11∶40 的时候，贝德曼终于开口问道：“嗨，昂多杰，你是继续固定路绳呢，还是另有打算？”昂多杰很爽快地回答了一声“不”——可能是因为没有费希尔队的夏尔巴人在那里分担工作。

贝德曼对南峰上逐渐聚集起来的人群渐感担忧，他叫起哈里斯和布克瑞夫，并强烈建议由他们三个向导亲自动手安装固定绳。听到这些，我立刻提出帮助他们。贝德曼从他的背包里掏出一卷46米长的登山绳，我从昂多杰那里抓起另一卷登山绳，同布克瑞夫和哈里斯一起在中午时分开始在峰脊上安装固定绳。完成的时候，又一个小时已悄悄溜走。

○ ○ ○ ○

瓶装氧气并不能使人在珠峰顶上的感觉如同海平面一般。在南峰上面攀登时，我的流量调节阀以每分钟两升的速度输送氧气，而每当我迈出厚重的一步后，就不得不停下来喘上三四口粗气，然后再迈开一步，接着又不得不停下来再喘上几口，这是我所能达到的最快步伐。因为我们的氧气装备提供的是一种压缩气体与周围空气的混合物，所以，在海拔 8 840 米的地方使用氧气跟在海拔 7 920 米的地方不使用氧气的感觉差不多。不过瓶装氧气还是有诸多难以被具体量化的优势。

我沿着峰脊向上攀登，大口大口地向疲惫不堪的肺里吸入氧气，感受到一种奇妙而不合情理的平静。橡皮面罩外面的世界虽历历在目，但似乎并不真实，仿佛一部电影以慢镜头在我的眼前放映。我体验到一种被麻醉和解脱的奇妙感觉，完全与外界隔离开来。我不得不再三提醒自己，两边都是万丈深渊，在这儿一切都处在危险之中，充满艰辛的每一步都意味着生命的代价。

在南峰上攀登半个小时之后，我来到“希拉里台阶”的脚下。作为所有攀登地形中最著名的险关之一，12 米高几乎垂直的岩石和冰面令人毛骨悚然。但是，正如所有严肃的登山者那样，我非常想抓住登山绳的最前端在“希拉里台阶”上领路。但很显然，布克瑞夫、贝德曼和哈里斯也都有同样的想法。缺氧所造成的错觉使我以为他们当中会有人同意让一名顾客担当这一令人垂涎的领队任务。

最终，我们当中唯一一名攀登过珠峰的高级向导布克瑞夫获此殊荣。依靠贝德曼的帮助，布克瑞夫成功地征服了险关，但进程缓慢，当他吃力地向“希拉里台阶”上面攀爬时，我紧张地看了一下表，担心是否会用光氧气。我的第一瓶氧气是早晨7 点在“阳台”上消耗殆尽的，大约维持了 7 个小时。以此为基准，我在南峰上曾估算我的第二瓶氧气将在下午两点左右用光。当时我愚蠢地认为，我将有充足的时间登上峰顶并返回南峰拿到第三瓶氧气。但是现在，时间已经过了一点钟，我开始焦虑起来。

在“希拉里台阶”上面，我跟贝德曼说了我的焦虑，并询问他我是否可以暂停帮他沿山脊固定最后一卷绳子而直奔峰顶。“你去吧，”他和蔼地说，“绳子的事我来管。”

当我步履沉重地缓慢登上通往山顶的最后几级台阶时，突然有一种沉入水中、生命正缓慢前行的错觉。然后我发现，自己带着空空的氧气瓶跟一根残损的铝制勘测杆站在一层薄薄的楔形积雪上，再无更高的地方可攀了。一串经幡在风中猛烈地摇摆着。在下面很远的地方，山的另一侧是我从未见到的景象，干燥的西藏高原如一片无垠的暗褐色泥土向地平线绵延开去。

登顶珠峰本应激起一阵强烈的自鸣得意。毕竟，在与种种困难抗争之后，我终于实现了孩提时代就立下的目标。但到达峰顶只完成了探险的一半，对漫长而危险的下山路的担忧，将每一次自我陶醉的冲动泯灭得无影无踪。

INTO
THIN AIR

13 一个人的胜利

无论是上山途中还是下山途中，我的意识都同样迟钝。越向上攀登，目标对我而言似乎就越无足轻重，而我对自己也变得越漠然。我的注意力涣散、记忆力衰退，精神的疲惫远远胜于身体的疲劳。坐下来休息是何等的惬意，然而也很危险。筋疲力尽而死跟冻僵而死同样“令人愉悦”。

莱因霍尔德·梅斯纳尔 |《透明的地平线》

我的背包里装着《户外》杂志的横幅、爱妻琳达缝的绘有一只古怪蜥蜴的小三角旗，还有一些用来庆祝胜利时留影用的纪念品。我知道氧气所剩无几，于是把包里所有的东西都留在了峰顶，在世界屋脊上只停留了为哈里斯和布克瑞夫在山顶勘测杆前拍4张照片的时间。然后，我转身下山。从峰顶下来大约20米的地方，我遇见了贝德曼和费希尔的顾客亚当斯。和贝德曼击掌示意后，我从一块被风蚀的裸露页岩上抓起一把小石子，把它当成纪念品塞进羽绒服的兜里，然后便匆忙下山。

这时我才注意到，轻薄的云雾已经缓缓地向南飘去，并笼罩了整个山谷。在云雾的笼罩下，除了最高的那几座山峰外其他的都消失了踪影。亚当斯，这位身材矮小且好斗的得克萨斯人，曾在20世纪80年代的经济大繁荣中靠证券交易积累了巨大财富。他曾是一名经验丰富的飞行员，无数次在高空中俯瞰过这种云。后来他告诉我，到达峰顶后不久，他就辨认出那些看似平静的一团团水汽正是凶猛的雷雨云的顶部。“当你在飞机上看到雷雨云时，”他解释说，“第一反应就是赶紧离开这儿，而我也正是这样做的。”

与亚当斯不同，我并不习惯从8 840米的高度俯瞰雷雨云，因此，我对迫在眉睫的暴风雪丝毫没有觉察。事实上，我所担心的是氧气瓶里的氧气正在逐渐减少。

从峰顶下来15分钟后，我到达“希拉里台阶”的上面。在这里，许多登山者正沿着同一根路绳向上攀登，我下山的路被阻断了。正当我等待拥堵的人群经过时，哈里斯也下来了。“乔恩，”他问，“我的氧气好像供不上来。你能帮我看看是不是面罩的进气阀被冻住了？”

我快速地检查了一下，原来是大量结了冰的唾液把橡胶进气阀堵住了，使得周围的空气无法进入面罩。我用冰镐把堵塞物凿掉，然后请哈里斯帮我把流量调节阀关掉，以便能将氧气保存到“希拉里台阶”上的人群散去之后。然而意想不到的是，他非但没有把进气阀关掉，反而错误地将它开到了最大，结果我的氧气立刻在10分钟内跑了个精光。我本来因缺氧而变得笨拙的判断力立刻好转，当时的感觉就如同服用了大量的镇静剂。

我恍惚记得在我等待的时候，皮特曼从我身边经过并向峰顶爬去，一段时间之后是福克斯和洛桑。再下来是康子，她就在我脚下，被“希拉里台阶”这最后一段，也是最陡险的一段弄得狼狈不堪。我无助地看了她15分钟，她拼命地想要翻过最上面的那一块岩脊，可她实在太疲惫了，已经力不从心。最后，在她下面等得不耐烦的马德森用手托住她的屁股，把她送了上去。

不久，霍尔出现在我的视野中。我极力掩饰自己不断增强的焦虑，感谢他帮助我到达了珠峰峰顶。“啊哈，看来这次探险还真是不错！”他回答道。然后告诉我，菲施贝克、韦瑟斯、卡西希克、哈奇森和塔斯克都已在半路返回了。即使当时我处于因缺氧而导致的神志恍惚中，也能体会到霍尔对8名顾客中有5人返回所表现出来的极大失望。我猜想，费希尔队所有队员正奋力攀登的事实一定大大增强了这种失望。“我真希望有更多的顾客到达山顶。”霍尔在继续动身前哀叹道。

此后不久，亚当斯和布克瑞夫也开始下山了，他们就停在我的后面，等待人群一点点地通过。然而一分钟之后，马卡鲁·高、昂多杰和其他几名夏尔巴人的到来使得本来就人满为患的“希拉里台阶”变得更加拥挤不堪，紧随其后的是汉森和费希尔。我在没有氧气补充的状态下在海拔8 810米的地方等了一个多小时，“希拉里台阶”终于清静了。

那时，我的整个大脑皮层好像要罢工了，头晕目眩，几乎失去知觉。我疯狂地想下到南峰，因为那儿有第三瓶氧气在等着我。我继续迷迷糊糊地沿着固定绳下降，身体因恐惧而变得僵硬。就在台阶脚下，布克瑞夫和亚当斯从我身边绕过，迅速地向山下奔去。而我则小心翼翼地沿着山脊上的路绳向下走，就在距氧气储备点还有15米的地方，路绳到头了，没有氧气我不敢向前迈。

我向南峰望去，看见哈里斯正在整理一堆橙色的氧气瓶。“嗨，哈里斯！”我大声喊道，“能给我送一瓶氧气吗？”

“没有氧气了！”这位向导回应道，“这些瓶子全是空的！”这个消息让我心烦意乱。我的大脑在呼唤氧气，我不知所措了。就在这时，格鲁姆赶上了我。格鲁姆曾在1993年无氧攀登过珠峰，因而他并不太在意是否一定要带氧气瓶。于是他把他的氧气瓶给了我，我们一起快速地向南峰攀爬。

我们到达后，经过检查发现氧气储备点里至少还有6瓶氧气是满的。然而哈里斯却不肯相信，他坚持认为这些氧气瓶都是空的，无论我和格鲁姆怎么解释也无济于事。

想知道氧气瓶里还有多少氧气的唯一办法，就是把它接到流量调节阀上看气压表上的显示，哈里斯大概就是用这种方法来检查南峰上的氧气瓶的。此次探险后，贝德曼指出，如果当时哈里斯的流量调节阀被冰堵住了，那么即使氧气瓶里是满的，气压表上的显示也是零。这也就可以解释，为什么哈里斯的行为会如此古怪固执。而如果他的流量调节阀真是出了故障，并且又没有氧气进入到氧气面罩里，那么也就可以说明哈里斯的判断力何以会明显下降。

这种可能性现在看来是个不争的事实，但当时我和格鲁姆竟然都没有意识到。事后我才明白，由于缺氧，哈里斯的行为已明显不合常理，但我反应迟钝，没有觉察到有丝毫的异样。

我对显而易见的事情竟熟视无睹，在某种程度上乃是由于向导－顾客的身份所致。我和哈里斯在身体素质及攀登技巧上不分伯仲。如果我们是以平等的伙伴关系在无向导状态下一起攀登，我根本不可能忽略他的困境。但在这次探险中，他扮演的是战无不胜的向导角色，负责照顾我以及其他顾客，而我们明确地被灌输不能怀疑向导的判断力。事实上哈里斯可能陷入困境，向导也可能迫切需要我的帮助，但这种想法从未在我迟钝的大脑中出现过。

当哈里斯还在坚持说南峰上没有满的氧气瓶时，格鲁姆无可奈何地看着我。我向后看了看，然后耸耸肩，转头对哈里斯说："没事，哈里斯，别再为这事争吵了。"然后我抓起一瓶新的氧气，把它接到流量调节阀上，便向山下走去。随后的几个小时里，我感到一种如释重负的轻松，完全没有考虑哈里斯可能因此而陷入困境，我的余生都将因这个过失而饱受折磨。

大约下午 3:30，我离开南峰，并很快把格鲁姆、康子和哈里斯甩在了身后，不久便进入了一层浓浓云雾的包围中。天上飘起了细雪。在昏暗的光线中，我几乎分不清山峰与天空的界限，掉下山脊一命呜呼的可能性极大。而越往山下走，情况就越糟糕。

在东南山脊岩石台阶的下面，我和格鲁姆停下来等康子，因为她通过固定绳攀登很吃力。格鲁姆试图用对讲机呼叫霍尔，但他的送话器只能断断续续地工作，因此没能和任何人联系上。当格鲁姆照顾着康子，霍尔和哈里斯陪同着唯一一名顾客汉森时，我觉得一切似乎都已恢复了正常。所以，当康子赶上我们时，我问格鲁姆能否让我单独下山。"可以，"他回答道，"但千万别从雪檐上掉下去。"

大约下午 4:45 的时候，我到达了"阳台"，那是东南山脊上一块海拔 8 410 米的特殊悬崖,我和昂多杰曾坐在这儿看日出。然而就在此时,一幕情景让我震惊不已,我看见韦瑟斯竟独自一人站在雪中，浑身不停地颤抖。我原以为他早在几个小时前就下到 4 号营地了。"韦瑟斯！"我大声叫道，"你他妈的还站在这儿干什么？"

几年前，为了矫正视力，韦瑟斯做了放射状角膜切开手术[1]。刚开始攀登珠峰时他就发现了手术的一个副作用——高海拔的低气压会使他的视力下降。他攀登得越高，大气压就越低，而他的视力也就下降得越厉害。

韦瑟斯后来向我承认，就在他从 3 号营地向 4 号营地攀登的那个下午，"我的视力糟透了，就连一两米外的东西都看不清。我只能紧跟在约翰·塔斯克的后面，踩着他的脚印前行"。

之前韦瑟斯也曾公开谈起过他的视力问题，但在攀登的过程中却忘了向霍尔或

[1] 一种用于矫正近视的外科手术。——作者注

其他任何人提及这种视力衰退越来越严重的情况。尽管他的视力不好，但他还是做得不错，甚至看上去比刚开始攀登时还要强壮。他解释说："我不想早早地被淘汰出局。"

那天晚上从南坳向上攀登的过程中，韦瑟斯采用他下午所使用的策略设法不掉队——直接把自己的脚放在前一个人的脚印里。但当到达"阳台"时，太阳出来了，他明显感到自己的视力严重下降。而且更糟的是，他不小心将冰晶揉进眼睛里，划破了角膜。

"从那时起，"韦瑟斯透露说，"我的一只眼睛已完全模糊了，只能靠另一只来看东西。我对纵深透视失去了判断。我感到，如果我再向上攀登，对自己来说是一种危险，对别人来说是一种负担，所以我把情况告诉了霍尔。"

"那太遗憾了，伙计，"霍尔立即说道，"你要是下山的话，我会派一名夏尔巴人跟着你。"但韦瑟斯并不打算就此放弃登顶的愿望："我向霍尔解释说，我认为我的眼睛还有好转的机会，只要太阳升到一定高度，我的瞳孔就会收缩。我说我想再等等，一旦能看清楚，我就赶上其他人。"

霍尔考虑了一下韦瑟斯的建议，然后决定说："那好吧，我给你半个小时的时间恢复。但我不会让你一个人下到4号营地的，如果你的视力在半小时内毫无起色，我希望你能待在这儿，这样我好知道你的确切位置，直到我从山顶上下来，然后我们一块儿下山。我是认真的，你要么现在就下山，要么就答应我待在这儿等我回来。"

"我答应了他，"我俩站在风雪和昏暗的光线中时，韦瑟斯温和地告诉我，"我履行了我的诺言，这就是我还站在这儿的原因。"

中午刚过不久，哈奇森、塔斯克和卡西希克就在拉卡帕赤日和卡米的陪同下往山下走了，但韦瑟斯没有选择与他们同行。"天气尚好，"他解释说，"我觉得毫无理由在那时就违背我对霍尔的承诺。"

然而现在，天色开始黑了，形势也变得严峻起来。"跟我走吧，"我恳求道，"等霍尔下来至少还有两三个小时。我就是你的眼睛，我能帮你下山，没有问题的。”就在韦瑟斯几乎被我说动之际，我愚蠢地提到格鲁姆和康子正在我身后几分钟的路上。在我这一天所犯的诸多错误中，这是较为严重的一个。

“不管怎样还是要谢谢你，”韦瑟斯说，“我想我还是等格鲁姆吧。他有路绳，他会用绳子将我拖下山的。”

“那好吧，韦瑟斯，”我回答说，“这是你的选择。我想我会在营地看到你的。”其实打心眼儿里我还是庆幸不用带韦瑟斯下山，因为那段陡峭的斜坡上面大部分地方还没有固定绳的保护。光线越来越暗，天气也变得更糟糕，我差不多一点儿力气都没有了。然而我对即将到来的灾难还是毫无察觉。事实上，在与韦瑟斯交谈之后，我还费了不少时间去寻找大约 10 个小时前我丢在雪地里的空氧气瓶。我想将我扔下的所有垃圾从山上带走，于是便把我的另外两个氧气瓶（一个是空的，另一个还有一部分）一起塞到背包里，然后匆忙向脚下 490 米的南坳走去。

○ ○ ○ ○

从“阳台”向下的几十米是一段平缓开阔的岩沟，这一段路没什么问题，但随后就变得艰难起来。路线被 15 厘米厚的新雪覆盖着，在突出的断裂页岩上蜿蜒延伸。要通过这段容易让人迷路且极不稳定的地形，需要精力高度集中，而这一点对于昏昏沉沉的我来说几乎是不可能的。

因为风已经将前面登山者的足迹吹没了，所以要找到正确的路线非常困难。1993 年，格鲁姆的夏尔巴登山伙伴、丹增诺盖的侄子、出色的喜马拉雅攀登者洛桑次仁布提亚，就是在这个地带迷失了方向而摔死的。为了搞清楚状况，我开始大声地自言自语。“别紧张，别紧张，别紧张，”我一遍遍地对自己说，“千万别把事情搞砸了。这一点至关重要。别紧张。”

我坐在一块倾斜的宽阔岩脊上休息，过了几分钟，突然传来一声震耳欲聋的巨响，我吓得跳了起来。新雪又堆起老高，我担心是崩塌的雪块从山坡上滚落下来。但当我环顾四周时，却什么也没有发现。紧接着又是“砰”的一声巨响，并伴随着照亮整个天空的闪光，这时我才意识到刚才听到的是雷声。

早晨上山的途中，我对山上的这一段路线做过反复研究。当时我曾频频地俯视，以便找到可以帮助下山的标记。我还强迫自己这样来记忆这段地形：“记住，要在这块像船首的拱壁处往左拐，然后沿着浅浅的雪径向前直到它突然向右转去。”这是我多年前训练自己掌握的方法，而且在每次登山中我都会强迫自己用到它。在珠峰上，这种方法或许可以救我一命。下午6点，风暴已逐步演变成规模巨大的暴雪。在飞舞的雪花和时速达100多公里的狂风中，我终于费力地抓住了黑山人在南坳之上180米的雪坡上固定的路绳。暴风雪使我渐渐清醒起来，我意识到自己在最关键的时候下到了最复杂的地形。

我将固定绳缠在手臂上开始垂降，继续在暴风雪中向下移动。几分钟之后，一种熟悉而可怕的窒息感袭来，我意识到我的氧气又用完了。三小时之前，当我把第三个也是最后一个氧气瓶接到流量调节阀上时，我从气压表上看到氧气只剩下一半了。当时我估计这半瓶氧气能够撑到我下山，因此没有刻意去换一瓶满的。然而现在，氧气完全没有了！

我把面罩摘下来挂在脖子上，奋力地向前挪动，竟没什么不适。然而，没有了氧气补充，我的步履更缓慢，而且不得不频频坐下来休息。

在关于珠峰的文学作品中，对由于缺氧和疲惫而引起的幻觉的描写非常盛行。1933年，著名的英国登山者弗兰克·斯迈思在海拔8 230米的地方发现，他的头顶上有“两样外形古怪的东西在天空中飘动”，“一个看起来长着又短又粗的发育不良的翅膀；另一个则是一块凸起物，使人联想到钩状的鸟嘴。它们浮在上方一动不动，但又像在缓慢地颤抖”。1980年，梅斯纳尔在单人无氧攀登珠峰时，总是觉得身边有一位隐形的伙伴形影相随。慢慢地，我意识到我的思维也进入了类似的混乱状态，我对现实的逃避混合着恐惧和被魅惑的成分。

现在，由于极度的疲劳，我有一种与身体分离的奇怪感觉，仿佛是从上面一米开外的地方看着自己下山。我想象自己穿了一件绿色的羊毛衫和带翅膀的装束。尽管狂风中温度已降到零下57度，但我还是感到一股奇妙的让人躁动不安的暖流。

下午6:30，当最后一道光线从天空中消失的时候，我已经下到距4号营地垂直距离还有60米的地方。现在，我只要越过最后一道障碍就平安了——在没有路绳的状态下穿过一段突出的坚硬而光滑的冰坡。阵阵狂风夹杂着雪珠以每小时120多公里的速度打在脸部，每一块裸露的肌肉都被冻僵了。与我水平距离不到200米的帐篷在乳白色天空中若隐若现。此时已容不得有半点差错了。由于担心出现关键性失误，在继续下山前，我决定坐下来休息。

可一旦我坐下来，惰性便马上冒了出来。坐下来休息比鼓起勇气对付冰坡要容易得多。我就坐在那里，任由暴风雪在耳边咆哮，让思绪驰骋。就这样，我无所事事地过了大约45分钟。

我紧了紧帽子的束绳，只让眼睛露出一条缝来。然后，我从下巴底下把毫无用处的结冰的面罩摘下来。这时，哈里斯突然在我身边的黑暗中出现。我用头灯朝他的方向照去。当我看到他那张可怕的脸时，不由得倒退了几步。他的脸颊上冻了一层冰，一只眼睛已被冻得睁不开了，发音也含糊不清。他的状况看起来相当糟糕。“哪条路能到帐篷？”哈里斯突然开口问道，焦急地想回到庇护所。

我指了指4号营地的方向，然后告诉他警惕下面的冰坡。“它比看上去的要陡峭得多！”我在暴风雪中竭力地大声喊道，“也许我该先下去，然后从营地取根绳子……”还没等我说完，哈里斯突然转身向冰坡的边缘挪去，抛下我一个人目瞪口呆地坐在原地。

他从斜坡最陡峭的地段开始向下滑动。“哈里斯，”我在他身后大声地喊道，“你疯了！这样肯定不行！”他回头喊了些什么，但他的话被呼啸的风声吞没。一秒钟之后，他一个失手，突然头朝下地沿冰面滑了下去。

我料想在下面60米的地方，哈里斯肯定一动不动地倒在斜坡的脚下。我确信他至少摔断了一条腿，没准还有脖子。然而令人难以置信的是，他居然站了起来，挥挥手示意他一切都好，然后蹒跚地向150米外的4号营地走去。

我隐约看到在帐篷外面有三四个人影，他们头灯的亮光在风雪中闪烁着。我看到哈里斯穿过一块不到10分钟路程的平地走向他们。过了一会儿，在云层挡住我的视线之际，他离帐篷已不足 18 米了，或许更近些。再后来我就没有看见他了，但我确信他已安全到达了营地。在那里，库勒多姆和阿里塔正煮着热茶等候着他。但对于我来说，这段冰坡仍是我和营地之间的最后一道障碍，我感到嫉妒不已，并且因为没有向导在等我而感到气愤。

我的背包里除了三个空的氧气瓶和500毫升冻成冰的柠檬水之外没什么东西了，重量大概有七八公斤。我累极了，并且怕在下坡的时候摔断腿，于是把包从冰坡上扔了下去，希望它能落在我可以找到的地方。然后，我站了起来，开始在这块像保龄球道一样光滑的坚硬冰面上向下走。

经过15分钟危险而疲惫不堪的冰爪运动之后，我终于安全地站在了冰坡的脚下，我轻松地找到了我的背包，并且在 10 分钟之后到达了自己的营地。我来不及卸掉冰爪就一头扑进帐篷里，拉紧拉链，四仰八叉地瘫倒在满是霜的地上，累得坐不起来。我第一次感觉到自己是如此的疲惫，在我的生命中从未有过的疲惫。现在我安全了，哈里斯也安全了。不久之后其他人就会回到营地。我们终于成功了。我们登上了珠穆朗玛峰。虽然坎坷，但最终一切都那么壮美。

○ ○ ○ ○

数小时之后我才获悉，事实上并非一切都尽如人意——19 名登山者被暴风雪困在山上，他们在为生存做着殊死搏斗。

PART 4

真相72小时

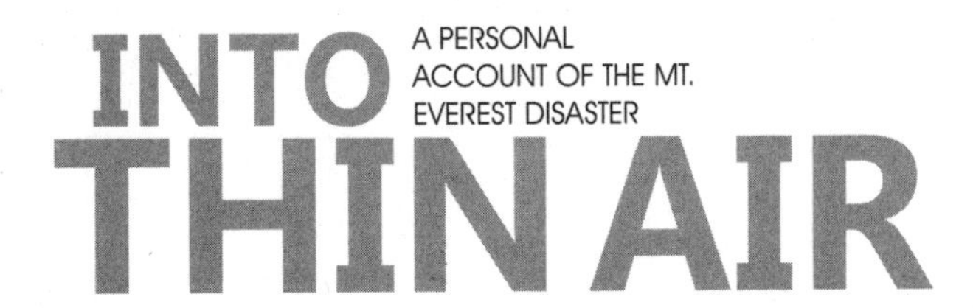

INTO
THIN AIR

14 决定生死的15分钟

冒险充满了危险，这种危险往往非常隐蔽、难以察觉。它们只是偶尔出现，但却是与人的意志背道而驰的凶兆，这种捉摸不定的东西萦绕在人的脑海和心间挥之不去。而意外具有复杂性抑或是突然性，它们总是带着恶意的目的、无法控制的力量、肆无忌惮的残忍向人们袭来，摧毁人们的希望、恐惧和疲惫时对休息的渴望。这意味着粉碎、摧毁和消灭人们所看到的、所知道的、所热爱的、所享受的甚至是所憎恨的一切，所有无价且必需的东西——阳光、记忆和未来；这意味着用剥夺生命这种简单而可怕的方式将整个宝贵的世界从他的视线中抹去。

约瑟夫·康拉德 |《吉姆老爷》

下午 1:25 贝德曼和顾客亚当斯到达山顶时，哈里斯和布克瑞夫早就到了，而我则在 8 分钟前就下山了。贝德曼认为其他成员不久就会出现，于是拍了几张照片，然后和布克瑞夫开起玩笑来，并坐下来等。下午 1:45，顾客克利夫·舍宁完成了最后一段攀爬。他拿出一张与妻儿的合影，热泪盈眶地庆祝自己到达了世界之巅。

从山顶往下望，后面的路线被山脊上的一个山坡挡住了。到下午两点，也就是规定的返回时间时，仍不见费希尔和其他顾客的身影，贝德曼开始担心时间晚了。

36 岁的贝德曼是一位训练有素的航空工程师，他安静、体贴、富有责任心，是深受费希尔队及霍尔队里大多数队员喜爱的向导，也是这山上最强壮的登山者之一。1994 年，他和他尊敬的好友布克瑞夫，以接近纪录的时间共同攀登了海拔 8 463 米的马卡鲁峰。当时，他们既没有使用氧气，也没有借助夏尔巴人的帮助。他第一次碰到费希尔和霍尔，是 1992 年在乔戈里峰的山坡上，他的能力和从容的举止给两人都留下了好印象。但因为贝德曼的高山经验非常有限（马卡鲁峰是他攀登过的最主要的喜马拉雅山峰），因此他在疯狂山峰公司里的向导级别排在费希尔和布克瑞夫之下。他的报酬也反映了他初级向导的地位：他的报酬是 1 万美元，而费希尔支付给布克瑞夫的却是 2.5 万美元。

生性敏感的贝德曼对他在探险队里无足轻重的位置十分清楚。“我无疑被认为是第三位的向导，”事后他坦言，“所以我尽量不多管闲事。这样做的后果就是，应该发表意见的时候我却保持了沉默，现在我为此深深自责。”

贝德曼说，按照费希尔为冲顶日制订的松散计划，洛桑应该带着对讲机和两卷登山绳走在队伍的前面，提前固定好路绳；而没有配备无线电的布克瑞夫和贝德曼，应依据顾客行进的速度在中间或靠前的地方接应；至于费希尔，则带着第二个对讲机负责“扫尾”。在霍尔的建议下，返回时间定在下午两点，到了下午两点，任何人不管是否到达山顶都必须折返下山。

“让顾客折返下山应该由费希尔来负责，”贝德曼解释说，“我们讨论过此事。我告诉他，作为第三位的向导，让我告诉那些付了6.5万美元的顾客下山会让我觉得不舒服。于是费希尔同意承担这一责任。但不知何故，他并没有这样做。”事实上，在下午两点之前到达山顶的就只有我、布克瑞夫、哈里斯、贝德曼、亚当斯和舍宁。如果费希尔和霍尔坚持他们预定的原则，那么其他人还没有到达峰顶就应该返回。

尽管贝德曼对时间的流逝渐感焦虑，但他没有无线电，无法与费希尔讨论当时的情形。而配有对讲机的洛桑，当时还在视线外很远的地方。那天清晨，贝德曼在“阳台”上碰到了洛桑，洛桑正双膝跪在雪地上呕吐，于是他拿走了洛桑的两卷登山绳，然后向上走，在陡峭的岩石上固定路绳。后来他感叹说：“我竟没有想到连他的对讲机也一起拿过来。”

贝德曼后来回忆道：“我在山顶上坐了很长一段时间，边看表边等费希尔出现。我想到了下山，但每当我站起身准备走时，总有一位我们的顾客翻到山脊的山巅上，所以我只好坐下来等他们。”

皮特曼大约是下午2:10出现在最后一个山坡上的，她比福克斯、洛桑、马德森和加默尔高稍快一些，但移动得相当缓慢。临近峰顶的时候她突然跪在雪地上，洛桑急忙赶上去帮她，发现她的第三瓶氧气已经用完了。清晨，洛桑开始用短绳拽皮特曼，将她的氧气流量开到了最大，即每分钟4升，因此她很快便用完了所有的氧气。幸运的是，洛桑背包里还装有一瓶备用的。于是他将皮特曼的面罩和流量调节阀接到新的氧气瓶上，然后他们爬上通往山顶的最后几米路，加入到庆祝的队伍中。

霍尔、格鲁姆和康子也同期到达了。霍尔通过对讲机向大本营的威尔顿报告了好消息。“霍尔说上面寒冷并且有风，”威尔顿回忆道，“但他听起来还不错。他说：‘汉森正向我走来，等他到了我就下去……如果你再没听到我的消息，说明一切正常。’”而后，威尔顿将这一消息告知了位于新西兰的冒险顾问公司的办公室，紧接着，宣布探险队胜利登顶的传真像雪片般飞往世界各地的亲朋好友。

然而汉森以及费希尔当时并没有像霍尔所以为的那样接近山顶。事实上，费希尔到达山顶已是下午 3:40 了，而汉森直到下午 4 点才到。

○ ○ ○ ○

就在前一天下午，也就是 5 月 9 日星期四，我们所有人都从 3 号营地爬到了 4 号营地，直到下午 5 点，费希尔才到达位于南坳的营地。尽管他试图在顾客面前极力掩饰身体的疲惫，但很显然，他已力不从心了。“那天晚上，”与费希尔同住一个帐篷的福克斯回忆道，“费希尔的表现让人无法想象他生病了。他精神抖擞，就像大赛前的足球教练一样为每个人鼓劲加油。”

事实上，数周劳神的日子已让费希尔身心疲惫。尽管他精力旺盛，但在到达 4 号营地的时候就差不多消耗殆尽了。“费希尔是个强壮的人，”布克瑞夫事后说，“但在冲顶之前他就很累了。他遇到了许多问题，耗费了太多精力。他被烦恼、焦虑和担心折磨着。费希尔很紧张，但他藏而不露。”

费希尔还对所有人隐瞒了一个事实：冲顶那天他可能已经生病了。1984 年他在尼泊尔安纳布尔纳峰探险期间，感染了一种肠道寄生虫——溶组织内阿米巴，这种寄生虫在感染后的若干年里不可能从体内清除干净，会不定期地从蛰伏状态突然发作，使被感染者身体出现剧烈阵痛，并且会在其肝部留下一个囊肿。费希尔坚持认为这点小事儿没什么好担心的，因此他只向大本营的少数几个人透露过这种病。

据布罗米特回忆，当这种病发作时，费希尔会“大汗淋漓，浑身发抖。剧痛会使他体力不支，但通常只持续 10 ~ 15 分钟，然后症状消失。在西雅图，他大约每周发作一次，但当压力很大时，就会频频发作。在大本营就是这种情况——往往隔天一次，有时甚至每天一次”。

费希尔从未提及他是否在 4 号营地或更高的地方犯过此病。福克斯描述星期四晚上发生的情况时说，他爬进帐篷后不久，“费希尔就处于昏睡状态了，并沉沉地睡了近两个小时”。他在晚上 10 点醒来，开始缓慢地做着准备工作，当最后一批顾客、向导和夏尔巴人动身向峰顶进发后，他还在营地里待了很久。

至今我们尚不清楚费希尔是几时离开 4 号营地的，也许可能晚至 5 月 10 日星期五凌晨一点。冲顶日那一天，他大部分时间都被远远地甩在了所有人的后面，直到下午一点才到达南峰。我第一次看到他，大约是下午 2:45。当时我从山顶上下来，正和哈里斯在“希拉里台阶”上面等着拥挤的人群散开。费希尔是路绳上最后一名登山者，他看上去异常衰弱。

我们互致问候，他对站在我和哈里斯前面的亚当斯和布克瑞夫简单说了几句，当时我们都站在“希拉里台阶”上面等着下山。“嗨，亚当斯，”费希尔在他的氧气面罩后面开着玩笑，尽量装出诙谐的语气，“你认为你能登上峰顶吗？”

“嗨，费希尔，”亚当斯回答道，他因没有得到费希尔的任何祝贺而倍感郁闷，“我刚到过山顶。”

后来，费希尔和布克瑞夫说了几句话。亚当斯记得布克瑞夫对费希尔说“我和亚当斯下山了”。然后费希尔向着峰顶的方向缓慢地前进，而我、哈里斯、布克瑞夫和亚当斯开始在“希拉里台阶”上面用路绳下山。没有人谈论费希尔筋疲力尽的外表，我们谁都没有想到他会遇到麻烦。

○ ○ ○ ○

到下午 3:10 的时候，费希尔仍没有到达山顶。贝德曼补充道：“尽管费希尔还没有到山顶上，但我还是决定该离开这个鬼地方了。”他召集皮特曼、加默尔高、福克斯和马德森，然后带领他们沿峰脊下山。20 分钟后，他们在“希拉里台阶”的上面碰到了费希尔。“我其实没和他说话，”贝德曼回忆说，“他只是挥了挥手，看上去很吃力，但他是费希尔，所以我不怎么担心。我想他会到达山顶的，然后很快赶上我们，帮我把顾客送下山。”

贝德曼当时最担心的是皮特曼。“那时每个人都狼狈不堪，但皮特曼显得尤为糟糕。我想要是我不盯紧她的话，她很可能会滚下山脊。所以我必须确保她将固定绳卡牢了，并且在没有路绳的地方从后面抓住她的安全带，直到她卡住下一段路绳。她疲劳至极，我不敢肯定她是否知道我的存在。”

南峰脚下不远的地方，这群登山者遭遇了浓云和降雪，皮特曼又一次倒下了，并请求福克斯给她注射强效的类固醇药地塞米松。地塞米松可以暂时缓解高海拔引起的不良反应。依照亨特医生的指示，费希尔队里的每名队员都在羽绒服里揣了一支装有药液的注射器。注射器装在塑料牙刷套里，这样就不会结冰，以备不时之需。“我将皮特曼的裤子往下拉了一点，”福克斯回忆道，“然后隔着她长长的内裤将针扎进她的屁股里。”

在南峰上四处清点氧气瓶的贝德曼走了过来，看见福克斯正将注射器推入脸朝雪地四肢伸开的皮特曼。“我翻过山头，看到皮特曼趴在那里，福克斯手里拿着注射器跨立在她的上面。我想：‘哦，他妈的，这看起来太糟了。’我问皮特曼怎么样，她拼命想说出来，但嘴里传来的是一连串含混不清的呓语。”抓狂的贝德曼命令加默尔高将她那瓶满的氧气与皮特曼即将用完的交换，并将她的流量调节阀开到了最大，然后抓住皮特曼的安全带，拖着处于半昏迷状态的她在东南山脊陡峭的雪坡上向下攀登。“每当我让她下滑的时候，”他解释说，“总要在她的前面先滑降。每隔50米我就停下来，把固定绳缠在手上，用我的身体做支撑挡住她继续向下滑落。皮特曼第一次滚向我时，她的冰爪划破了我的羽绒服，羽毛飞得到处都是。”让大家感到欣慰的是，20分钟后，皮特曼在注射剂和额外氧气的作用下苏醒了过来，她又可以靠自己的力量下山了。

下午5点左右，当贝德曼带领他的顾客沿山脊向下走时，格鲁姆和康子刚好到达在他们下面150米的“阳台”。从这个位于海拔8 410米处的特殊悬崖开始，路线离开山脊向南面的4号营地转去。然而当格鲁姆向另一个方向，即山脊的北面望去时，透过翻飞的雪花和忽明忽暗的光线注意到，一位独行者已偏离路线很远了——马丁·亚当斯在暴风雪中迷失了方向，正错误地沿康雄壁向中国西藏方向前行。

看到格鲁姆和康子在他的上面，亚当斯立刻意识到自己弄错了方向，于是缓慢地向“阳台”返回。“亚当斯走回我和康子待的地方时已筋疲力尽，”格鲁姆回忆道，“他的氧气面罩掉了，脸被雪包着。他问：‘哪条路通往帐篷？’”格鲁姆为他指明了路，亚当斯立刻沿着山脊正确的一面下山，踩着我大约10分钟前留下的脚印。

格鲁姆等待亚当斯爬回山脊之际，他让康子继续下山，自己则忙乱地寻找上山时遗失的摄影包。他向四周张望时，第一次注意到在“阳台”上和他一起的另一个人。“因为他被积雪埋了一部分，所以我把他当成费希尔的队员而没有太在意。然而这个人站在我的面前说：‘嗨，格鲁姆！’我才意识到这是韦瑟斯。”

格鲁姆跟我一样，乍看到韦瑟斯时吃惊不已。他掏出路绳，用短绳系着这名得克萨斯人沿南坳下行。“韦瑟斯的视力下降得十分厉害，”格鲁姆回忆道，“每隔10米就会踩空，而我不得不用绳子将他抓紧。好多次我都担心他会把我一起拽下去，这真令人伤脑筋。我必须将冰镐系牢，要时时刻刻确保冰镐凿入坚固的物体中，保证其扎实牢靠。”

沿着我在15～20分钟前留下的足迹，贝德曼和费希尔的其他顾客一个接一个地通过了渐猛的暴风雪。亚当斯在我之后、其他人之前，然后是康子、格鲁姆和韦瑟斯，舍宁、加默尔高和贝德曼紧随其后，最后是皮特曼、福克斯和马德森。

南坳上面150米的地方不再是陡峭的页岩而变成了相对平缓的雪坡。康子的氧气用完了，这位小巧的日本女人坐下来拒绝再走。“我试图将她的氧气面罩取下来以使她的呼吸更容易些，”格鲁姆说，“她坚持把它戴回去。我无法使她相信，氧气用完后面罩实际上会令她窒息。当时韦瑟斯已虚弱得走不动了，我必须用肩膀搀扶着他。幸好当时贝德曼赶上了我们。”贝德曼看到格鲁姆帮助韦瑟斯手忙脚乱，便拖着康子向4号营地走去，虽然康子并不是费希尔的队员。

下午6:45左右，天色几乎完全暗了下来，贝德曼、格鲁姆和他们的顾客，以及费希尔队两名在暴风雪中姗姗来迟的夏尔巴人阿旺多吉和扎西次仁，合并成了一支队伍。虽然他们移动得很缓慢，但还是走到了距4号营地垂直距离70米的地方。当时我刚刚到达营地，大约比贝德曼那队人中的第一个早了不到15分钟。然而就在这短短的一点时间里，暴风雪突然演变成强飓风，使得能见度不足 6 米。

为了避开危险的冰面路段，贝德曼带领他的小队走了一条向东绕行较远的路线，因为那条路线的坡度较为平缓。晚上 7:30 左右，他们安全到达了南坳上一片平坦开阔的地带。然而此时只有三四个人的头灯还有电，并且每个人都处于身体崩溃的边缘。福克斯越来越依赖马德森的帮助，而韦瑟斯若没有格鲁姆、康子若没有贝德曼的搀扶则根本无力前行。

贝德曼知道他们处在南坳东面中国西藏一侧，而帐篷在西侧。但要向那个方向移动，就要面临暴风雪的袭击。风卷起的冰雪颗粒猛烈地打在登山者的脸上，划破了他们的眼睛，使他们无法看清楚前进的方向。"太困难了，简直痛苦万分，"舍宁回忆道，"我们别无选择，只能向左走逃离风口，而这恰恰是我们出错的地方。"

"有时你连自己的脚都看不清，风刮得那样猛，"他继续说，"我担心有人会走不动或者与队伍走散，这样我们就再也看不见他们了。到达南坳的平地后，我们开始跟随夏尔巴人，我想他们应该知道营地的位置。后来他们突然停下来，并快步往回走，显然他们也不清楚帐篷的位置。那一刻，一种不安向我袭来，我第一次感到我们陷入了困境。"

接下来的两个小时里，贝德曼、格鲁姆、两名夏尔巴人以及 7 名顾客在暴风雪中盲目地蹒跚着，越来越疲惫寒冷，希望能跌跌撞撞地回到营地。他们曾遇到两个被丢弃的氧气瓶，这预示着帐篷就在附近，然而登山者们仍无法确定帐篷在哪里。"简直就是一团糟，"贝德曼说，"人们四处乱走，我对每个人大叫，好让他们跟随一个领队。最后，大约在晚上 10 点的时候，我走过这个小小的山头，感觉好像正站在地球的边缘，前面仿佛是无限广阔的空间。"

队伍不知不觉地迷路了，走到了南坳的最东缘，也就是顺着康雄壁向下 2 130 米的地带。他们当时的位置与 4 号营地在同一高度上，距安全地带水平距离也只有 300 米，[1] 但贝德曼说："我知道，如果我们继续在暴风雪中乱走，很快就会

[1] 虽然身体强壮的登山者攀登 300 米的垂直距离可能需要 3 小时，但这要视地形而定，如果他们知道帐篷在哪儿，可能只需要 15 分钟的时间。——作者注

有人走散。我已无力再拖着康子了，福克斯和皮特曼几乎站不起来。所以我向每个人大喊，让他们原地蜷缩起来，等暴风雪过去。”

贝德曼和舍宁想要寻找一处避风的地方，但没有找到。每个人的氧气都早已用完，使得这支队伍更加难以抵御寒风的袭击，那时气温已降至零下73度。在一块不及洗碗机大的大石头的遮蔽下，登山者们可怜巴巴地在一小块被风吹得光秃秃的地上蜷缩成一排。“那时冷得几乎要了我的命，”福克斯说，“我的眼睛被冻住了。我不知道我们如何才能活着逃出去。寒冷让人痛苦至极，我不相信自己还能忍受下去。我只是蜷成一团，希望死亡快点降临。”

“我们试图相互击打拳头来保持体温，”韦瑟斯回忆说，“有人向我们喊：‘要不断地活动胳膊和腿’。皮特曼变得歇斯底里，她狂叫不止：‘我不想死！我不想死！’而其他人都沉默着。”

○　○　○　○

向西300米的地方，我正在自己的帐篷里浑身发抖——虽然我已经钻进了睡袋，并穿上了羽绒服和所有的衣服。狂风肆虐，几乎将帐篷撕碎。每当门帘被刮开的时候，帐篷里立即雪花满天，每一件东西上都覆盖着2厘米厚的雪。疲惫、脱水和持续缺氧使我神志不清，完全忽略了暴风雪中正在上演的悲剧。

晚上早些时候，与我同一帐篷的哈奇森进来摇醒我，问我是否能和他一起到外面敲击盆子，并向空中打光束以帮助迷路的登山者判定方向。可我实在太虚弱了，回答得语无伦次。哈奇森下午两点就回到营地，此时他的状态比我好得多。他接着又去叫醒其他帐篷里的顾客和夏尔巴人。但每个人要不就是被冻坏了，要不就是疲惫不堪，最后哈奇森一个人独自走进暴风雪中。

那天晚上，他6次离开帐篷去寻找失踪的登山者，但猛烈的暴风雪使他不敢走出营地边缘多远。“风太强了，”他说，“刮起来的雪沫像是从喷沙器里喷出来的。每次我只走了15分钟就冷得不行，不得不返回帐篷。”

○ ○ ○ ○

当登山者们蜷缩在南坳的东缘时，贝德曼告诫自己要对暴风雪停息的迹象保持警觉。午夜之前，他的这份警觉得到了回报，他突然注意到头顶上出现了几颗星星，并招呼其他人向上看。风仍在呼啸着横扫地面上的一切，但远处的天空已开始放晴，露出珠峰和洛子峰的粗大轮廓。凭借这几个参照点，舍宁认为他已推断出4号营地的位置。在与贝德曼进行了一番喊话之后，他说服了向导，使他们相信自己知道通往帐篷的路。

贝德曼设法让每个人站起来，沿舍宁指示的方向前进，但皮特曼、福克斯、韦瑟斯以及康子虚弱得走不动了。对于向导们来说，有一件事情是显而易见的：如果队伍中没人去营地搬救兵，那么大家就都要在这里送命。所以，贝德曼召集起还走得动的人，由他、舍宁、加默尔高、格鲁姆和两名夏尔巴人磕磕绊绊地走入暴风雪中寻求救援，将4名无力行动的顾客交给了马德森。为了不抛下女友福克斯，马德森提出留下来照看每个人直至救援赶到。

20分钟后，贝德曼带领的小分队一瘸一拐地撞进了营地，他们与焦虑万分的布克瑞夫激动地重逢，几乎说不出话来。舍宁和贝德曼告诉布克瑞夫在哪儿可以找到5名仍留在露天的顾客，然后就彻底瘫倒在各自的帐篷里。

布克瑞夫早于费希尔队的其他人几小时下到了南坳。事实上，不到下午5点，当他的队友们仍在海拔8 530米的云雾中奋力下山时，他已待在帐篷里休息喝茶了。有经验的向导事后不免对他先于顾客们如此长的时间下山的决定提出质疑，对于向导来说这是极为背离传统的行为。费希尔队的一名顾客对布克瑞夫充满了鄙夷之情。这位顾客坚持认为，在最紧要关头向导却“溜之大吉”了。

布克瑞夫在下午两点离开山顶，并很快陷入“希拉里台阶”的交通阻塞中。人群一散开，他便沿东南山脊迅速下山，而没有等任何一位顾客——即使他在“希拉里台阶”上面对费希尔说他将陪马丁·亚当斯下山。布克瑞夫因此在暴风雪尚未形成气候之前就已到达4号营地。

事后我询问布克瑞夫为何在队伍之前匆忙下山，他递给我一篇几天前他通过俄语翻译接受《男人》杂志采访时的记录。布克瑞夫告诉我他已读过这篇记录，并确认它是准确的。我当场读了记录，并就下山一事提了一系列问题，他回答道：

> 我（在峰顶上）待了大约一个小时……那里非常冷，这无疑会耗掉体力……如果我站在那里挨冷受冻地等着，我的状况就不会很好。更明智的做法是返回4号营地，以便给返回的登山者带去氧气，或者是当有人在下山途中变得虚弱无力时帮助他们……如果你在那种海拔高度上静止不动，那么你就会在寒冷中失去体力，这样你就什么也做不了了。

布克瑞夫没有使用氧气装备，所以更不抗冻。没有氧气，他根本不能停下来等那些在峰脊上行动缓慢的顾客，他已经经受不住严寒，体温也不断下降。总之，不管何故，他都先于队伍下山了，这实际上也是他在整个探险过程中所采用的模式，这一点在费希尔最后从大本营传往西雅图的信件和电话中记录得非常清楚。

我质问布克瑞夫在峰脊上离开他的顾客是出于何种动机，他坚持说是为了队伍的利益："我在南坳暖和一下，并准备在顾客的氧气用完时及时给他们补氧。"事实上，天黑后不久，贝德曼的小队未能返回，而暴风雪已演变成飓风，布克瑞夫意识到他们必定遇到了麻烦，于是做出给他们送氧气的勇敢决定。但他的策略严重受阻，因为他和贝德曼都没有对讲机，无从知晓迷路的登山者们真正的困境，甚至也无法知道在茫茫的山峰上到哪儿去寻找他们。

大约在晚上7:30的时候，布克瑞夫义无反顾地离开4号营地去寻找迷路的队伍。他回忆道：

> 能见度大概只有一米。所有的东西都消失了。还好我有头灯，并开始使用氧气，这样就可以加快攀登的速度。我带了三瓶氧气。我尽量走得快些，但看不见前方……就像失去了双眼，失去了视力，什么都看不见。这非常危险，因为一来有可能掉进冰裂缝里，二来也可能掉到洛子峰的南侧，摔到3 000米深的地方。我努力向上攀登，但因为天黑，我无法找到固定绳。

在南坳上面大约210米的地方，布克瑞夫意识到他的努力毫无价值，于是返回帐篷。但他承认自己险些迷路。无论如何，幸好他放弃营救，因为当时他的队友们已不在布克瑞夫要去的山上了，在他放弃搜寻的时候，贝德曼的小队实际上正在南坳他所在的位置下面 210 米的地方徘徊。

布克瑞夫回到 4 号营地大约是晚上 9 点，他疲惫不堪，且深为失踪的队友感到担忧。他坐在营地边的背包上，把头埋在手中，绞尽脑汁想找出营救他们的办法。“风将雪吹到我的背上，但我已无力动弹，”他后来回忆道，“我不知道在那儿坐了多久，已经没了时间概念，因为我太累太疲惫了。”

哈奇森冲进暴风雪中寻找霍尔队的失踪队员时，他惊奇地发现布克瑞夫独自坐在暴风雪中。据哈奇森回忆，布克瑞夫当时“俯身呕吐着，距南非队的帐篷大约 30 米。当我问他是否需要帮助时，他回答说：‘不！不！不！’但他看起来状态很糟，筋疲力尽地呆坐着。我将他带回费希尔队的一个帐篷，让夏尔巴人照顾他”。

布克瑞夫为 19 名失踪的登山者担忧，但又不知道他们的位置，除了使自己暖和起来外也别无他法。凌晨 0∶45，贝德曼、格鲁姆、舍宁和加默尔高跌跌撞撞地走进营地。“克利夫和贝德曼已全无气力，几乎说不出话来，”布克瑞夫回忆道，“他们告诉我，福克斯、皮特曼和马德森需要帮助，皮特曼快不行了。然后他们给了我可以找到他们的大致方位。”

听到有登山者回来，哈奇森跑出来帮助格鲁姆。“我将格鲁姆扶进他的帐篷，”哈奇森回忆道，“他非常疲惫，还勉强可以清楚地交谈，但要使出浑身的气力，就如同垂死的人做最后留言。‘你必须找几个夏尔巴人，’他告诉我，‘让他们去救韦瑟斯和康子。’然后他向南坳的康雄壁方向指了指。”

然而哈奇森组织救援队的努力最终还是徒劳。霍尔队里两名未随队攀登峰顶的夏尔巴人库勒多姆和阿里塔，本来是留在 4 号营地里待命，专为应付此类紧急情况的，但他们在通风不好的帐篷里做饭，结果一氧化碳中毒，已无力承担此任务了。库勒多姆中毒后一直在吐血。而我们队的其他 4 名夏尔巴人也因为寒冷和体力消耗太大而未能成行。

探险结束后我问哈奇森，为什么在知道失踪人员的下落后没有叫醒菲施贝克、卡西希克或是塔斯克，抑或再次叫醒我，帮助他进行援救。“很明显你们大家都很疲惫，我甚至没有考虑让你们帮忙。你们都已极度疲劳，我想，让你们帮忙只会使事态变得更糟，因为你们到那儿以后，还要让人来救你们。”结果哈奇森独自一人冲进暴风雪中，但他又一次在营地的边缘返回了。因为他担心如果走得太远，会找不到回来的路。

与此同时，布克瑞夫也在设法组织救援队。亚当斯从山顶上下来后体力已消耗殆尽，据布克瑞夫所说，“他沉沉地睡过去，一动不动”，显然也帮不上忙。他去找洛桑，但这位夏尔巴人跟亚当斯一样虚弱无力，也不可能闯入暴风雪里。后来，布克瑞夫一个帐篷挨一个帐篷地寻找其他探险队有可能提供救援的队员。但他没有来我和哈奇森的帐篷，最终哈奇森和布克瑞夫组织救援队的努力都没有奏效，而我对任何一项救援计划都一无所知。

那天晚上，4号营地碰巧还有几位登山者——南非队的伊恩·伍德尔、卡西·奥多德和布鲁斯·赫罗德，以及亨利·托德队的尼尔·劳顿、布丽吉特·缪尔、迈克尔·乔根森、格雷厄姆·拉特克利夫和马克·普费哲，他们还没有登顶，因此得到了充分的休息。但在当时混乱的状况下，即使有能够提供帮助的登山者，布克瑞夫也没有找到几个。最后，跟哈奇森一样，布克瑞夫发现他所能叫醒的每一个人，要不是因为疾病、疲惫，要不就是因为害怕而不能给予任何帮助。

因此，这位俄罗斯向导决定自己去把这支小分队带回来。他克服了自己的极度疲惫，勇敢地冲进飓风中，在南坳搜寻了近一个小时。这是何等惊人的体力和勇气，但他没有找到任何失踪者。

然而布克瑞夫并没有放弃。他返回营地，从贝德曼和舍宁那里得到更确切的方位，然后再次冲进暴风雪中。这一次他看到马德森快没电的头灯所发出的微弱光亮，从而确定了失踪者的位置。“他们躺在冰雪上，一动不动，”布克瑞夫说，“他们已说不出话来。”马德森依旧神志清醒且能照顾自己，但皮特曼、福克斯和韦瑟斯则无法自理，而康子看上去好像死了。

贝德曼和其他人离开缩成一团的队伍去寻找救援后，马德森将剩下的人召集在一起，并敦促每个人不停地活动以保持体温。“我将康子放在韦瑟斯的大腿上，”马德森回忆道，“但他当时反应已相当迟钝，而康子根本动不了。过了一会儿我看见她平躺在雪地上，积雪塞满了她的帽子。她不知怎么丢了一只手套，右手裸露着，手指紧紧地蜷缩在一起，无法展开。看起来她的骨头已被冻在了一起。”

“我想她已经死了，”马德森继续说道，“但过了一会儿，她突然动了一下，吓了我一大跳。她轻轻地晃了一下脖子，好像要坐起来，右臂抬了一下又放下去，躺下后就再没动过。”

布克瑞夫找到了这群人，但显然他每次只能带走一名登山者。他和马德森合力将他带的氧气瓶接到皮特曼的面罩上，然后向马德森说明他会尽快回来，接着便开始帮助福克斯向帐篷的方向移动。“他们走后，”马德森说，“韦瑟斯蜷成一团，在那儿一动不动。而皮特曼缩在我的大腿上，也不怎么活动。我冲她大喊：‘嗨，挥挥你的手！让我看看你的手！’她坐起来把手伸出来，我看到她没有戴手套，手套从她的手腕处耷拉下来。”

“我尽量将她的手塞回手套里，这时韦瑟斯突然喃喃说：‘嗨，我都想通了。’然后他滚了一小段距离，蹲在一块大岩石上，伸开双臂迎风而立。一秒钟后，一阵狂风吹来，他向后翻倒在我的头灯无法照到的夜色中。那是我最后一次看见他。”

“托列在那之后不久就返回了，他抓住皮特曼，我则拿起我的东西紧随其后，尽量跟着托列和皮特曼的头灯。当时我以为康子已经死了，而韦瑟斯又失踪了。”当他们终于到达营地时已是凌晨4:30了，东方地平线上的天空已开始发亮。从马德森那里得知康子未能生还，贝德曼在他的帐篷里痛不欲生地哭了45分钟。

INTO
THIN AIR

15 致命错误

我不信任总结，尤其是那种随着时间流逝，还自称能支配自己回忆的总结。我认为，那些宣称了解但显然毫无触动的人，那些自称在回忆中还能保持平静心境来写作的人，不是傻瓜就是骗子。要了解，就意味着震撼。回忆就是重临其境，再次被撕裂……我羡慕在重大事件前让人折服的权威。

哈罗德·布罗德基 |《操纵》

哈奇森终于在5月11日凌晨6点把我摇醒。“哈里斯不在自己的帐篷里，”他忧心忡忡地对我说，“也不在别人的帐篷里。我想他根本就没回来。”

“哈里斯失踪了？”我问道，“不可能。我亲眼看见他走到营地边上的。”我感到既震惊又困惑，赶紧穿上靴子去找哈里斯。风依然刮得很猛，好几次我都险些被吹倒，但此时已是明亮晴朗的黎明了，能见度极佳。我在南坳的整个西半部分搜寻了一个多小时，到大石头后面仔细查找，去戳被弃用很久的破烂帐篷，但都没有发现哈里斯的踪迹。肾上腺素汹涌地穿过我的血管，热泪涌上我的眼眶，很快我的眼睑就被冻住了。哈里斯怎么会失踪了呢？这绝不可能。

我找到哈里斯在南坳上滑落冰面的地方，然后非常仔细地沿着他走向营地的路线追溯。这条路线沿一条开阔且近乎平直的冰岩沟延伸开来。在我最后看到他的地方有一个很急的左转弯，哈里斯从这儿再走十三四米的岩石坡路就能到帐篷。

但我意识到，要是他没有左拐而是继续沿着岩沟直走，那么他很快就会走到南坳的最西缘。在乳白色的天空下，即使没有筋疲力尽或因高山病而昏昏沉沉，也很容易迷失方向。那下面，洛子壁陡峭的灰色冰面垂直而下1 220米直到西库姆冰斗的底部。我站在那里，不敢再靠近悬崖的边缘，我注意到有一串浅浅的冰爪印从我身边经过朝深渊而去。我害怕这些足迹是哈里斯留下的。

昨天晚上我进入营地后，对哈奇森说我看见哈里斯安全抵达帐篷了。哈奇森把这个消息用无线电报告给大本营，然后又从大本营经卫星电话告诉给远在新西兰的那位与哈里斯共同生活的女人——菲奥纳·麦克弗森。当她得知哈里斯安全到达4

号营地，肯定如释重负。可是现在，霍尔的妻子阿诺德回到克赖斯特彻奇市之后不得不做一件残忍的事情：打电话通知麦克弗森这个可怕的错误——哈里斯失踪了，而且据推测已经死亡。想到这样一通电话，以及在导致他死亡的事件中我所扮演的角色，我跪倒在地上，一口接一口地呕吐起来，任凭冰冷的寒风吹打我的后背。

搜寻哈里斯 60 分钟未果后，我返回自己的帐篷，正好无意间听到大本营与霍尔的无线电通话。我听到霍尔在峰脊上向大本营求救。哈奇森后来告诉我，韦瑟斯和康子都遇难了，而费希尔不知道在峰顶的什么地方失踪了。那之后不久，我们无线电电池没电了，切断了与外界的联系。由于害怕与我们失去联系，2 号营地的 IMAX 队队员呼叫南非队，他们的帐篷也在南坳上，距我们仅几米之遥。IMAX 队与我相识 20 年的领队布里希尔斯后来说："我们知道南非队有台大功率的无线电，于是就让他们队一位留在 2 号营地的队员呼叫在南坳的伍德尔说：'注意，紧急情况。上面的人正在死亡边缘。我们需要和霍尔队的幸存者取得联系，协调救援行动。请把你们的无线电借给乔恩·克拉考尔。'而伍德尔说不行。虽然事关重大，但显然他们不愿意让出自己的无线电。"

○ ○ ○ ○

此次探险活动后不久，我在为《户外》杂志撰写文章时，采访了尽可能多的霍尔队和费希尔队的冲顶队员，我和他们当中的大多数人谈过好几次。亚当斯不信任记者，故而对悲剧性的结局保持缄默，并且回避我的采访。这种局面一直持续到《户外》杂志上那篇文章发表之后。

7 月中旬，我终于通过电话与亚当斯取得了联系，他同意谈一谈，于是我请他叙述一下他所能记起的关于冲顶的所有情况。作为冲顶那天最强壮的顾客之一，他一直处在登山人群的前列，并在大部分的攀登过程中与我交替领先。他似乎有着非比寻常的可靠记忆，但令我颇感兴趣的是他对某件事情的叙述与我的一段经历极为相似。

那天下午很晚的时候，当亚当斯从海拔 8 410 米的"阳台"下山时，他说他仍然能看见我，大概在他前面 15 分钟的距离。但我下得比他快，很快他就看不见我了。“等我再次看到你的时候，”他说，“天都快黑了，那时你正穿过南坳的平坦地带，距离帐篷大约 30 米的地方。我从你鲜红的裤子认出是你。”

此后不久，亚当斯下到那个位于陡峭冰坡顶上制造过很多麻烦的平直长台上，结果掉进了一个小的冰裂缝里。他挣扎着爬出来，而后又掉进了一个更深的冰裂缝中。“当时我就想，‘看来，这条命就丢在这儿了。’过了一会儿，我终于还是爬了出来，脸上敷满了雪，很快就被冻成了冰。这时，我看见有人在左下方的冰上坐着，他戴着头灯，我就朝那个人的方向走去。此时，天虽未漆黑一片，但已暗得使我无法看见帐篷了。”

“于是我走近那个笨蛋说：‘嗨，帐篷在哪儿？’那人用手指了指。我说：‘嗯，跟我想的一样。’然后，那人又说了句什么‘小心点儿。这儿的冰可比看上去的要陡峭得多。也许我们该下去，取根绳子和一些冰锥来’。我想：‘去他妈的，我要离开这儿’。我刚走出去几步就被绊倒，胸贴着冰面头朝下地滑了下去。还好冰镐的镐尖挂住了什么东西，把我的身体顺了过来，然后我停了下来。我站起身来，跌跌撞撞地向帐篷走去。这就是大致的情况。”

亚当斯讲述自己和那个不知名的登山者相遇，然后滑下冰面的遭遇时，我的嘴发干，脖子后的头发突然竖了起来。他讲完后，我问道：“亚当斯，你说你在那儿碰到的人会不会是我？”

“瞎掰，不可能！”他大笑起来，“我不知道那人是谁，但肯定不是你。”然后我告诉他我碰上哈里斯的情景和这一系列惊人地相似：我碰上哈里斯的同时，亚当斯与那个无名氏相遇，并且在大致相同的地方；我和哈里斯之间发生的许多对话竟与亚当斯和那个无名氏之间的对话有着诡异的相似；而后亚当斯头朝下地滑下冰面，在很大程度上与我记忆中哈里斯下滑的姿势是相同的。

又谈了几分钟后，亚当斯终于被说服了：“看来在山上跟我说话的人就是你。”他恍然大悟地承认一定是他弄错了，以为在天黑前正好看见我穿过南坳的开阔地带。“跟你说话的人正是我。也就是说，他根本就不是安迪·哈里斯。噢！天啦，我看你需要对此做一些说明。”

我顿时目瞪口呆。两个月来，我一直对人们说哈里斯是从南坳的边缘掉下去摔死的，可实际上并不是这样。我的过失极大地且毫无必要地加重了菲奥纳·麦克弗森、哈里斯的父母罗恩·哈里斯和玛丽·哈里斯、还有他的兄弟戴维·哈里斯以及他众多朋友的痛苦。

哈里斯身材高大，一米八几的个儿，体重 90 公斤，说话带有很明显的新西兰口音，而亚当斯至少比他矮 15 公分，体重约 60 公斤，说起话来总是拖着很重的得克萨斯长尾音。我怎么会犯如此大的错误呢？看来当时我真的是虚弱无力，把身旁一张陌生的脸错误地当成过去 6 周里和我朝夕相处的朋友了。如果哈里斯登上山顶后没有回到 4 号营地，那么，到底发生了什么？

INTO
THIN AIR

16 执着的代价

当然，我们的失利是这突如其来的恶劣天气所致，它不期而至毫无任何征兆。我想，从未有人经历过如此艰难的一个月。倘若我们的另一个队长奥茨没有病倒，倘若我们没有出现燃料短缺，倘若不是暴风雪在距寄托着我们最后一线希望的补给仓库只有 18 公里的地方来袭，那么，无论天气多么糟糕，我们都会坚持到底。然而厄运无疑要比这最后一击还糟……

我们冒着危险，而且也知道自己在冒险，但所有这一切都与我们的意愿背道而驰，因此，除了听天由命外，我们也没什么好抱怨的了，仍然决心尽全力坚持到底……如果我们能够活下来，我会讲述同伴们刚毅、坚忍且勇往直前的故事，它将激励每一个英国人。这些粗略记录下来的文字和我们的尸骨都将向人们讲述我们的遭遇。

罗伯特·福尔肯·斯科特 |《斯科特的最后探险》

费希尔大约是5月10日下午3:40登上峰顶的，当他到达山顶时，看见他忠实的朋友夏尔巴领队洛桑江布正在那儿等着他。这个夏尔巴人从夹克下面掏出他的对讲机，与大本营的亨特医生取得联系后，将对讲机递给了费希尔。“我们成功登顶了，”费希尔告诉在峰顶下面3 488米的亨特，“我的天，我累坏了。”差不多这时中国台湾队的两个夏尔巴人也到了，紧随其后的是马卡鲁·高。霍尔当时也在山顶上，正焦急地等着汉森的出现。此时，翻滚的云浪正向峰脊的周围聚拢，预示着灾难即将来临。

据洛桑讲，费希尔在山顶上待了大概有15或者20分钟，他不停地抱怨说自己感觉不太好，这是那些生性坚忍的向导几乎不会有的感觉。“费希尔对我说：‘我太累了，也有些不舒服，需要吃点胃药。’”洛桑回忆说，“我给他倒了杯茶，但他只喝了一点点，也就半杯。然后我对他说：‘费希尔，拜托，我们快点下山吧。’后来我们就下来了。”

大约下午3:55的时候费希尔开始下山。洛桑说，虽然整个上山的过程中费希尔一直都在吸氧，而他的第三瓶氧气在下山前还有四分之三，但不知何故下山的时候他摘下面罩不再吸氧了。

费希尔离开山顶后不久，高和他的夏尔巴人也离开了，最后洛桑也下来了，只留下霍尔独自一人在山顶上等汉森。洛桑下山后没多久，大约下午4点，汉森终于出现了。他咬着牙，痛苦地缓慢爬上东南山脊上那最后一个山坡。霍尔一看见汉森，便急忙下去接他。

此时，距霍尔规定的必须返回的时间已经整整过去两个小时了。对于这位性格保守而又极富条理的向导来说，他的许多同行都对这个异常的判断失误表示大惑不解。他们都很奇怪，当汉森表现出明显的力不从心时，为什么霍尔不在山上较低的地方就让他返回？

正好是一年前的这一天，下午 2:30 的时候，霍尔让在南峰上攀登的汉森返回。近在咫尺却无法登顶，汉森失望至极。他曾多次对我说，1996 年他之所以还要重返珠峰，主要是由于霍尔的极力劝说。他说，霍尔从新西兰给他打了“十几次”电话，劝他再试一次。而这一次，汉森誓死都要登顶。“我要完成这个夙愿，然后从此退出，”三天前在 2 号营地时他这样对我说，“我不想再回来了，我太老了，不太适合这个玩意儿了。”

这似乎不算是十分牵强的推测，因为是霍尔劝说汉森重返珠峰的，因此他便很难再次拒绝汉森登顶。“在山上那么高的地方劝人折返下山是一件非常困难的事情。”盖伊·科特告诫说。这位新西兰向导曾在 1992 年与霍尔一起登上珠峰，1995 年汉森第一次尝试攀登珠峰时他就是向导。“如果顾客看见山峰近在咫尺，而他们又执意上去不可，那他们就会对你置之不理，并继续向上攀登。”正如资深的美国向导彼得·列夫在这起珠峰山难发生之后告诉《攀岩》杂志的那样：“我们以为，人们掏钱是为了让我们做出正确的决定，其实不然，人们花钱是为了登顶。”

总之不管什么原因，下午两点的时候霍尔并没有让汉森返回，或者说，正是出于这种原因，下午 4 点他正好在山顶的下面碰见了他的顾客。据洛桑说，霍尔让汉森用胳膊搂着他的脖子，帮助这位疲惫不堪的顾客爬完到达山顶的最后 12 米。他们在上面只待了一两分钟，便转身开始了漫长的下山之旅。

看见汉森步履踉跄，洛桑就停了下来，以确保汉森跟霍尔能够安全通过山顶正下方那片危险的雪檐区域。而后，因为急于赶上已经领先自己 30 分钟的费希尔，洛桑便继续沿山脊下山，把汉森和霍尔留在了“希拉里台阶”的上面。

就在洛桑消失在“希拉里台阶”脚下之际，汉森显然是用完了氧气，一头栽倒在地。他是耗尽了最后一点力气才登上峰顶的，现在他已经没有力气再下山了。

“这和1995年发生的情况如出一辙。”维耶斯特尔斯说。他和科特一样，也是那一年霍尔队的向导。“上山的时候他还表现得不错，但一开始下山，他的精神和身体就挺不住了，变成了一个木讷呆板的人，好像用尽了全部的力气。”

下午4:30和4:41，霍尔通过对讲机说他和汉森在峰脊上面遇到了麻烦，急需氧气。当时南峰上还有两瓶满满的氧气在等着他们，如果霍尔知道，他可以快速地下山去取，然后再爬上来给汉森一瓶新的。然而此时，仍在氧气储备点受缺氧症折磨的哈里斯，无意中听到了霍尔的呼叫，他打断了呼叫，然后错误地告诉霍尔，正如他之前告诉我和格鲁姆的那样，南峰上的所有氧气瓶都是空的。

格鲁姆通过他的对讲机听到了哈里斯和霍尔的对话，此时他和康子正从东南山脊下山，快到“阳台”了。他试着呼叫霍尔以纠正这个错误信息，告诉他南峰上仍有满的氧气瓶在等着他们。但是，格鲁姆解释说：“我的对讲机发生了故障。大多数呼叫我都能够收到，但是我发出去的呼叫别人却很少能够收到。有几次霍尔倒是收到了我的呼叫，正当我准备告诉他满满的氧气放在哪儿时，马上就被哈里斯打断了，说南峰上没有氧气了。”

在不确定是否有氧气的情况下，霍尔决定，最好的做法就是和汉森待在一起，并尽量在无氧状态下把他带下山。但是，当他们到达“希拉里台阶”上面的时候，霍尔无法将汉森带下落差高达12米的岩石台阶，进程被迫停了下来。“我自己能够下山，”霍尔通过对讲机上气不接下气地说，“但糟糕的是，我不知道该如何在无氧状态下把这个人带下‘希拉里台阶’。”

快到5点钟时，格鲁姆终于设法和霍尔取得了联系，并告诉他南峰上还有氧气。15分钟之后，洛桑从山顶下到了南峰，并遇上了哈里斯。[1]据洛桑说，哈里斯此时一定是知道了至少还有两瓶被储藏起来的氧气瓶是满的，因为他曾恳求自己帮他把维持生命的氧气带给“希拉里台阶”上面的霍尔和汉森。“哈里斯说他付我500美元，

[1] 直到1996年7月25日在西雅图采访洛桑时，我才知道他在5月10日黄昏时看见了哈里斯。虽然之前我曾和洛桑简单地聊过几次，但我都没有想起要问他是否在南峰上碰到过哈里斯。因为当时我依然确信，下午6:30我在南峰脚下910米的南坳见到了哈里斯。而且科特曾经问过洛桑他是否看见了哈里斯，出于某种原因，或许是误解了这个问题吧，直到最后洛桑才说了出来。——作者注

让我把氧气给霍尔和汉森两人送去，”洛桑回忆说，“但我应该照顾好我自己的队伍。我要照顾费希尔。所以我对哈里斯说，不，我很快就下山了。”

下午 5:30，当洛桑离开南峰继续下山时，他看见哈里斯拖着沉重的步伐缓慢地向峰脊上爬去帮助霍尔和汉森。哈里斯当时肯定已经是疲惫不堪了，因为两个小时前我在南峰上看见他时他就已经非常虚弱了。正是这种英雄主义的行为让哈里斯付出了生命的代价。

○ ○ ○ ○

在下面百米左右的地方，费希尔正艰难地从东南山脊上往下走，越来越虚弱无力。下到海拔 8 650 米那些岩石台阶的上面时，他碰到了一连串需要垂降的路段。路绳沿着山脊转弯，虽短但却很麻烦。此时，已筋疲力尽的费希尔再也无力使用那些复杂的绳索下降了，于是他屁股着地直接滑到附近的雪坡上。这种办法虽然比沿固定绳下降来得容易，可一旦他滑到这些台阶的下面，就必须再费力地向上爬百余米，穿过齐膝深的积雪，重新回到路线上来。

下午 5:20 的时候，和贝德曼一组下山的马德森碰巧正在“阳台”上，他向上看了一眼，发现费希尔正横穿深雪。“他看起来非常疲惫，”马德森后来回忆说，“每走十步就要坐下来歇一会儿，然后再走几步，再休息。他移动得相当缓慢。但我看到洛桑就在他的上面，正从山脊上下来，我想，咳，有洛桑照顾他，费希尔不会有问题。”

洛桑大约在下午 6 点快到“阳台”的时候追上了费希尔：“费希尔没有使用氧气，我给他戴上面罩。他说：‘我病得很重，太严重了，我下不去了。我真想跳下去。’这些话他反复说了好几遍，像发疯似的，我赶紧把他系在路绳上，要不然他真会一下子跳到中国西藏那边去的。”

洛桑用一根长约 23 米的登山绳把费希尔系好，劝他不要跳，然后帮他缓慢地向南坳挪动。“当时暴风雪非常猛，”洛桑回忆道，“轰隆隆地响着，有两次那声音听起来就像枪声，那是一声巨雷。还有两次闪电在距我和费希尔很近的地方劈下来，声音很大，吓死人啦！”

过了一会，就在费希尔和洛桑休息之际，马卡鲁·高和他的两个夏尔巴人明玛次仁和尼玛冈布赶上了他们。稍后，经过简短而不太连贯的讨论，高、明玛和尼玛继续下山。很快，费希尔和洛桑也开始下山了，尽他们最大的可能紧跟着中国台湾队留下的模糊足迹。大约在晚上8点的时候,他们碰到了高,此时他正独自一人在“阳台”下面大约百米的地方。虚弱无力的高仍在继续前行，但他的夏尔巴人却把他抛弃在积雪覆盖的岩脊上自己下山去了。

费希尔和洛桑小心翼翼地走过平缓的岩沟，来到露出地面不太坚固且陡峭的页岩地带，跟高一样，重病在身的费希尔也无力应付这种富有挑战性的地形。“费希尔走不动了，我碰到了大难题，”洛桑说，“我试着拉他，可我也很累。费希尔身材高大，而我却很瘦小，我拉不动他。他对我说：‘洛桑，你自己下去吧，你下山吧。’我对他说：‘不，我要和你在一起。’”

“我陪费希尔和马卡鲁待了一个小时，可能还不止，”洛桑说，“我非常冷，也非常累。费希尔对我说：‘你下去，让布克瑞夫上来。’于是我说：‘好吧，我下去，我很快就派夏尔巴人和阿纳托列上来。’然后，我给费希尔弄好藏身的地方就下山了。”

洛桑在南坳上面370米的山脊上离开费希尔和高，艰难地冒着风雪向山下走去。由于看不清方向，他向西偏离了路线。当发现自己走错时，他已下到南坳的下面了。于是他被迫又重新爬回洛子壁[1]的北缘，最后终于找到4号营地。大约午夜时分，他安全脱险了。“我找到布克瑞夫的帐篷，”洛桑叙述说，“我告诉布克瑞夫：‘请你上去一趟，费希尔病得很重，他走不动了。’然后我回到自己的帐篷倒头就睡，像个死人似的。”

○　○　○　○

盖伊·科特跟霍尔、哈里斯都是多年的朋友。5月10日下午，他碰巧在距珠峰大本营几公里之外的地方带领一支探险队攀登普莫里峰。他一整天都在监听霍尔的

[1] 第二天一早，我在南坳搜寻哈里斯时，在洛子壁边缘的冰面上发现了洛桑模糊不清的冰爪印。当时我误以为那就是哈里斯的足迹，这些脚印一直延伸到洛子壁的下面，这也就是我为什么会误认为哈里斯已经离开南坳边缘的缘故。——作者注

无线电通信。下午 2:15，他和峰顶上的霍尔通了话，一切都进行得很顺利。但下午 4:30 的时候，霍尔呼叫说汉森的氧气用完了，走不动了。“我需要一瓶氧气！”霍尔拼命地呼叫，气喘吁吁的，希望山上有人能听见。“有人吗？拜托！求你了！”

科特变得非常警觉。下午 4:53，他打开无线电，竭力要求霍尔下到南峰。“这样呼叫，主要是要说服他下去找些氧气。因为我们都明白，没有氧气他对汉森就无能为力。霍尔当时说他自己可以安全下山，但要带上汉森就不可能了。”

40 分钟后，霍尔仍和汉森一起待在“希拉里台阶”的上面，寸步未动。霍尔分别于下午 5:36、5:57 通过对讲机呼叫，科特恳求他的朋友放弃汉森，自己下山。“我很清楚，让霍尔丢下他的顾客不管，听起来非常冷酷无情，”科特坦言道，“但是在当时那种情况下，很显然，离开汉森是他唯一的选择。”然而霍尔没有想过要放弃汉森。

直到那天深夜，科特都没有再收到霍尔的任何消息。第二天凌晨 2:46，科特从普莫里峰脚下的帐篷醒来，听到一声很长但不很连贯的信号声。也许这是无意识的，霍尔戴在背包肩带上的一只遥控麦克风被无意中打开了。在这种情况下，科特说：“我怀疑霍尔根本就不知道他在传送信号。我能听见有人在大声喊叫，可能是霍尔，但我也不太肯定，因为后面的风声特别大。但他好像在说什么‘走哇！走哇！’，大概是在冲汉森喊，鼓励他继续前进。”

如果情况真是如此，那也就是说，在凌晨两三点钟的时候，霍尔和汉森（也许还有哈里斯）仍在风雪中挣扎着从“希拉里台阶”向南峰挺进。而若果真如此，也说明平时不到半个小时即可走完的一段山脊整整耗去了他们十多个小时的时间。

当然，这在很大程度上也只是一种推测。唯一确定的是，霍尔在下午 5:57 的时候曾经呼叫过。那时，他和汉森仍在“希拉里台阶”的上面。5 月 11 日凌晨 4:43 他和大本营第二次通话时已经下到了南峰。但此时，他的身边既没有汉森，也没有哈里斯。

在后来两个小时的信号传送中，霍尔听起来有些神志不清且逻辑混乱。在凌晨4:43的呼叫中，他对我们的大本营医生麦肯齐说，他的双腿再也不能动了，“一步也挪不动了”。霍尔用几乎听不见的刺耳声音嘶哑地说：“哈里斯昨天晚上还和我在一起，但他现在好像没和我在一起。他病得很厉害。”然后，他显然是有些糊涂了，问道：“哈里斯跟我在一起吗？你能告诉我吗？”[1]

到这个时候为止，霍尔还有两瓶满满的氧气，但面罩上的流量调节阀被冰堵住了，他无法吸氧。但他表示，他正准备去掉氧气装备上的冰。科特说：“这让我们都感觉稍好一些。这是我们听到的第一件让人乐观的事情。”

凌晨5点，大本营通过卫星电话接通了霍尔远在新西兰克赖斯特彻奇市的妻子阿诺德。她曾在1993年和霍尔一起登上了珠峰，对自己丈夫生还的可能性几乎不抱幻想。“听到他的声音后，我的心完全沉了下去，”她回忆说，“他说话明显口齿不清，听起来像是梅杰·汤姆，好像正在飘向远方。我到过那个地方，知道坏天气意味着什么。霍尔和我曾讨论过，在峰脊上被救援是不可能的。他曾经这样说过：‘你好像是在月球上。’”

凌晨5:31，霍尔服用了4毫克口服地塞米松，这表明他可能仍在试图清掉氧气面罩上的冰。在和大本营的通话中，他不断地询问马卡鲁·高、费希尔、韦瑟斯、难波康子以及其他队员的情况。他似乎对哈里斯格外关心，不停地询问他所在的位置。科特说他们试着把话题从哈里斯（他极有可能已经死了）身上引开：“因为我们不想让霍尔再找一个理由继续留在山上了。在那种情况下，2号营地的维耶斯特尔斯插了进来并撒了个小谎：‘别担心哈里斯，他在下面和我们在一起。’”

过了一会，麦肯齐问霍尔关于汉森的情况。“汉森，”霍尔回答说，“死了。”说完就沉默不语，这是他最后一次说起汉森。

5月23日，布里希尔斯和维耶斯特尔斯到达山顶的时候，并没有发现汉森的尸体，倒是在南峰上面垂直距离约15米的地方看见一把冰镐。这一段是山脊上最为

[1] 由于我先前错误地肯定5月10日下午6:30的时候在南坳看见了哈里斯。因此，当霍尔说哈里斯和他正在南峰上时（那儿比我看见哈里斯的地方要高914米），多数人都错误地假定，霍尔所说的话不过是极度疲惫，加之缺氧所致的语无伦次。——作者注

裸露的部分，固定绳在这儿就到头了。霍尔和哈里斯很有可能尽力帮助汉森沿路绳下到这个位置，不料汉森没有站稳，就滚落 2 130 米摔到陡峭的西南壁下面去了，他滑落的地方只留下一把插入山脊的冰镐。不过这也只是猜测。

哈里斯到底发生了什么，更是扑朔迷离。根据洛桑的陈述、霍尔的无线电呼叫以及在南峰上发现的另一把被确认是哈里斯的冰镐，我们有理由相信，5 月 10 日晚上他和霍尔在南峰上。除此之外，人们对这位年轻的向导是如何走完生命尽头的仍一无所知。

清晨 6 点科特曾问霍尔阳光是否已经照到了他。“差不多吧。”霍尔回答说。这是好消息，因为他刚才还在说他在严寒中冻得发抖。但一想到他之前说他不能再走了，山下的人又焦虑万分起来。不过，在没有遮蔽和氧气的情况下，霍尔居然能在海拔 8 750 米狂风呼啸、气温零下几十度的地方安然度过一夜，就已经是个奇迹了。

霍尔再次追问起哈里斯的情况：“除了我之外，昨天晚上还有谁见过哈里斯？”三个小时之后，霍尔还惦记着哈里斯的下落。早上 8:43，他对着对讲机喃喃自语起来：“哈里斯的东西还在这儿，我想他肯定是昨天晚上先走了。听着，你们能不能给我个解释？”威尔顿正想回避这个问题，但霍尔又继续问了起来：“好吧。我是说他的冰镐在这儿，还有他的外衣和别的一些东西。”

“霍尔，”维耶斯特尔斯在 2 号营地回答道，“如果你能穿上那件外衣，就穿上它。继续下山吧，替你自己想想。其他人都有人照顾，你自己赶紧下来吧。”

霍尔经过 4 个小时的努力才除去面罩上的冰，终于开始行动了。上午 9 点，他第一次开始吸氧。直到此时，在海拔 8 750 米高的地方，他在无氧状态下已停留了 16 个小时之多。在下面几千米的地方，霍尔的朋友们更加努力地劝说他下山。“霍尔，我是大本营的海伦，”威尔顿一再恳求他下山，声音听起来都快哭了，“想想你们的孩子吧。再过两三个月，你就能看到他的脸蛋儿了，继续下山吧。”

霍尔说了好几遍他准备下山，这次我们都相信他终于离开南峰了。我和拉卡帕赤日站在 4 号营地帐篷外的寒风中打着哆嗦，仰头看见一个小黑点儿正慢慢地在东南山脊上向下移动。确信霍尔正向山下移动，我和拉卡帕赤日互相拍着对方的后背为霍尔加油。但一个小时过去了，我发现那个小黑点儿仍然在同一个地方，我的乐观情绪被无情地熄灭了：那不过是一块石头，仅仅是高海拔引发的幻觉。实际上，霍尔根本就没有离开南峰。

○ ○ ○ ○

大约上午 9:30，昂多杰和拉卡帕赤日带着一暖瓶热茶和两瓶额外的氧气从 4 号营地出发，准备前往南峰去营救霍尔。他们面临着难以完成的任务。如同昨天晚上布克瑞夫去营救皮特曼和福克斯的举动一样，他们的勇气令人振奋。但是，这两个夏尔巴人所要做的事情比上一次的救援困难得多，皮特曼和福克斯所在的位置，从营地出发只有 20 分钟的路程，并且那一段路相对平坦；而霍尔现在所处的位置，距 4 号营地的垂直距离就有 910 米，这一段路程即使是在天气最好的情况下尽全力攀登也需要八九个小时。

然而现在天空不作美，风以每小时 70 多公里的速度刮着。而昨天，昂多杰和拉卡帕赤日登顶又返回，不仅被冻得够呛而且体力也消耗得差不多了。即使他们真能设法到达霍尔那儿，等他们赶到时也将近黄昏了，只剩下一两个小时供他们完成把霍尔带下山的艰巨任务。但出于对霍尔的忠诚，两人还是排除万难，以最快的速度向南峰攀登。

不久，疯狂山峰队的两个夏尔巴人扎西次仁和阿旺萨迦（洛桑江布的父亲，一个身材瘦小、整洁的人，两鬓已斑白），以及中国台湾队的一个夏尔巴人丹增努里一起上山去营救费希尔和高。南坳上面 370 米的岩脊上，三个夏尔巴人找到了两位已无法动弹的登山者，洛桑就是在那儿离开他们的。他们设法给费希尔吸氧，但他没有任何反应。费希尔还在呼吸，但气息微弱，眼睛在眼窝里一动也不动，牙齿咬得紧紧的。人们觉得他没有希望了，便把他留在岩脊上，准备带高下山。高喝了热茶、吸了氧，在丹增努里的极力帮助下，借助短绳靠他自己的力气向帐篷方向挪动。

那天早晨，虽然天气晴好，但风还是刮得很大，并且快到中午的时候，山上又聚起了厚厚的云。2 号营地的 IMAX 队报告说，峰顶上的风大得很，甚至在山下

2 130 米的地方听起来都像是波音 747 的轰鸣声。与此同时，在高高的东南山脊上，昂多杰和拉卡帕赤日正顽强地穿过不断加剧的狂风，向霍尔的方向继续推进。下午 3 点，在距南峰还有 210 米的地方，两个夏尔巴人实在受不了狂风和严寒的折磨，无法再往上走了。他们付出了顽强的努力，但最终还是失败了。当他们转身下山时，霍尔生存的希望彻底破灭了。

5 月 11 日整整一天里，霍尔的许多朋友和队友不停地请求他努力靠自己的力量下山。霍尔有好几次都说他准备下山了，但最后还是改变了主意，在南峰上停了下来。下午 3:20，刚从普莫里峰脚下的营地赶到珠峰大本营的科特对着无线电大骂起来："霍尔，快点从山脊上下来呀！"

霍尔好像生气了，大吼道："给我听着，如果我认为凭自己冻坏的双手还能够应付固定绳上的绳结的话，早在 6 个小时前我就下去了，伙计！派几个人上来，带一大瓶热玩意儿，然后我就没事了。"

"可情况是，今天上去的几个家伙遇到了大风，不得不返回来，"科特答道，想尽可能委婉地告诉他营救努力搁浅了，"我想你最好试着再向下走走。"

"如果你能派几个年轻人给我送些夏尔巴茶来，我还可以再坚持一个晚上，但要在 9 点半或者 10 点以前哟。"霍尔回答说。

"你是个强壮的人，大个子！"科特的声音颤抖着，"我早晨派人上去救你。"

下午 6：20，科特联系上了霍尔，告诉他阿诺德正在克赖斯特彻奇守着卫星电话，等着和他通话。"给我一分钟时间，"霍尔说，"我嘴都干了。我得吃点雪才能和她说话。"过了一会儿，他又说话了，声音很慢，严重扭曲："嗨，亲爱的。我希望你已躺在温暖的床上了。你还好吗？"

"我不知道该怎么对你说，我是多么地想你！"阿诺德回答道，"你听起来比我想象的要好……你感觉暖和吗，亲爱的？"

"在这种高度上，我还算比较舒服吧。"霍尔说，尽量不让她担心。

"你的脚怎么样？"

"我没有脱鞋看，但我想可能有些冻伤吧……"

“等你回家后，我会好好照顾你，”阿诺德说，“我知道你就要得救了。别觉着自己是孤独的，我正把我的力量传给你呢！”

挂断电话前，霍尔对自己的妻子说：“我爱你。睡个好觉，宝贝。别太担心了！”

这是所有人听到的霍尔的最后几句话。那天晚上以及第二天，大家通过无线电几次想与霍尔取得联系都没有得到回应。12天之后，当布里希尔斯和维耶斯特尔斯攀登峰顶途经南峰时，他们发现霍尔右侧着身体躺在一个冰洞里，上半身被埋在一个雪堆下面。

INTO
THIN AIR

17 8000米级的道德

珠穆朗玛峰是自然力量的象征。要想征服它，就必须借助人类的精神与之较量。如果成功了，他将会看到同伴们脸上洋溢的喜悦。他可以想象，他的成功将会令所有同行者兴奋不已、给英格兰赢得荣耀、令全世界瞩目、为他扬名立万、赋予人生有意义的满足感……

或许，他永远也不能够准确地表达这一切，但是，在他的心中一定深藏着“不成功便成仁”的信念。对于马洛里而言，第三次折返和从容倒下，后者显然更容易，而前者所带来的巨大痛苦，会令像他这样的男人、这样的登山家和艺术家难以忍受。

弗朗西斯·扬哈斯本爵士 |《珠穆朗玛峰史诗》

5月10日下午4点，就在霍尔搀扶着受伤的汉森到达山顶之际，来自印度北部拉达克省的三名登山者通过对讲机向山下的领队报告说他们已经登上了世界屋脊。由哲旺·斯曼拉、哲旺·帕杰和多杰·莫鲁皮三名印中边境警察组织的39人探险队从珠峰中国西藏一侧出发，沿东北山脊攀登。1924年，著名的登山先驱乔治·马洛里和安德鲁·欧文就是在这条路线上失踪的。

这支探险队派出6人先遣队离开他们位于海拔8 300米的高山营地，这几个拉达克人直到清晨5:45才离开他们的帐篷。[1] 中午时分，就在距峰顶垂直距离还有300多米的地方，他们遭遇了和我们一样的暴风雪。其中三人退缩了，并在下午大约两点的时候开始返回，然而斯曼拉、帕杰和莫鲁皮却不顾渐趋恶化的天气继续向上攀登。“他们被登顶的狂热冲昏了头。”其中一名返回的队员哈布哈扬·辛格说。

继续向上的三人在下午4点到达了他们自以为的峰顶，而此时云层越积越厚，能见度不到30米。他们用对讲机向位于绒布冰川的大本营报告说他们到达了山顶，随后这支探险队的领队莫辛多·辛格通过卫星电话呼叫新德里，并自豪地向印度总理纳拉辛哈·拉奥报告了这一喜讯。作为庆祝，三名登山者在所谓的最高点留下诸如经幡、哈达以及登山用的岩锥等物品，然后便转身下山，冲进越来越大的暴风雪中。

事实上，当这几个拉达克人在海拔8 700米的地方转身下山时，他们距峰顶只有大约两个小时的路程了，而此时峰顶仍在最高的云团上面呢。他们在距目的地差

[1] 虽然我描述的这些事件发生在中国西藏，但为了避免混淆，本章中引用的所有时间都被转换成了尼泊尔时间。中国西藏采用的是北京时间，比尼泊尔时早2小时15分钟。比如，尼泊尔时间的上午6:00，相当于中国西藏时间的上午8:15。——作者注

不多还有 150 米的地方停滞不前，这恰好说明了为什么他们没有在山顶上看到汉森、霍尔或者洛桑，反之亦然。

后来，天刚刚开始暗下来，东北山脊下面的一些登山者报告说，他们看见在海拔 8 630 米的附近有两盏头灯，而那个位置正好是大名鼎鼎的峭壁“第二台阶”[1] 的上面。但那天晚上，三名拉达克人都没有回到自己的帐篷，也没有再和大本营进行过无线电联络。

第二天凌晨，也就是 5 月 11 日凌晨 1:45，当布克瑞夫在南坳发疯似地搜寻皮特曼、福克斯和马德森时，两名日本登山者和三名夏尔巴人一道，不顾山上狂风肆虐，从拉达克人位于东北山脊的高山营地开始向峰顶进发。早晨 6 点，当他们沿“第一台阶”陡峭的外沿攀爬时，21 岁的重川英介和 36 岁的花田博志吃惊地看到一名拉达克登山者（可能是帕杰）躺在雪地上。他的身上满是惨不忍睹的冻疮，在没有遮蔽和氧气的情况下度过了一夜仍然还活着，此时正神志不清地呻吟着。因为不想因救援而让自己陷入危险，日本队继续向峰顶攀登。

早晨 7:15，他们到达“第二台阶”的脚下，这是一个像船头一般近乎垂直的碎裂片岩，通常需要借助中国队 1975 年捆在峭壁上的铝制梯子才能上去。[2] 然而此时，让日本登山者惊恐的是，梯子已经断裂，并且有一部分已经从岩石上脱落，因此，他们用了 90 分钟才艰难地爬上这 6 米高的峭壁。

一爬到“第二台阶”的上面，他们就遇到另外两名拉达克人斯曼拉和莫鲁皮。据英国记者理查德·考柏为《金融时报》撰写的文章说，日本队登顶之后，考柏在海拔 6 400 米的地方采访了花田博志和重川英介，他们说当时其中一名拉达克人“已接近死亡，另一名则蜷缩在雪地里”。“日本人没有说一句话，也没有给他们水、食物或者氧气。走出 50 米之后，他们休息了一会儿，并换了氧气瓶”。

---

[1] “第二台阶”是一个 6 米多高的岩石台阶，坡度高达 85 度，只有越过它才能从东北山脊登顶。——译者注

[2] 1960 年 5 月 24 日晚上 7:00，中国队第一次攀登“第二台阶”时，是借助搭人梯的方式才爬上去的。因此在 1975 年，中国队第二次沿东北山脊路线攀登珠峰时，事先在北京做好了 5 节长 1.2 米的铝合金梯子，在攀登“第二台阶”时，将它们连接成一个 7 米多高的金属梯子并固定在岩石上。——译者注

花田博志告诉考柏说："我们不认识他们。是的，我们也就没有给他们水，也没有跟他们说话。他们的高山反应很严重，看起来处境很危险。"

重川英介解释说："我们已累得无力帮助他人了。在 8 000 米的山峰上，人是无法顾及道德的。"

日本队漠视斯曼拉和莫鲁皮的危险，继续向上攀登，越过拉达克人在海拔 8 700 米的地方留下的经幡和岩锥，以惊人的毅力在呼啸的狂风中前进，于上午 11:45 到达了峰顶。此时，霍尔正蜷缩在南峰上挣扎，那个地方沿东南山脊向下距他们也就只有半小时的路程。

日本人沿东北山脊返回他们的高山营地，下到"第二台阶"上面时又一次碰到了斯曼拉和莫鲁皮。这一次，莫鲁皮似乎已经死了，斯曼拉似乎还有一口气，正无助地缠在一根固定绳上。日本队的夏尔巴人帕桑卡米把斯曼拉从绳子上放下来，然后继续沿山脊下山。下到"第一台阶"时，也就是在上山途中碰到辗转呻吟的帕杰的地方，日本人的队伍没有看到第三位拉达克人的踪影。

7 天之后，印中边境警察探险队又一次向峰顶发起突击。他们在 5 月 17 日凌晨 1:15 离开高山营地，两名拉达克人和三名夏尔巴人很快就遇见了三名队友被冻僵的尸体。他们描述说，有一个人在临死前的剧痛中几乎扯下了所有衣服。斯曼拉、帕杰和莫鲁皮被留在他们倒下的地方。5 名登山者继续向峰顶进发，并于早晨 7:40 登顶。

INTO THIN AIR

18 难以直面的死亡数字

转而复转，螺旋变宽，
猎手呼唤，猎鹰不闻；
万物瓦解，中心难存；
泛滥世界，仅余混沌，
血污潮水横溢，
而四方纯真礼法湮没。

叶芝 |《再度降临》

5月11日星期六的早上7:30左右，我踉踉跄跄地回到4号营地时，才开始深刻地意识到所有已经发生的和正在发生的事实。在南坳搜寻哈里斯一个小时未果后，我的身心均遭受重创，这次搜寻使我相信他已经死了。队友哈奇森监听霍尔在南峰上的无线电通话表明，我们的领队处于几近绝望的境地，而汉森已身亡。费希尔队那些昨晚在南坳迷路的队员报告说，康子和韦瑟斯已经遇难。而现在大家都相信，费希尔和马卡鲁·高在营地上面370米高的地方已经死亡，或者正在垂死挣扎。

面对这些伤亡数字，我的大脑突然停滞了，进而陷入一种奇怪的、近乎机械的超脱状态。我的感情变得麻木起来，但意识还很清醒，仿佛掉进大脑深处的空洞中，正透过一条狭窄而坚硬的裂缝窥视身边发生的悲剧。我呆呆地凝视着天空，天似乎变成了一种异常的浅蓝色，就像漂白之后残留的颜色。起伏的地平线被镶上了一道光环，在我眼前闪烁、跳动。我怀疑自己正坠入噩梦般疯狂的境地。

在海拔7 920米高的山上度过一个没有供氧的晚上，我的身体比头一天从峰顶上下来时还要虚弱。我很清楚，除非我们能以某种方式获得更多的氧气，或者下到海拔较低的营地，否则，我和队友们的身体状况会继续迅速恶化。

霍尔及其他大多数现代珠峰探险队所采用的适应环境的速成法确实非常有效。登山者在海拔5 180米以上的地方度过一个为期4周的适应期后再冲顶，在这期间还包括一次到达海拔 7 320 米的夜间适应性短程攀登。[1] 但是，这一策略成功的前提是，每个人在海拔 7 320 米以上的高度都能够得到持续的瓶装氧气供应。否则，一切将功亏一篑。

寻找我们队其他队友的时候，我发现菲施贝克和卡西希克就躺在附近的一个帐篷里。此时，卡西希克已经神志昏迷，而雪盲症又使得他完全失明，因此根本无法自理，昏迷中还语无伦次地呢喃着；菲施贝克好像还处在严重的惊恐中，但他却尽力地照顾着卡西希克。塔斯克和格鲁姆在另一个帐篷里，两人像是睡着了，要不就是不省人事。我自己也摇摇晃晃地站立不稳，身体非常虚弱。显然，此时除了哈奇森之外，其他人的状况都愈发糟糕。

我从一个帐篷走到另一个帐篷，试着找一些氧气，但我找到的全都是空瓶子。本就极度疲劳的我因持续缺氧而变得更加疲惫不堪，同时也加剧了我的混乱和绝望感。尼龙绳在风中不停地摇摆发出巨大的噪声，使得帐篷间的联络根本无法进行，我们仅存的一台无线电的电池也几乎耗尽。一种山穷水尽的气氛笼罩着整个营地。而更糟的是，在过去 6 周里，我们这支探险队一直被鼓励要完全依赖向导，但是现在，我们突然地并且是彻底地失去了领头人：霍尔和哈里斯都死了，格鲁姆虽在，但昨天晚上的严酷考验对他的打击实在太大。他的冻伤很严重，此时正悄无声息地躺在自己的帐篷里，至少目前是一句话都说不出来。

由于所有向导都失去了领导探险队的能力，哈奇森临危受命填补了这一空缺。这位来自蒙特利尔上层社会说英语的年轻人精力旺盛、自制力强，是一位出色的医学研究者。除了每两三年参加一次大型的登山探险活动外，他真正能爬山的时间很少。4 号营地危机四起之际，哈奇森尽全力做到了应付自如。

---

[1] 1996 年，霍尔的探险队从大本营出发向峰顶进发前，曾在海拔 6 490 米的 2 号营地和更高的营地度过了整整 8 个晚上，这在现在看来是相当典型的环境适应阶段。1990 年之前，登山者在冲顶前，通常要在 2 号营地和更高的营地度过更长的时间，其中至少包括一次向海拔 7 920 米的高度做适应性突击。虽然，在海拔 7 920 米的高度做适应性训练的价值有待商榷（在如此高的海拔地区花费额外时间所带来的负面影响，可能会抵消适应性训练的效果），但把八九个晚上停留适应的海拔高度从 6 400 米上升到 7 920 米将带来更大的安全保障，这一点是毋庸置疑的。——作者注

在我试图从搜寻哈里斯的失败中恢复过来时，哈奇森已组织了一支由4名夏尔巴人组成的小队去寻找韦瑟斯和康子的尸体。布克瑞夫把福克斯、皮特曼和马德森护送回营地时，将他俩留在了南坳最边缘的地方。由拉卡帕赤日领队的夏尔巴搜寻队比哈奇森先行一步。因为极度疲惫加之又有些迷糊，哈奇森离开营地时竟忘了穿上外靴，只穿着又轻又滑的内靴。在拉卡帕赤日的提醒下，哈奇森返回营地穿上外靴。按照布克瑞夫所指的方向，夏尔巴人很快就在康雄壁边缘一个被一些大石头覆盖着的灰冰坡上发现了两具尸体。和许多夏尔巴人一样，出于对死人的忌讳，他们在20米开外的地方就不走了，等着哈奇森到来。

“两具尸体都被埋了一部分，”哈奇森回忆说，“他们的背包在距他们大概30米的山坡上。脸上和身上都盖满了雪，只有双手、双脚伸在外面。风呼啸着吹过南坳。”他发现的第一具尸体后来证明是康子，但哈奇森一开始看不清楚，直到他在大风中跪下，把8厘米厚的冰壳从她脸上铲下去时，才吃惊地发现她居然还有呼吸。她的两只手套都不见了，裸露的双手被冻得坚硬，两只眼睛突了出来，惨白的面色如白色瓷器一般。“真是太可怕了，”哈奇森回忆说，“我被吓呆了。她就在死亡的边缘，而我竟不知所措。”

随后他转向躺在6米之外的韦瑟斯。韦瑟斯的头上盖了一层厚厚的霜壳，葡萄大小的冰球挂在他的头发和眼睑上。把冰碴从韦瑟斯的脸上清掉之后，哈奇森发现这位得克萨斯人也还活着。“韦瑟斯嘴里咕咕哝哝的，不知道他想说什么。他右手上的手套没了踪影，而他的冻伤很严重。我努力想扶他坐起来，但是不行。除了还在呼吸外，他跟死人没什么分别。”

深受震惊的哈奇森走到夏尔巴人身边，向拉卡帕赤日请教。拉卡帕赤日是一位经验丰富的珠峰攀登者，他对山的理解深受夏尔巴人和欧洲登山者的尊敬。他力劝哈奇森把韦瑟斯和康子留在原地，因为即使能把他俩活着拖回4号营地，抬到大本营之前也肯定会死的。而且尝试进行这种救援，会使南坳上其他登山者的生命陷入不必要的危险之中，更何况对于大多数人来说，能否安全下山还是个问题。

哈奇森认为拉卡帕赤日的话是对的。现在只有一种选择，非常艰难的选择——让韦瑟斯和康子听天由命，其他人保存实力以帮助那些真正有生还机会的人。这是搜寻队惯常的做法。哈奇森回到营地时都快哭出来了，一副失魂落魄的样子。在他的强烈要求下，我们叫醒了塔斯克和格鲁姆，然后大家挤进他俩的帐篷里讨论如何处理韦瑟斯和康子。接下来的讨论痛苦而胶着。我们尽量避免眼神交流。5分钟之后，我们4人达成了一致意见：哈奇森将韦瑟斯和康子留在原地的做法是正确的。

我们还讨论了下午下到2号营地的可能性，但塔斯克坚持认为，当霍尔在南峰上孤立无援时我们不能撤离南坳。“我从没想过要把他一个人丢下。”他坚定地说。但不管怎样这事还有待讨论，卡西希克和格鲁姆的状况很糟糕，毫无疑问，目前他俩哪儿也去不了。

“那时，我非常担心我们会重蹈1986年乔戈里峰的覆辙。”哈奇森说。那年的7月4日，包括传奇人物、奥地利登山家库尔特·戴姆伯格在内的7名喜马拉雅登山老手，向世界第二高峰进发。7人中有6人登顶，但在下山的途中，一股强暴风雪袭击了乔戈里峰的北坡，将他们困在海拔8 000米高的营地上。暴风雪整整刮了5天，他们变得越来越虚弱。当暴风雪终于停息时，只剩下戴姆伯格和另外一人活着下山。

○ ○ ○ ○

星期六上午，就在我们讨论如何处理康子和韦瑟斯以及是否下山之际，贝德曼将费希尔的队员召集到帐篷外，严令他们必须开始从南坳下撤。“每个人都因为前一天晚上的一切而变得心慌意乱，因此，要想让他们起来走出帐篷就变得非常困难。我必须用力捶打才能让某些人起来穿上靴子，”贝德曼说，“但我很固执，执意要立刻动身。在我看来，在海拔7 920米高的地方多停留一分钟都无异于自找麻烦。当我看到营救费希尔和霍尔的工作正在进行中时，我就将全部的注意力转移到带领我们的顾客离开南坳，下到较低的营地。”

布克瑞夫继续留在4号营地等费希尔，贝德曼则带领他的队伍缓慢地从南坳往下走。下到海拔7 620米的时候，他又停下来给皮特曼注射了一支地塞米松，接着所有人在3号营地休整了很长一段时间，并补充了饮用水。“当我看到这群人时，”布里希尔斯说，贝德曼的队伍到达3号营地时他正好在那里，“我大吃一惊。他们看起来就像是经历了一场5个月的战争。皮特曼崩溃了，她放声大哭：‘太可怕了！我真想放弃，躺在地上等死！’所有人似乎都被吓得不轻。”

就在天黑前，当贝德曼队伍中的最后一人由洛子壁陡峭的冰坡向下走时，在距固定绳末端还有150米的地方，他们遇到了几名来自尼泊尔清扫队的夏尔巴人，这些人是上来帮他们的。当他们继续下山时，一阵葡萄大小的石头如雨点般从山上滚下来，其中一块正好砸在一名夏尔巴人的后脑壳上。“石头正好击中他。”贝德曼说，他近距离目睹了整个事件。

“现在想起来还觉得后怕，”克利夫·舍宁回忆道，“那声音听起来就像是被球棒击中了一样。”巨大的冲击力把这名夏尔巴人的头皮削掉了硬币大小的一块，使他当场就失去了知觉，心脏也暂时停止了跳动。他猛地倒下并开始滑下路绳，舍宁跳到他的前面截住了他。过了一会儿，就在舍宁双臂架着这名夏尔巴人之际，又一阵石头落下来，同样砸中这名夏尔巴人，这次还是砸在他的后脑壳上。

尽管遭受了第二次重击，几分钟之后，这名不幸的夏尔巴人在一阵猛喘之后又恢复了呼吸。贝德曼设法把他送到洛子壁的底部，在那儿碰到他的12名队友，他们把他抬到了2号营地。贝德曼说：“当时，克利夫和我四目相对，仿佛在问：‘这究竟是怎么了？我们到底做了什么惹得这座山如此震怒？’”

○　○　○　○

整个4月以及5月初，霍尔都很担忧：一支或几支能力较弱的探险队可能会陷入麻烦，我们会因为救援其他队伍而破坏整个登顶计划。然而此时，颇具讽刺意味的是，恰恰是霍尔自己的探险队遭遇了大麻烦，而其他队来援助我们。有三支探险队义无反顾地伸出了援助之手——由伯利森带领的高山攀登国际探险队、戴维·布里希尔斯率领的IMAX探险队以及达夫的一支商业探险队。他们立即推迟了各自的登顶计划，以援助受伤的登山者。

前一天，也就是5月10日星期五，当霍尔队和费希尔队的队员从4号营地向峰顶进发时，由伯利森和阿萨斯带领的高山攀登国际探险队才到达3号营地。星期六早上，一得到山上发生山难的消息，伯利森和阿萨斯便让他们的顾客待在海拔 7 320 米的 3 号营地，由第三位向导吉姆·威廉斯照顾，然后急忙向南峰攀登以提供帮助。

而布里希尔斯、维耶斯特尔斯以及 IMAX 队的其他队员那时正好在 2 号营地，布里希尔斯当即中止了影片的拍摄，把队里所有的资源投入到救援工作中。首先，他给我发来消息，告诉我 IMAX 队在南坳的一个帐篷下面还藏有备用电池。下午 3 点左右我找到了这些电池，这样霍尔队又和下面的营地重新建立起无线电联系。接着，布里希尔斯又把队里的氧气供应——55 个费了九牛二虎之力才运到海拔 7 920 米处的氧气瓶拿出来，分送给那些境况堪忧的登山者以及在南坳上即将展开救援工作的人们。尽管此举可能使他耗资 550 万美元的拍摄计划夭折，但他仍毫不犹豫地捐献出至关重要的氧气。

阿萨斯和伯利森上午 10 点到达 4 号营地，之后又马不停蹄地把 IMAX 队的氧气瓶分发给我们这些急需氧气的人，然后等着夏尔巴人营救霍尔、费希尔以及高的消息。下午 4：35，站在帐篷外的伯利森突然注意到有人缓慢地向营地走来，那人的步伐奇怪极了，膝盖僵硬着。“喂，”他冲着阿萨斯大喊，“你快过来！有人向营地走过来了！”那人光秃秃的右手裸露在刺骨的寒风中，上面满是冻疮，以一种古怪而僵硬的敬礼姿势向外伸着。他的样子让阿萨斯想起小成本制作的恐怖片中的木乃伊。“木乃伊”蹒跚地走进营地时，伯利森认出他不是别人，正是死里逃生的韦瑟斯。

原来昨天晚上，韦瑟斯和格鲁姆、贝德曼、康子及其他队员挤在一起时，他感到自己“越来越冷。右手的手套早就不知道去哪儿了，脸被冻僵了，双手也被冻伤了。我感觉自己越来越麻木，精力涣散，最后我什么也记不起来了”。

从那天晚上到第二天下午，韦瑟斯都一直躺在冰天雪地里，暴露在凛冽的寒风中，全身僵硬，奄奄一息。他既想不起来有关布克瑞夫营救皮特曼、福克斯和马德森的情节，也记不起来哈奇森在早晨找到他，把冰从他的脸上剥下去的一幕。他至少昏迷了 12 个小时。后来，星期六下午晚些时候，一缕光线鬼使神差般地照入韦瑟斯了无生气的大脑里，他又恢复了知觉。

“起初我以为自己是在做梦，”韦瑟斯回忆说，“当我醒来时还以为是躺在床上，既不觉得寒冷也不觉得不舒服。我翻了个身，然后睁开眼睛，发现我的右手就在眼前。这时我才看清楚它被严重冻伤了，我一下子就回到了现实中来。后来，我完全清醒了，发现自己躺在污物里，救援队也没有来，所以我想最好自己做点什么。”

虽然韦瑟斯的右眼已经失明，只能借助左眼看清一米开外的地方，但他仍顶风前进，正确地推断出营地的方向。如果他当时推断错误，很快就会跌到康雄壁的下面,因为康雄壁的边缘就在相反方向 10 米左右的地方。大约 90 分钟后,他碰到了“一些光滑得很不自然的蓝色岩石”，后来他才知道那就是 4 号营地的帐篷。

我和哈奇森正在帐篷里监听霍尔在南峰上的无线电通话,伯利森冲进来。“医生！我们需要你！”他还在门外就冲哈奇森大喊，“快拿上家伙！韦瑟斯回来了！他的状况糟透了！”哈奇森难以置信韦瑟斯竟能奇迹般地生还，疲惫的他费力地走出门外。

哈奇森和阿萨斯、伯利森一起把韦瑟斯安置在一个空帐篷里，把他塞进装了好几个热水袋的双层睡袋中，还给他戴上氧气面罩。“当时，”哈奇森坦言道，“我们谁都不相信韦瑟斯还能挺过那个晚上。我几乎都摸不到他颈动脉的脉搏，那是将死的人最后的脉搏。他病入膏肓。而且，即使他能够活到第二天早上，我也无法想象如何才能把他送下山去。”

此时，上山营救费希尔和马卡鲁·高的三个夏尔巴人把高抬回了营地。他们断定费希尔无法生还之后，便把他留在了海拔 8 290 米的一个岩脊上。但是，当看到被遗弃等死的韦瑟斯走进营地后，布克瑞夫不愿承认费希尔就此死亡的事实。下午 5 点，暴风雪刮得更猛了，这位俄罗斯人只身一人上山去营救费希尔。

“我在 7 点钟，也可能是 7 点半或 8 点时找到了费希尔，”布克瑞夫说，“那时天已经黑了。暴风雪非常猛烈。他的氧气面罩挂在脸上，但氧气瓶是空的。他没有戴手套，双手完全露在外面。羽绒服敞开着，从肩上滑落下来，一只手臂露在衣服的外面。我已无力回天，费希尔死了。”布克瑞夫怀着沉重的心情把费希尔的背包盖在他的脸上，像盖裹尸布一样将它紧紧扎牢，然后让他待在原地。他把费希尔的相机、冰镐以及他心爱的小折叠刀收起来，然后转身消失在风雪中。后来贝德曼把这些东西交给了费希尔住在西雅图的 9 岁儿子。

星期六傍晚的狂风比头一天晚上横扫南坳的那场还要猛烈得多。布克瑞夫回到 4 号营地时，能见度只有几米了，他差点没找到帐篷。

30 个小时以来我第一次吸上瓶装氧气（这要感谢 IMAX 队），在狂风猛烈拍打帐篷发出的响声中陷入了痛苦的、时断时续的梦境。午夜刚过，我做了一个关于哈里斯的噩梦——他顺着洛子壁的路绳掉下来时质问我为什么不抓紧绳子的另一端。这时哈奇森把我摇醒。“乔恩，”他大声喊道，尽力压过风暴的咆哮声，“我担心这个帐篷快倒了，你觉得它没问题吧？”

我挣扎着从噩梦中醒来，就像一个溺水的人浮出水面。过了一分钟我才弄明白哈奇森在担心什么：狂风把我们的庇护所吹塌了一半，坍塌的部分随着阵阵狂风猛烈地摇晃着。有几根杆被吹弯了，借着头灯的亮光，我看见有两条大裂缝马上就要被大风撕成碎片。随风吹进来的细雪粒弥漫了整个帐篷，给所有的东西都罩上了一层霜。这风比我曾经去过的任何地方，甚至比以地球上风力最猛烈著称的巴塔哥尼亚冰帽上的风还要强劲得多。如果这个帐篷撑不到明天早晨，那我们的处境可就危险了。

我和哈奇森穿上靴子及所有衣服，然后站在庇护所迎风的一面，用后背和肩膀用力地支住那几根受损的杆。接下来的三个小时里，我们顾不得疲劳，顶着狂风，用力支撑着那变了形的尼龙圆顶，仿佛我们的性命就维系在这上头。我一直在想，霍尔在海拔 8 750 米的南峰上，在没有氧气和任何遮蔽的情况下暴露在这肆虐的暴风雪中会怎样。我试图克制自己不要胡思乱想，但反而更加心烦意乱。

就在 5 月 12 日，星期天的黎明即将来临之际，哈奇森的氧气用完了。“没有氧气，我觉得自己真的很冷，体温也很低，”他说，“我的手脚渐渐失去了知觉。我担心自己正慢慢地滑向悬崖边，那样就不可能从南坳下山了。并且我担心，如果挺不到早上，我可能再也下不去了。”我把自己的氧气瓶给了哈奇森，然后在帐篷里四处翻找，终于又找到了一个还有些氧气的瓶子，然后我俩开始准备下山的东西。

我冒险走到外面，看见至少有一个空帐篷被整个吹到南坳的下面。接着，我发现昂多杰正独自一人站在凛冽的寒风中，为失去霍尔而伤心地痛哭。此次探险后，我把此事告诉了他的加拿大朋友马里恩·博伊德，她解释说："昂多杰把保证他人的安全视为他在这个世界上的责任，我和他就此讨论过很多。就他的宗教信仰以及转世轮回观来说，这是非常重要的。虽然霍尔是探险队的领队，但昂多杰仍把确保霍尔、汉森还有其他人的安全当成自己的职责。因此，他们死后，昂多杰一直不能停止自责。"

哈奇森担心昂多杰会因心情烦乱而拒绝下山，恳求他立即从南坳下去。就这样，到早上8:30的时候，我们都相信霍尔、哈里斯、汉森、费希尔、康子以及韦瑟斯都已经死亡。被严重冻伤的格鲁姆也强迫自己走出帐篷，勇敢地加入到哈奇森、塔斯克、菲施贝克和卡西希克的队伍中，开始带领他们朝山下走去。

由于没有其他向导，我自告奋勇地充当起断后的任务。这支沮丧的队伍排着队缓慢地从4号营地向日内瓦横岭移动时，我强打精神去看韦瑟斯最后一眼。我找到他的帐篷，早已被狂风吹塌了，两扇门敞开着。我向里面张望了一眼，惊诧于韦瑟斯居然还活着。

他正仰面躺在坍塌下来的帐篷上，浑身痉挛性地颤抖着，脸肿得吓人，深黑色的冻斑布满了他的鼻子和面颊。暴风雪卷开了他的两个睡袋，把他暴露在零度以下的寒风中，而他被冻伤的双手已无力将睡袋拉到身上，也无法拉上帐篷的拉链。"上帝呀！"他一看见我就嚎叫起来，面部因痛苦和绝望而扭曲变形，"你们这些家伙为什么不来这儿帮帮我！"他已经高声呼救两三个小时了，但是暴风雪将他的声音盖住了。

韦瑟斯半夜醒来时发现，"暴风雪刮塌了帐篷，并将它吹开。风顶着帐篷壁紧紧地贴在我的脸上，使我无法呼吸。风停了一会，但不久后又再度刮起，打在我的脸上和胸上，我已无力招架了。最糟的是，我的右臂肿了，而我戴着该死的手表。我的手臂越肿越大，手表也就变得越来越紧，以至于截断了大部分流向右手的血流。

可我的手早已无缚鸡之力了，无法将那该死的东西摘下来。我呼救，但没人理我。那一夜如地狱般漫长。伙计，看见你从外面探进头来我真是高兴”。

第一眼见到韦瑟斯时，他那丑陋的样子让我震惊不已，而我们竟用野蛮的方式让他再次躺下，我几乎热泪盈眶。“一切都会好起来的。”我撒谎道。我把睡袋重新盖在韦瑟斯的身上，努力抑制住哽咽。我将帐篷的拉链拉紧，竭尽全力将被损坏的庇护所重新竖起。“别担心，伙计，一切都在控制之中。”

我把韦瑟斯尽量舒服地安顿好后，立刻通过无线电与大本营的麦肯齐医生联系。“卡罗琳！”我用歇斯底里的声音恳求道，“我能为韦瑟斯做点什么？他还活着，可我觉得他的时间不多了。他的情况糟透了！”

“冷静点儿，乔恩，”她回答说，“你应该跟格鲁姆和其他人一起下来。阿萨斯和伯利森在哪儿？让他们照顾韦瑟斯，你们下山。”我发疯似地叫醒阿萨斯和伯利森，他们立刻带着一壶热茶飞奔到韦瑟斯的帐篷里。当我冲出帐篷与队友们会合时，阿萨斯正准备往这个垂死的得克萨斯人的屁股上注射 4 毫克的地塞米松。这些举动都值得称道，但是很难预料它们会带来多大的效果。

INTO
THIN AIR

19 无论如何都要活下去

没有经验的一大好处就是，可以不受传统或先例的束缚。对新手而言，一切似乎都很简单，他将选择最直接的办法去解决面临的困难。当然，这通常也将他挡在成功的门外，有时还会酿成悲剧，但他刚开始冒险时却并没有意识到这些。莫里斯·威尔逊、厄尔·登曼、克拉维斯·贝克尔－拉森——他们当中没有一个人对登山有足够的了解，否则也不会开始那不可能成功的历险。然而，正是由于不受技术的限制，坚定的信念才驱使他们走了很远、很远。

沃尔特·昂斯沃思 |《珠穆朗玛峰》

5月12日星期日早上，从南坳下来15分钟后，我赶上了正准备从日内瓦横岭上下山的队友。眼前的这一幕令人伤心：所有人都虚弱无力，整个队伍向下走百余米到达下面的一个雪坡上竟用了相当长的一段时间。而最让人悲痛的莫过于我们队伍的缩小：三天前我们向上攀登这个雪坡时共有11人，但此时此刻只剩下我们6个了。

哈奇森走在队伍的最后，我赶上他时他还在横岭的上面，正准备沿固定绳下降。我发现他没戴防风镜。即使是阴天，在这种海拔高度上，强紫外线很快就会造成雪盲症。“哈奇森，”我指着我的眼睛，在风中冲他大喊，“你的防风镜！”

“哦，对，”他疲惫地回答，“谢谢你的提醒。嗨，既然你在这儿，能不能帮我检查一下我的安全带？我太累了，有些糊涂了。如果你能帮我看一下，那真是万分感谢。”我一检查他的安全带，立刻就发现他的安全扣只扣了一半。如果他将外挂绳扣到路绳上，外挂绳会在体重的作用下打开，这样他就会从洛子壁上滚下去。我提醒他时，他说：“是的，我也想到了。但我的手实在太冷了，根本就没有力气把它扣紧。”我在刺骨的寒风中拽下手套，急忙为他扣紧身上的安全带，然后在众人下去之后将他送下横岭。

他把外挂绳扣到固定绳上，将冰镐扔到了岩石上，然后着手开始第一个垂降。“哈奇森！”我大喊，“你的冰镐！”

“带着它太累了，”他喊道，“就把它留在那儿吧。”我自己也筋疲力尽，便不再与他争论。我没有去捡冰镐，系好路绳后，紧随哈奇森沿日内瓦横岭陡峭的侧壁向下滑去。

一个小时后，我们到达“黄色地带”的上面，接下来是一段狭窄路段，每位登山者都要在近乎垂直的石灰岩峭壁上小心翼翼地下行。当我在队尾等待时，费希尔队中的几名夏尔巴人也赶了上来，包括因为悲痛和疲惫而变得有些疯癫的洛桑。我把一只手放在他的肩上，告诉他我对费希尔的死表示遗憾。洛桑捶胸顿足、痛哭流涕地喊道：“我真是倒霉呀，简直是倒霉透了。费希尔死了，都是我的错。我的运气太差了，这是我的错。我真是走了霉运。”

○ ○ ○ ○

下午一点半左右，我拖着疲惫不堪的身躯走进2号营地。虽然我仍在海拔6 490米的高度上，但这儿的感觉与南坳截然不同。致命的狂风早已无影无踪，灼热的阳光晒得人浑身是汗，与刚才为冻疮而担惊受怕的感觉简直天差地别。无论如何，此时，我的生命已不用再维系在一根破旧的绳子上了。

我看到我们的指挥帐已变成了一间由达夫队的丹麦内科医生亨里克·杰森·汉森和伯利森队的美国顾客兼内科医师肯·卡姆莱尔主持的临时野战医院。下午3点，我正喝着茶，6名夏尔巴人拥着表情木然的马卡鲁·高走进帐篷，医生们忙活开了。

他们立刻让他躺下，把他的衣服脱掉，在他的手臂上插了根静脉管。高冻僵了的手脚泛着惨白的光，就像肮脏的浴室下水道。卡姆莱尔神情凝重地观察后说道：“这是我见过的最糟糕的冻伤。”当他征求高的意见能否给他的四肢拍照以做医疗记录时，这位来自中国台湾的登山者就像士兵展示他的战争伤疤一般，露出了灿烂的微笑，看起来他还颇为此次遭受的严重伤势而感到骄傲。

90分钟过去了，医生们依然在为高忙碌着，这时无线电里传来布里希尔斯的声音：“我们正在送韦瑟斯下山，天黑前我们将他送到2号营地。”

过了好一会儿我才意识到，布里希尔斯不是在谈论一具尸体，他和他的同伴们正将韦瑟斯活着送下来。我简直无法相信。7个小时前我在南坳离开他时，还一直担心他不能挺过今天早晨。

再次死里逃生的韦瑟斯拒绝投降。后来，我从阿萨斯那里得知，他给韦瑟斯注射了地塞米松之后不久，这位得克萨斯人表现出了惊人的恢复力。“大约 10 点半的时候，我们给他穿好衣服，系上安全带，发现他竟能站起来走路了。我们都大吃一惊。”

他们开始从南坳下山，阿萨斯走在韦瑟斯的前面，告诉他在哪儿落脚。韦瑟斯把一只手搭在阿萨斯的肩上，而伯利森则从后面紧紧抓住这位得克萨斯人的安全带，他们小心翼翼地拖着他下山。“有时我们要费很大的劲儿帮他，”阿萨斯说，“但说真的，他表现得相当好。”

他们下到海拔 7 620 米“黄色地带”的石灰岩峭壁上面的时候，遇到了维耶斯特尔斯和肖尔，他俩帮他们把韦瑟斯送下陡峭的岩石。在 3 号营地，他们又得到了布里希尔斯、吉姆·威廉斯、维卡·古斯塔夫森和阿拉切利·塞加拉的帮助。这 8 名健康的登山者迅速地将伤势严重的韦瑟斯送下洛子壁，速度比我和队友们那天早晨下山时快多了。

听说韦瑟斯正在下山的路上，我走回自己的帐篷，疲惫地穿上高山靴，然后步履沉重地走出去迎接救援的队伍，希望能在洛子壁的下面与他们会合。离开 2 号营地 20 分钟后，我吃惊地遇到了整个队伍。虽然韦瑟斯被一根短绳牵着，但他还是凭着自己的力气在向前走。布里希尔斯及其伙伴们把韦瑟斯送下冰川的速度之快，令筋疲力尽的我根本无法追上他们的脚步。

在医院的帐篷里，韦瑟斯被放在高的旁边，医生们开始为他脱衣服。“我的天！”卡姆莱尔医生看到韦瑟斯的右手不由得惊呼起来，“他的冻伤比马卡鲁的还糟。”三个小时过去了，当我钻进睡袋时，医生们还在那儿借助头灯的光亮小心翼翼地用一盆温水温暖韦瑟斯被冻僵的四肢。

第二天，也就是 5 月 13 日星期一，破晓时分我离开帐篷，在西库姆冰斗深深的裂缝中穿行了 4 公里，来到孔布冰瀑的边缘。按照科特从大本营传来的无线电指示，我要在这儿找到一块适合直升机降落的平地。

在过去几天里，科特一直都在努力地通过卫星电话安排在西库姆冰斗底部用直升机撤离的事宜，如果这一计划能够实现，韦瑟斯就不用从冰瀑上用路绳和梯子下山了，否则，对于双手严重受伤的韦瑟斯来说，这不仅十分困难，而且非常危险。直升机曾于 1973 年在西库姆冰斗上降落过，当时意大利探险队用两架直升机从大本营运送物资。不过这种飞行极为危险，几乎达到了飞机飞行的极限，而且其中一架飞机撞上了冰川。自那之后的 23 年间，没人敢再尝试在孔布冰瀑上降落。

然而，在科特坚持不懈的努力下，美国大使馆终于说服了尼泊尔军方尝试在西库姆冰斗用直升机救援。星期一早晨 8 点左右，当我在冰塔林立的孔布冰瀑边缘茫然地寻找适合飞机降落的地方时，对讲机里传来科特的声音："直升机已经在路上了，它随时可能到达，你最好尽快找到降落点。"就在我毫无头绪地寻找平地之际，我碰到了被阿萨斯用短绳拖着下山的韦瑟斯和伯利森、古斯塔夫森、布里希尔斯、维耶斯特尔斯以及 IMAX 队的其他队员。

布里希尔斯在其丰富而精彩的电影生涯中，曾多次与直升机打交道，他很快就在海拔 6 050 米处的两个冰裂缝中间找到了一处降落点。我把一根哈达系在竹竿上当风向仪，布里希尔斯则用一瓶红色的"酷爱"饮料在降落区中间的雪地上画了一个巨大的"X"。几分钟之后，马卡鲁·高出现了，他被 6 名夏尔巴人用一块塑料布拖下冰川。稍后，我们听见直升机的螺旋桨猛烈地搅动稀薄的空气所发出的隆隆声。

由尼泊尔陆军中校马丹·卡特里·切特里驾驶的深绿褐色 B2"松鼠"直升机两次试图降落，但每次到最后关头就前功尽弃了。这架直升机已经把所有多余的燃料和装备卸掉了。马丹第三次尝试时，终于将"松鼠"摇摇晃晃地停在了冰川上，而直升机的尾部就悬在深不见底的冰裂缝之上。马丹让螺旋桨以最大马力旋转着，眼睛始终盯着控制板。他举起一个手指，示意他只能带走一名乘客。在这个高度上，任何额外的重量都会使飞机在起飞时坠毁。

高被冻伤的双脚在 2 号营地时已经解冻，但他不能再行走，甚至不能站立，所以我、布里希尔斯和阿萨斯都同意让他先行一步。"对不起，"我在直升机的轰鸣声中对韦瑟斯喊道，"他可能会再飞一次。"韦瑟斯豁达地点了点头。

我们将高抬进飞机的尾部，然后看着飞机吃力地飞入空中。直升机滑橇从冰川上升起后，马丹小心翼翼地驾着飞机向前飞行，看上去就像一块沿孔布冰瀑坠落的石头消失在阴影里。寂静重新吞噬了西库姆冰斗。

30分钟后，当我们站在降落区附近讨论如何将韦瑟斯送下山时，山谷下面传来隐隐约约的隆隆声。慢慢地声音越来越大，小小的绿色直升机终于进入我们的视野。掉头之前，马丹在西库姆冰斗上飞行了一小段距离，所以直升机的头部指向下坡。他毫不犹豫地又一次将“松鼠”停在了“酷爱”画出的“X”上，接着，布里希尔斯和阿萨斯将韦瑟斯扶上飞机。几秒钟之后，直升机腾空而起，像一只奇特的金属蜻蜓掠过珠峰的西肩。一个小时后，韦瑟斯和马卡鲁·高躺在加德满都的一家医院里接受治疗。

救援的队伍散去，我独自一人久久地坐在雪地上，盯着自己的高山靴，努力想理清过去72小时里所发生的一切。事情为何会发展到如此田地？哈里斯、霍尔、费希尔、汉森和康子难道真的就这么走了？尽管我绞尽脑汁，却怎么也想不通。这起山难的严重程度远远超出了我的想象，我的大脑已经短路，变得漆黑一片。最后，我决定不再去想发生的一切，背上背包向充满神秘魅力的孔布冰瀑走去。我像一只神经紧张的猫，开始了这最后的一段旅程——穿越摇摇欲坠的冰塔迷宫。

INTO
THIN AIR

20 幸存者的内疚

迟早有一天会有人要求我对这种可望而不可即的探险做出审慎的评价……一方面，阿蒙森义无反顾地走向那里，成为第一个到达的人，回来时也没有折损一兵一卒，并且在那天的极地探险中，他没有给自己和队员增加更大的压力。而另一方面，我们的探险队却冒着巨大的危险，展示了超人的耐力，获得了不朽的声誉，被人们纪念、传颂。然而，到达南极后我们却发现，艰苦的旅程竟显得如此多余，因为我们最优秀的队员倒在了冰面上。无视这种反差是可笑的，书中不包含这一点则纯粹是浪费时间。

阿普斯利 · 彻里–加勒德 |《世上最糟的旅程》

5月13日星期一早晨我到达孔布冰瀑脚底下之后，向下走完最后一段斜坡，看见昂次仁、科特以及麦肯齐正在冰川的边上等我。科特递给我一瓶啤酒，麦肯齐与我拥抱。接下来我双手捧着脸坐在冰上，任由眼泪在面颊上流淌。我嚎啕大哭起来，就像小时候没有哭过似的。现在安全了，前几天让人快要崩溃的压力终于从肩上卸了下来。我为失去同伴而伤心得哭，为活着而激动得哭，为自己幸免于难而其他队友魂归珠峰而难过得哭。

星期二下午，贝德曼在疯狂山峰队的营地主持了悼念仪式。洛桑的父亲阿旺萨迦点燃了松香，在银灰色的天空下诵经。贝德曼简短致辞后，科特也发了言，布克瑞夫则哀悼费希尔。我也站起来，结结巴巴地讲了一些汉森的事情。舍宁为了鼓舞士气，号召大家向前看，不要沉溺于回忆。当仪式结束我们回到各自的帐篷时，葬礼上的阴郁气氛仍笼罩着大本营。

第二天一大早，一架直升机来接福克斯和格鲁姆撤离，他俩都冻伤了双脚，如果再继续行走的话脚伤会愈发严重。塔斯克是医生，因此一同随行，好在路上照顾他们。临近中午，威尔顿和科特留下来负责监督拆除冒险顾问公司营地设施的工作。我、卡希西克、哈奇森、菲施贝克和麦肯齐则离开大本营，启程回家。

5月16日，星期四。我们从佩里泽坐直升机到达辛扬波奇的一个小村子，它正好位于南切巴扎的上面。当我们穿过乱哄哄的飞机跑道，准备等下一班飞往加德满都的飞机时，三个脸色苍白的日本男人朝我、哈奇森和麦肯齐走来。第一个人说他叫贯田宗男，是一位经验丰富的喜马拉雅攀登者，曾两次登顶珠峰。他礼貌地解释，他是为另外两人——难波康子的丈夫难波贤一以及她的哥哥，充当向导和翻译。接下来的45分钟里，他们问了很多问题，而我几乎无言以对。

那时候，康子遇难早已成为全日本的头条新闻。事实上，5月12日，也就是她在南坳死后不到24小时，一架直升机降落在大本营的中间，两个戴着氧气面罩的日本记者跳了下来。他们拦住遇到的第一个人——美国登山者斯科特·达斯尼，向他询问关于康子的消息。4天后的今天，贯田宗男提醒我们，蜂拥而至的平面媒体和电视媒体记者早已在加德满都恭候我们了。

那天下午晚些时候，我们挤上一架巨大的米格-17直升机，穿过云层向远方飞去。一个小时之后，直升机在特里布万国际机场降落。我们一走出舱门，就被无数的麦克风和电视摄像机团团围住。身为一名记者，我发现，换个角度看问题令我受益匪浅。蜂拥而至的记者大多是日本人，他们希望得到这场充满反面人物和英雄形象的山难的第一手资料。但是，我所目睹的混乱和痛苦的场面并不是那么容易就能转化成新闻摘要的。在停机坪上被无休止地盘问20分钟后，美国驻尼泊尔大使馆领事戴维·申斯特德将我救了出来，把我送回加鲁达旅馆。

更令人难以忍受的采访接踵而至，先是一些记者，然后是旅游局愁眉不展的官员。星期五晚上，我在加德满都泰美尔旅游区的街上漫无目的地走着，试图从越来越深的沮丧中解脱出来。我递给一个骨瘦如柴的尼泊尔男孩一把卢比，换回一个印着咆哮的老虎的小纸包。回到旅馆的房间后，我打开纸包，把里面的东西碾碎倒在一页卷烟纸上。浅绿色的嫩芽还粘着树脂，散发着烂水果的气味。我卷起一支大麻烟卷，把它抽得一干二净，然后又卷了一支更粗的，刚抽到一半就感觉天旋地转，便把剩余的部分捻灭了。

我光着身子横躺在床上，听见夜市的声音从敞开的窗子外飘进来：人力车的铃铛声、汽车的喇叭声、街头小贩的叫卖声、女人的欢笑声以及附近酒吧里传出的音乐声。我躺在床上，一动也不想动，闭上双眼，任由黏糊糊的热气像香雾般包围着自己，感觉自己仿佛与床垫融为一体。在霓虹艳影中，一排做工精致的纸风车和长着大鼻子的卡通人物从我眼皮子底下溜了过去。

我将头转向一边，耳朵碰到了一小块湿乎乎的东西，我意识到，眼泪正从脸上流下来打湿了床单。我感到痛苦像不断膨胀的气泡从内心深处的某个地方沿脊柱往上涌，最终一把鼻涕一把泪地抽泣起来。

○　○　○　○

5月19日，我带着汉森的两件个人物品飞回美国，准备把它们归还给爱他的人。在西雅图机场我遇到了他的两个孩子安吉和杰米，以及他的女朋友卡伦·玛丽以及其他的家人跟朋友。面对他们的眼泪，我感到不知所措又无能为力。

我呼吸着潮湿的空气，讶异于西雅图的春天竟如此丰饶，前所未有地陶醉于它那潮湿的、苔藓般的迷人魅力中。我和琳达开始慢慢地、试探性地重新熟悉对方。在尼泊尔掉的22斤肉很快就长了回来。家庭生活中最平凡的快乐——和妻子共进早餐、欣赏普吉特湾的日落、半夜起来光脚走进温暖的浴室，所有这一切都是令人着迷的快乐瞬间。而珠峰投下的长期阴影却与这些瞬间交织着，仿佛从未随着时间的流逝而淡忘一丝一毫。

因为内疚的煎熬，我迟迟未与哈里斯的女友麦克弗森以及霍尔的妻子阿诺德电话联系，以至于时间拖得太长，最后她们从新西兰打电话给我。在电话中，我无法平息麦克弗森的愤怒与困惑；而在与阿诺德的通话中，她安慰我的时间要多于我安慰她的时间。

我一直都明白，登山是一项充满危险的运动。而我相信，危险正是这项运动的基本要素，没有危险，登山就无法同其他百余种轻松安逸的消遣区分开来。挑战死亡的奥秘以及窥视它的边界禁地令人异常兴奋。我坚信，正是因为其所具有的危险，才使得登山成为一项伟大而壮丽的运动。

拜访喜马拉雅山脉之前，我从未真正接近过死亡。攀登珠峰之前，我甚至连葬礼都没有参加过。对于我来说，死亡一直都是一个很抽象的概念。我知道迟早有一天，享有这种无知的权利会被剥夺，只是当它最终来临时，这种冲击被过多的遇难人数放大了：全部加起来，1996年春季，珠峰共夺去了12名男女的生命，这是自75年前人类首次登上珠峰以来，死亡人数最多的一个登山季。

霍尔队的 6 名登顶队员中，只有我和格鲁姆安全返回，另外 4 名曾与我一起欢笑、一起呕吐并长时间共同生活的队友失去了生命。我的做法，或者应该叫不作为，直接导致了哈里斯的死亡。而康子躺在南坳垂死之际，我却在距她只有 320 米之遥的帐篷里，无视她的苦苦挣扎，关心的只是自己的安危。留在我心灵上的这个污点，并非经过几个月的悲伤和内疚的自责就可以被冲洗干净的。

后来，我把难以释怀的忧虑告诉克利夫·舍宁，他住得离我不远。舍宁说，对于那么多人失去了生命他同样感到难过，但他不像我，他没有“幸存者的内疚感”。他解释说：“在南坳的那天晚上，我竭尽全力自救并救助那些和我在一起的人们。等我终于安全回到帐篷时，已经筋疲力尽了。我被冻坏了一只角膜，几乎失明。当时我发着低烧，神志不清，浑身不停地颤抖。失去康子是很可怕，但我设法让自己平静地面对，因为我知道，当时我已无力救她了。你不该跟自己过不去，那场暴风雪如此可怕，在当时的条件下，你还能为她做什么呢？”

也许什么也不能，我表示同意。但与舍宁相比，我永远都无法那么淡然。他说话时的那种令人羡慕的平和，我永远都不会有。

○　○　○　○

在许多尚不够资格的登山者涌向珠峰的今天，很多人都认为这种悲剧迟早会发生。但始料未及的是，由霍尔率领的探险队竟成了悲剧的中心。霍尔经营着最严谨也是最安全的登山活动，这一点无人能及。霍尔是个做事极有条理的人，他精心制订的攀登系统就是为了防止这样的大灾难。然而这一切究竟是怎么回事？如何向遇难者的亲人们以及苛刻的公众解释呢？

可能是有些骄傲自大吧。霍尔已经很熟练地帮助各色登山者在珠峰上上上下下，因此他可能有些翘尾巴了。他曾不止一次地夸耀说，他差不多可以帮助任何身体健康的人登上珠峰，而他创造的纪录似乎也证明了这一点。同样，他也展现出驾驭逆境的非凡能力。

比如 1995 年，霍尔和他的向导们不仅要在接近峰顶的地方应付汉森出现的问题，还要照顾另一位体力完全不支的顾客尚塔尔·莫迪，此人是法国著名的登山家，她当时正第七次尝试无氧登顶。莫迪在海拔 8 750 米的地方被冻僵了，大家不得不想尽办法将她连拉带拽地从南峰撤到南坳，用科特的话来说“就像搬一袋土豆”。当所有人都从峰顶安全下来之后，霍尔有充分的理由相信，没有什么是他应付不了的。

而且在今年之前，霍尔在天气方面的运气都出奇地好，可能这也导致了他的判断失误。“一季接着一季，”有着不止 12 次喜马拉雅探险经历且 3 次登顶的布里希尔斯也证实道，“霍尔在冲顶日那天总是赶上晴朗的好天气，他从没在高山上遇到过暴风雪。”事实上，5 月 10 日的那场大风虽然猛烈，但也并非十分特别，只是很典型的珠峰狂风而已。如果它晚两个小时出现，可能就不会造成任何的人员伤亡。反之，如果它恰好提前一个小时，那这场暴风雪就可以轻而易举地夺去 18 名或者 20 名登山者的生命，其中可能包括我在内。

当然，和天气一样，时间与这起山难也有着千丝万缕的联系，不能以不可抗力为由避而不谈对时间的忽视。在固定绳上的耽误是可以事先预见的，也是可以有效预防的。预先确定好的返回时间也竟然不可思议地被忽视。

对返回时间的延长在一定程度上是受到费希尔与霍尔之间竞争的影响。1996 年之前费希尔从未带队攀登过珠峰。从商业利益的角度考虑，他承受着能否取得成功的巨大压力。因此，他受到强烈的压力驱使，要把他的顾客送上峰顶，尤其是像皮特曼这样的社会名流。

同样，1995 年霍尔未能将任何人送上山顶，如果 1996 年他再度失败，那他的生意前景就不容乐观了，尤其是如果费希尔成功的话。费希尔具有极富魅力的个性，这种超凡魅力又被布罗米特大肆宣传。费希尔竭力要吃掉霍尔的午餐，这一点霍尔很清楚。当竞争对手的顾客正在向峰顶攀登，却让自己的顾客掉头返回，这种感觉无疑让霍尔非常不舒服，并最终影响了他的决断力。

此外，还有一个最重要的原因是，霍尔、费希尔以及我们其他人都是在严重缺氧的情况下被迫做出这种关键决策的。在认真考虑这起山难是如何发生的时候，必须记住一点，在海拔 8 840 米的地方不可能有很清醒的意识。

事后诸葛亮总是很容易。评论家们被如此惨痛的生命代价所震惊，立即建议制订相关的政策和程序，以确保这次登山季的悲剧不再重演。比如，建议将 1∶1 的向导－顾客比例作为攀登珠峰的标准，也就是说，每个顾客都要有自己的向导，并且始终与向导在一起。

减少未来伤亡事件最简单的办法也许就是禁止使用瓶装氧气，当然紧急医疗救护除外。虽然仍有少数不计后果的人可能会在无氧登顶中丧命，但绝大多数能力不够的登山者会在攀登到使自己身陷真正困境的高度之前，因体力不支而被迫返回。此外，禁止使用氧气瓶的规定还有利于减少垃圾和拥挤的现象，因为当人们知道没有氧气供应时，便很少有人再去尝试。

对攀登珠峰所犯的错误进行分析是一件非常有意义的事情，这可能更能有效地防止一些死亡的发生。但是，指望通过对 1996 年山难进行仔细研究，就能真正减少未来死亡人数的想法是不切实际的。那种极力要求将大量失误编目成册，以便“从错误中吸取教训”的做法，在很大程度上是一种自我否定和自欺欺人的行为。如果你说服自己相信，霍尔的死是因为他犯下一连串愚蠢的错误，而你又不会重蹈覆辙，那么你就极有可能轻易地去挑战珠峰，即使有强有力的证据证明这样做是不理智的。

事实上，从许多方面来说，1996 年的毁灭性结局也属正常。尽管那个春季登山季创造了死亡人数最多的纪录——12 人遇难，但这个数字只占登上大本营以上地方的 398 名登山者的 3%，相比 3.3% 的平均死亡率来说，这个数字还略低一些。或者换一种角度来看，从 1921 年到 1996 年 5 月，共有 144 人死亡，630 人登顶——比例为 1∶4。1996 年春季有 12 人死亡，84 人登顶——比例为 1∶7。同历史上这些数据相比，1996 年的安全系数事实上还是高于平均水平的。

但关键是，攀登珠峰始终是一件极其危险的事情，而且毫无疑问，无论是由向导带领的喜马拉雅新手，还是与同伴一起攀登的世界级登山家，这种危险都将永远存在。值得注意的是，珠峰在夺去霍尔和费希尔的生命之前，已经摧毁过一大批登山精英，其中包括彼得·博德曼[1]、乔·塔斯克[2]、马蒂·霍伊[3]、杰克·布赖腾巴赫[4]、米克·伯克[5]、米歇尔·帕尔芒捷[6]、罗杰·马歇尔[7]、雷·吉尼特[8]以及乔治·马洛里。

我很快就意识到，在这类由向导带领的登山活动中，在1996年春季登山的顾客中（包括我在内），很少有人能够真正意识到我们所面临的危险——在海拔7 620米以上的地带，人类的生存空间是极为狭小的。那些怀着珠峰梦的沃尔特·米蒂[9]们必须牢记，一旦在“死亡地带”发生意外（他们迟早都会遇到），即使是世界上最强壮的向导也可能无力拯救顾客的生命。1996年的山难便是例证，4位队友的遇难并非全是霍尔攀登系统的疏漏，事实上，他的系统可以说是最好的。但那是珠穆朗玛峰，再好的系统在它面前都不堪一击。

在事后的调查分析中，人们很容易忽视这样一个事实——登山永远都不会是安全的、可预测的、受规则约束的事业。这是一项将冒险理想化的运动，从事此项运动最著名的人物往往是那些跃跃欲试并能设法逃避危险的人。然而登山者们往往不够审慎。这一点对于珠峰的登山者来说尤为如此。历史的经验表明，当有机会到达世界屋脊之时，人们会以惊人的速度丧失判断力。“最终，”汤姆·霍恩宾在他登上西山脊33年后提醒道，“珠穆朗玛峰在这一季里发生的事情肯定会在下一季里重演。”

---

[1] 1975年从珠峰西南壁登顶，成为当年英国家喻户晓的探险新星，被视为英国最具潜力的登山家。1982年5月17日与乔·塔斯克在珠峰东北山脊上绕过“第一台阶”后失踪。——译者注

[2] 英国登山界后起之秀，曾开创数条喜马拉雅山脉新路线。1982年5月17日与彼得·博德曼在珠峰东北山脊上绕过“第一台阶”后失踪。——译者注

[3] 美国著名的女性登山者，其理想是成为美国第一位征服珠峰的女性。1982年5月15日在珠峰北壁海拔8 000米的地方滑坠遇难。——译者注

[4] 1963年3月23日随美国第一支珠峰探险队攀登珠峰，在孔布冰瀑死于冰塔崩塌。——译者注

[5] 1975年9月24日，由博宁顿率领的英国登山队成功登顶；9月26日，在第二次冲顶时，米克·伯克在下撤的途中失踪。——译者注

[6] 1988年9月20日在珠峰北壁海拔7 700米处遇难。——译者注

[7] 1987年5月21日单人攀登珠峰时，在“霍恩拜茵大岩沟”滑坠遇难。——译者注

[8] 1979年10月2日随联邦德国队从东南山脊攀登珠峰时遇难。——译者注

[9] 一位漫画主人公。人们常用沃尔特·米蒂的名字来指代那些依靠幻想逃避平凡生活的人。——译者注

要想找出人们并未从 5 月 10 日的诸多错误中吸取教训的证据，只需看看随后几周里珠峰上发生的一切。

○ ○ ○ ○

5 月 17 日，也就是霍尔队撤离大本营后两天，珠峰中国西藏一侧，一位名叫莱因哈德·弗拉西什的奥地利人及其匈牙利搭档准备无氧攀登珠峰。他们沿东北山脊路线爬至海拔 8 300 米的高山营地，并住进倒霉的拉塔克人遗弃的帐篷。第二天早晨，弗拉西什抱怨说感觉不舒服，随后便失去了知觉。当时正好有一位挪威医生在场，他诊断这位奥地利人同时患上了肺部和脑部的水肿。尽管已经吸氧并接受药物治疗，但弗拉西什还是在半夜死亡。

与此同时，在珠峰尼泊尔一侧，布里希尔斯的 IMAX 探险队重新部署考虑下一步的行动。他们的拍摄项目共投入了 550 万美元，在此巨大的激励下，他们继续留在山上并着手冲顶的尝试。拥有布里希尔斯、维耶斯特尔斯以及肖尔的这支队伍无疑是山上最强大也最具实力的队伍。尽管他们一半的氧气装备已用来援助那些急需补氧的救援者和登山者，但他们仍能从离开珠峰的探险队那里搜集到足够的氧气弥补他们的损失。

5 月 10 日那天灾难降临时，作为 IMAX 队的大本营总管，维耶斯特尔斯的妻子保拉·巴顿·维耶斯特尔斯正在大本营里监听无线电通话。她跟霍尔和费希尔都是朋友，两人的死使她深受打击。保拉以为，在经历了这场令人震惊的悲剧之后，IMAX 队会自动卷帐篷回家。后来，她无意中听到布里希尔斯和另一位登山者之间的无线电通话。在通话中，这位 IMAX 队的领队冷静地宣布，他的探险队准备在大本营稍作休息，然后向峰顶进发。

“发生了这些事情之后，我无法相信他们真的还要再上去，”保拉坦言道，“我刚听到无线电通话，信号就断了。”她觉得心烦意乱，于是离开大本营，到山下的腾波切待了 5 天好平静一下。

5 月 22 日星期三，IMAX 队到达南坳，天气极佳，他们在当天晚上向峰顶进发。在电影中担任主角的维耶斯特尔斯于星期四上午 11 点无氧登顶。[1]20 分钟后布里希尔斯也到达了，紧跟其后的是阿拉斯科·西格拉、罗伯特·肖尔和夏尔巴人加林诺盖——第一位登上珠峰的英雄丹增诺盖的儿子，也是诺盖家族中第 9 位攀登珠峰的成员。那一天共有 16 名登山者到达山顶，其中包括从斯德哥尔摩骑自行车到达尼泊尔的瑞典人克罗普，以及第 10 次登上珠峰的夏尔巴人昂里塔。

上山的路上，维耶斯特尔斯经过了费希尔和霍尔被冻僵的尸体。“琼（费希尔的妻子）和简（霍尔的妻子）都要求我给她们带些东西回去，”维耶斯特尔斯不安地说，“我知道费希尔的脖子上带着结婚项链，我想把它摘下来带给珍妮，但我无法强迫自己在他的尸体上乱翻。我就是没有勇气那样做。”下山的路上，维耶斯特尔斯坐在费希尔的身边和他待了几分钟，没有收集任何信物。“嗨，费希尔，你还好吗？”维耶斯特尔斯悲伤地向他的朋友打招呼，“怎么搞的，伙计？”

5 月 24 日星期五下午，IMAX 队从 4 号营地返回 2 号营地的途中，在“黄色地带”遇到了南非队剩下的几名队员——伊恩·伍德尔、卡西·奥多德、布鲁斯·赫罗德和 4 名夏尔巴人。他们正向南坳挺进以完成他们的登顶计划。“布鲁斯看上去很强壮，脸色看起来也不错，”布里希尔斯回忆道，“他使劲地握了握我的手表示祝贺，他说他为我们感到骄傲。半小时后，我又碰到了瘫软在冰镐上的伊恩和卡西。他们看上去很糟，真是体力不支了。”

“我特意和他们待了一小会儿，”布里希尔斯接着说，“我知道他们没有经验，因此我说：‘请小心。你们看到月初这儿发生的事情了吧。记住，上山容易，但要活着下来就不那么简单了。’”

那天晚上，南非队向峰顶进发。半夜 12:20，奥多德和伍德尔以及夏尔巴人边巴顿迪和昂多杰[2] 离开帐篷，江布背着氧气瓶紧随其后。赫罗德似乎在大队人马出发后几分钟就出发了，但随后他被甩得越来越远。5 月 25 日星期六上午

---

[1] 维耶斯特尔斯曾于 1990 年和 1991 年两次无氧攀登珠峰。1994 年，他和霍尔一起第三次攀登珠峰。在那次攀登中他使用了瓶装氧气，因为当时他的身份是向导，他认为不使用氧气对顾客来说是一种不负责任的行为。——作者注

[2] 南非队的夏尔巴人昂多杰与霍尔队里的夏尔巴领队昂多杰不是同一人。——作者注

9:50，伍德尔呼叫大本营的无线电话务员帕特里克·康罗伊，报告说他和顿迪已到达山顶，15 分钟后奥多德和昂多杰以及江布也到达了。伍德尔说赫罗德没带对讲机，所以不清楚他在下面什么位置。

37 岁的赫罗德体格健壮、为人友善，我在山上碰见过他好几次。他虽不具备高山经验，但却很有能力，曾以地球物理学者的身份在南极严寒的荒芜之地工作了 18 个月，无疑是南非队里技术最娴熟的登山者。从 1988 年开始，他立志成为一名自由摄影师，希望登上珠峰能给他的事业带来必要的推动。

伍德尔和奥多德到达山顶时，赫罗德仍孤身一人在下面很远的东南山脊上缓慢前进。大约中午 12:30，他遇到下山的伍德尔、奥多德和三名夏尔巴人。昂多杰给了赫罗德一部对讲机，并告诉他氧气瓶的具体位置，然后赫罗德继续独自向峰顶攀登。直到下午 5 点他才到达山顶，比其他队员晚了 7 个小时，此时，伍德尔和奥多德已回到他们在南坳的帐篷了。

巧就巧在，赫罗德通过对讲机向大本营报告说他到达山顶时，他的女朋友休·汤普森正巧在伦敦的家中通过卫星电话跟大本营的康罗伊通话。“帕特里克告诉我布鲁斯正在山顶上时，”汤普森回忆道，“我说：‘该死！他不应该这么晚还在山顶上——已经 5:15 了！我不希望他这样。’”

稍后，康罗伊为珠峰顶上的赫罗德接通了汤普森的电话。“布鲁斯听起来还是很清醒，”她说，“他知道他花了很长时间才到那里，在那个高度上他的声音听上去还算正常，他把氧气面罩拿下来说话，甚至都没有气喘吁吁。”

赫罗德从南坳登顶竟用了 17 个小时。虽然当时只有一点风，但云层马上就要笼罩山顶了，而黑暗很快就会降临。独自一人待在世界屋脊上一定非常疲惫，他肯定是用完了氧气或者快用完了。“他那么晚还待在山上，周围又没有人，简直是疯了，”他过去的队友安迪·德·克勒克说，“真叫人难以想象。”

从 5 月 9 日晚上到 5 月 12 日，赫罗德一直待在南坳。他感受了那场暴风雪的猛烈，听到了绝望的无线电呼救，看到了韦瑟斯因严重冻伤而一瘸一拐地蹒跚。5

月25日上山后没多久，赫罗德就经过了费希尔的尸体，几小时后他又在南峰上跨过霍尔僵硬的双腿。显然，尸体没有给赫罗德留下太多的印象。他不顾缓慢的步伐和渐晚的时间继续向山顶走去。

自下午5:15联系之后，大本营就再没有收到赫罗德的无线电信号。“我们一直开着无线电设备，在4号营地里等待他的消息，”奥多德接受约翰内斯堡《邮政卫报》的采访时说，“我们累极了，最后都睡着了。第二天早晨大约5点钟的时候我醒来，仍没有他的无线电信号，我意识到我们失去他了。”

布鲁斯·赫罗德现被认为已经死亡，他是这一登山季里逝去的第12条生命。[1]

[1] 布鲁斯·赫罗德在“希拉里台阶”因路绳出意外而遇难。——译者注

山的阴影

好几位1996年5月去过珠峰的人都告诉我，他们在设法摆脱山难的阴影。11月中旬我收到卡西希克的来信。他在信中写道：

> 我用了几个月的时间才开始萌发一些积极的念头，但他们仍浮现在我的眼前。这次山难是我这一生中最惨痛的经历，但那已经过去了，现在就是现在。我将我的注意力集中在正面、积极的事物上。对于生命、对于他人、还有我自己，我都学到了一些很重要的东西。我感到自己对于生命的认识更清晰了，对事物的看法也与过去不同。

卡西希克刚刚和韦瑟斯在达拉斯共度周末回来。乘直升机从西库姆冰斗撤离后，韦瑟斯右臂肘部以下的部位被全部截掉，鼻子也被切掉了，用从耳朵和前额取下的组织再植。拜访韦瑟斯之后卡西希克既悲伤又振奋。

> 看到韦瑟斯的这般模样实在令人伤心：重塑的鼻子、满脸的伤疤、生活不能自理。韦瑟斯怀疑自己以后是否还能继续行医。但是，看到这个男人能够接受这一切，并且准备继续生活下去，确实让人感到万分感动。他克服了这一切，必将取得胜利。
>
> 韦瑟斯对每个人都心存善意，从不会肆

意指责别人。你可能和他观点不同，但当你看到他是如何应对这一切的时候，你会和我一样为他骄傲。终有一天，韦瑟斯会守得云开见月明。

我为韦瑟斯、卡西希克以及其他人能正面看待这段经历而感到振奋，甚至有些嫉妒。也许随着时间的流逝，我也能从诸多痛苦中认识到一些有益的东西，但现在还做不到。

写下这些话的时候，我从尼泊尔回来已有半年多了。在这6个月的日子里，珠峰没有哪天不萦绕在我的脑海里，两三个小时都挥之不去，甚至在睡梦中也从未消失，登山留下的印迹及其后果仍然渗透在我的梦中。

我记录此次探险的文章在《户外》杂志9月刊上发表后，收到的读者来信异乎寻常地多。其中大多数信件都对幸存者给予了支持与同情，但也有很多恶语相向的。例如，一位来自佛罗里达的律师斥责道：

克拉考尔先生说："我的做法，或者应该叫不作为，直接导致了哈里斯的死亡。"他还说："（他）在320米之遥的地方，躺在帐篷里，却什么也不能做……"我不知道他如何能够苟活。

最令人愤怒的，也是迄今为止读起来最让人心情烦乱的信件是来自遇难者亲属的。费希尔的妹妹莉萨·费希尔－卢肯巴赫写道：

根据你的文字，你似乎具有确切知道每个人在这次探险活动中的所思所想的特异功能。现在你倒是安然无恙地回到家中，开始评断他人的判断力，分析他们的企图、行为、性格和动机，对领队、夏尔巴人以及顾客应该做什么大加评论，对他们的过错横加指责。而根据你的自述，在预感到厄运即将来临之际，你却为了自身的安全和生存缩回自己的帐篷里……

或者该看看你这位貌似万事通的所作所为。你对安迪·哈里斯下落的错误推测给他的家人和朋友带来了巨大的悲伤和痛苦，而现在又用你'流言蜚语式'的描述来批判洛桑的性格。

而我所读到的，不过是你个人的自尊心正发狂似的要从所发生的一切中努力寻找真相。但你的任何分析、批评、判断，抑或假设，都不会带来你想要的内心平静。谁都没有错，没有人应该受到责备。每个人在特定的时间、特定的环境下都尽了全力。

没有谁愿意伤害谁。没人想死。

这封迟来的信令我痛苦万分，因为这是在得知遇难者名单中又多了洛桑江布的名字后不久收到的。8 月，当季风从高高的喜马拉雅山脉退却后，洛桑又重返珠峰，带领一位日本顾客从南坳和东南山脊攀登。9 月 25 日他们从 2 号营地向 4 号营地攀登，准备向峰顶突击时，崩塌的雪块将洛桑、另一个夏尔巴人和一名法国登山者卷到日内瓦横岭的下面，一直冲到洛子壁的下面。就这样，洛桑抛下他年轻的妻子和两个月大的孩子离开了人世。

还有其他一些坏消息。5 月 17 日，从珠峰下来后在大本营只休息了两天的布克瑞夫独自一人去攀登洛子峰。“我累了，”他告诉我，“但我是为费希尔而去的。”为了完成费希尔征服所有 14 座 8 000 米级山峰的遗愿，布克瑞夫于 9 月从中国西藏攀登了卓奥友峰和海拔 8 012 米的希夏邦马峰。11 月中旬，布克瑞夫在家乡哈萨克斯坦乘坐公共汽车时发生车祸，头部严重受伤，一只眼睛伤势严重，甚至可能永久失明。

下面这段文字是 1996 年 10 月 14 日网上一个关于珠峰的南非论坛里发帖的部分内容：

我是一个夏尔巴孤儿。20 世纪 60 年代末，我的父亲为一支探险队搬运行李时死在了孔布冰瀑上，1970 年我的母亲在为另一支探险队搬运行李时因心力衰竭死在下面的佩里泽。我的三个兄弟姊妹也因各种原因死掉了，我和妹妹被分别送往欧洲和美国的家庭抚养。

我再没回过家乡，因为我认为它应该受到诅咒。我的祖先为了躲避在低地受到的迫害而逃到索卢 - 孔布地区。在萨迦玛塔的庇护下，他们在那里找到了避难所。作为回报，他们理应保护女神的圣殿免受外来者的侵扰。

然而人们却背道而驰。他们帮助外来者探路，帮助他们进入圣殿，并站在她的头顶上，以胜利者的姿态欢呼雀跃，亵渎她身体的每一寸肌肤，污染她的胸膛。他们中的一些人不得不为此搭上性命，而另一些人虽能虎口逃生但却牺牲了别人的生命……

因此我相信夏尔巴人也应对1996年发生的悲剧负责。我对不能回到故乡没有丝毫的遗憾，因为我知道那里的人们将受到上天的惩罚，还有那些自认为可以征服世界的有钱的、傲慢的外来者。还记得泰坦尼克号吗？即使是号称永不沉没的它也沉没了。在萨迦玛塔面前，韦瑟斯、皮特曼、费希尔、洛桑、丹增、梅斯纳尔和博宁顿这样的人是多么愚蠢啊。因此我发誓决不重返家园成为亵渎神灵的合谋者。

○ ○ ○ ○

珠峰似乎毒害了很多生命，摧毁了很多家庭。一位遇难者的妻子因抑郁症而住院治疗。我同某位队友谈话时，得知他的妻子也陷入麻烦。他说，应付探险带来的不良后果的巨大负担使得他的婚姻行将瓦解。他不能集中精力工作，还经常受到陌生人的讥笑和侮辱。

回到曼哈顿后，皮特曼发现自己成了公众对此次山难的泄愤对象。《名利场》杂志在1996年8月刊上登载了一篇令她难堪的文章，八卦电视节目《硬拷贝》的一个摄制组埋伏在她的公寓外“偷拍”，作家克里斯托弗·巴克利把皮特曼在高山上的磨难写成《纽约客》杂志封底的经典笑话。到了秋季，事态愈演愈烈，她向朋友哭诉说她的儿子在高等私立学校里受到同学们的奚落和排挤。公众将对珠峰山难的极大愤怒迁怒于皮特曼，这使得她彻底惊呆了，有些招架不住。

至于贝德曼，虽然他把5位顾客带下山从而挽救了他们的生命，但是，未能拯救另一位顾客的事实仍困扰着他。其实，这位顾客不属于他的探险队，因此按理来说不是他的责任。

重新适应了家庭生活之后，我和贝德曼聊起他在南坳上孤立无援、和队员们在狂风中挤成一团、并不顾一切地确保每个人生还的情景。“天空刚刚放晴一点使我们能够分辨出营地的方向时，”他回忆说，“那感觉就像是：‘嗨，这暴风雪不会停太久的，我们赶快走吧！’我向每个人大声喊让大家动身，但显然有些人已经没力气再走了，甚至都站不起来。”

“人们都在哭喊。我听到有人嚎叫：‘别让我死在这里！’那显然是生死关头。

我竭力想使康子站起来。她抓住我的胳膊，但她虚弱得已无法支撑双膝站起来了。我开始向前走，并将她拖了一两步，然后她的手松开了，摔到一旁。我必须继续前进，必须有人去帐篷求救，否则所有人都会死。”

贝德曼沉默了片刻，接着说：“但我还是忍不住想起康子，她是那么弱小。我仍记得她的手指从我的胳膊上滑落的一刻，我只能听之任之，甚至都没有再回过头去。”

关于与布克瑞夫及德瓦尔特争论事件的说明

1997年11月，一本名为《攀登》的书在书店上架了，内容是阿纳托列·布克瑞夫关于1996年珠峰山难的记述，执笔者是一位名叫韦斯顿·德瓦尔特的美国人。对我而言，能读到布克瑞夫对1996年那场小难的记述，着实具有吸引力。书中的部分内容极具说服力，深深地打动了我。因为布克瑞夫极为反感他在《进入空气稀薄地带》中的形象，故而《攀登》的一个重要部分就是竭力为布克瑞夫在珠峰上的行为辩护，挑战我的叙述的准确性，并质疑我作为新闻记者的诚实度。

负责监督珠峰事件调查的德瓦尔特写了《攀登》一书，并承担布克瑞夫的代言人角色，极力挽回《进入空气稀薄地带》给他带来的巨大负面影响。他不厌其烦地在平面媒体、电台采访、因特网以及与遇难者家人往来的私人信件中表达他的观点。四处活动期间，德瓦尔特总是喜欢炫耀一篇刊登在《哥伦比亚新闻学评论》1998年7/8月刊上的文章。这篇文章题为“为什么图书出错如此频繁”，是一位密苏里籍作者、新闻学讲师史蒂夫·温伯格撰写的。文章对三本最近热卖的畅销书的准确性提出了质疑，其中被大肆批评的就有《进入空气稀薄地带》。德瓦尔特为温伯格的文章欢欣雀跃，并频频加以引用。

感受到压力之后，温伯格不安地向我承认，他对《进入空气稀薄地带》的批评都是基于德瓦尔特的书。温伯格只是简单地附和德瓦尔特的说辞，并没有认真独立地核实这些说辞中任何一条的准确性。他的文章发表后，温伯格向《哥伦比亚新闻学评论》发去了如下澄清说明：

> 我的文章应该将克拉考尔的书和其他受到批评的畅销书区别对待。虽然书中一小部分内容受到质疑，但没有一位批评家证明其中确实存在错误。
>
> 我的文章将《进入空气稀薄地带》囊括进来并非有谴责之意，而只是对出版业存有疑问。甲书出版了，乙书质疑它，而甲书的作者、编辑和出版社却未给出任何答复，着实让读者迷惑不解。

读到上述说明后，我要求温伯格详述其辞。他解释说，他错误地以为我承认了德瓦尔特的说辞是正确的，因为在《进入空气稀薄地带》的第一版平装本（于《攀登》出版后5个月面市）中我并没有对这些说辞进行反驳。于是温伯格辩解说，无论何时，当一位作者认为其信誉受到指责时，就有责任及时发表反驳，以免读者误解。听到温伯格的辩解后，我开始后悔当初拒绝参加公开讨论的决定。

《攀登》出版后，我经过深思熟虑做了一个决定，不在公开媒体上反驳德瓦尔特，而是给德瓦尔特和他在圣马丁出版社的编辑写了一系列的信，列举该书中存在的诸多错误。一位出版社的发言人表示将在后续版本中对这些错误进行修正。

然而令人难以置信的是，1998年7月圣马丁出版社发行《攀登》的平装本时，7个月前我指出的大多数错误依然存在。德瓦尔特及其出版社对陈述真实性的公然蔑视令我担忧。而凑巧的是，就在温伯格教训我新闻工作者应当为自己的工作进行辩护之后没几天，该书新版中未加修正的错误引起了我的注意。这种机缘巧合使我相信，是该结束我的缄默，站出来为《进入空气稀薄地带》的准确性和诚实性说句话的时候了。但我唯一能做的就是指出《攀登》中一些对事实的歪曲。1998年夏天，我打破自己的沉默，和网络杂志《沙龙》的一位记者进行了交谈，并在1998年11月出版的《进入空气稀薄地带》插画本的附录中反驳了德瓦尔特的指责。1999年6月，圣马丁出版社发行了《攀登》一书的扩充版，包括一篇抨击我信誉的新文章。这篇来自德瓦尔特的最新冗长陈词启发了我，于是我写下如下的附言。

> 1996年5月10日，6位职业登山向导在珠峰上遭遇暴风雪，最后只有3位幸存：阿纳托列·布克瑞夫、迈克·格鲁姆和尼尔·贝德曼。一位严谨的、志在准确

而全面地描述这起错综复杂的山难的新闻记者，一定会采访每一位幸存的向导（就像我为《进入空气稀薄地带》所做的那样）。毕竟，每一位向导作出的决定都与这起山难的发生有极大的关系。然而，德瓦尔特只采访了布克瑞夫，却疏于采访格鲁姆和贝德曼。

令人不解的是，德瓦尔特竟也没有与斯科特·费希尔的夏尔巴领队洛桑江布取得联系。洛桑是这起山难中最关键也最具争议的人物之一，是他用短绳拽着桑迪·希尔·皮特曼。下山的过程中，疯狂山峰队的领队费希尔体力不支时，洛桑与他在一起，并且他也是费希尔临终前最后一个与之说话的人。罗布·霍尔、安迪·哈里斯或者道格·汉森死之前，洛桑也是最后看到他们的人。可德瓦尔特根本就没有尝试去联系洛桑，尽管这位夏尔巴人1996年夏天大部分时间都待在西雅图，只需通过电话就很容易找到他。

1996年9月，洛桑在珠峰遭遇雪崩遇难。德瓦尔特坚持表示，他本打算去采访洛桑，但是当他准备这样做时，这个夏尔巴人已经死了。这不失为一个适当的解释（可能也是事实），但是，这不能解释他为什么没有采访在这起山难中起着重要作用的其他夏尔巴人，也不能解释他为什么没有采访布克瑞夫探险队8名顾客中的其他3名，以及在灾难中、后续救援中扮演着关键角色的其他几位登山者。可能这只不过是巧合，但绝大多数德瓦尔特没有联系的人都对布克瑞夫在珠峰上的行为都持批评态度。[1]

德瓦尔特争辩说，他本来要采访上述当事人中的两位，但都被回绝了。至少就克利夫·舍宁的情况来说，这一点是事实。但是，直到《攀登》出版后，德瓦尔

[1] 在布克瑞夫的诸多严厉批评者中，有几位是在这起山难中扮演关键角色的夏尔巴人。在之前的版本中我一直都没有提及此事，而现在我之所以要这样做，只是因为德瓦尔特在他1999年版的《攀登》中首先把这件事提了出来。

他在新版中披露了一封我在1998年写给著名登山家盖伦·罗厄尔的信，在信中，我说许多夏尔巴人"都把整个悲剧的责任归咎于布克瑞夫"。德瓦尔特指出，罗厄尔"发现并没有哪个夏尔巴人把悲剧归咎于布克瑞夫，也没有哪个夏尔巴人知道谁是这样认为的"。

可罗厄尔根本就没有跟洛桑江布或昂多杰（霍尔队的夏尔巴领队）谈过。私下里，洛桑和昂多杰都很肯定地告诉我，他们（事实上包括他们各自队里的所有夏尔巴人）都确认布克瑞夫应该为这起山难负责。他们的观点在备忘录、采访录音以及信件中都有记录。

然而德瓦尔特却忽略了一个关键细节。我写给罗厄尔的信中有两个重要句子他没有提及："首先，我认为夏尔巴人指责布克瑞夫是完全错的，这也就是我为什么没有在书中提及他们的观点。这似乎不公平，甚至会激起愤怒。"因此，德瓦尔特决定在他的书中提出这个问题（我自己都没有提及），就让人有些匪夷所思了。——作者注

特都极力不提他没有就采访一事征求舍宁的意见。舍宁就该书已经上市后才收到采访请求一事写信给德瓦尔特："我很困惑你为什么现在才与我联系。显然，你有你自己想要达到的目的，但是在我看来，它应该排在真相、承认或和解之后。"

不管德瓦尔特的记述错误是出于何种原因，其结果都是严重损害他人名誉。这可能是因为，在这起珠峰山难之后立刻成为布克瑞夫熟人的业余导演德瓦尔特，既没有登山知识，也从未拜访过尼泊尔境内的山峰。还好贝德曼对这本书保持着足够的清醒，因此，他在1997年12月写信给德瓦尔特说："我认为，《攀登》一书对去年5月那场悲剧的记述是在说谎……无论是你还是你的同事都没有打电话给我对其中任何事实的详情进行核查。"

由于德瓦尔特调查的疏漏，《攀登》中错误百出。比如，哈里斯冰镐的位置对于弄明白哈里斯的死因是一个重要线索，它其实并没有找到，但德瓦尔特却说它找到了。这是我给德瓦尔特指出的诸多错误中的一个，这个错误在1997年11月出版的《攀登》第一版中就存在，7个月之后出版的平装版中它依然还在。而更令人惊愕的是，在1999年7月出版的最新修订扩充版中，这个错误仍未修正，尽管德瓦尔特在书中信誓旦旦地说他已经改了。[1]这样的漠视令我们这些因这起山难而改变的人感到恼怒，也令那些真正想弄清楚山上究竟发生了什么的人们感到心力憔悴。哈里斯的家人当然不会认为他的冰镐在哪儿是无关紧要的细节。

令人感到悲哀的是，《攀登》中的某些错误并不仅仅是出于草率，而是故意混淆是非，以造成我在《进入空气稀薄地带》中报道的事实失真的恶名。例如，德瓦尔特在《攀登》中说，我在《户外》杂志上刊登的文章有些重要细节缺乏事实调查，尽管他清楚，在那期杂志出版前，《户外》杂志的编辑约翰·奥尔德曼和布克瑞夫碰面，并亲自在杂志位于圣菲的办公室里专门确认过我整个手稿的真实性。

布克瑞夫和德瓦尔特对诸多事情的叙述的确与我所知的事实不同，但杂志上所刊登的内容，无论是杂志编辑还是我都相信这是实事求是的版本，比布克瑞夫的更真实。通过我对布克瑞夫的多次采访，我发现他对重要事件的记述前后不一，这就迫使我怀疑其记忆的准确性。并且布克瑞夫的版本后来被其他目击者证明是不真实的，包括戴尔·克鲁泽、克利夫·舍宁、洛桑江布、马丁·亚当斯、尼尔·贝德曼（德瓦尔特只采访了亚当斯）。总之，布克瑞夫的许多回忆都非常不可靠。

在《攀登》一书以及其他场合中，德瓦尔特都暗示说，我写《进入空气稀薄地带》

[1] 针对1999年版的书中这个特别错误，德瓦尔特写道："在《攀登》的所有平装版中，有一张照片被删掉了，以此弥补那个令人遗憾的错误。"这张伪造的照片最终当然会被删掉。但是，这有力地证明了，无论是德瓦尔特还是他的出版人都没有打算纠正这个错误。——作者注

的目的是要破坏阿纳托列·布克瑞夫的好名声，理由是：第一，我没有提及布克瑞夫和费希尔在“希拉里台阶”上进行的一段传说中的对话，据说费希尔允许布克瑞夫先于顾客们下山；第二，我拒绝承认费希尔有可能是刻意安排布克瑞夫在适当的地方先于顾客们下山。

关于第一个控诉，我所知道的情况是：当身体状况明显欠佳的费希尔向峰顶攀登至“希拉里台阶”上面时，我、亚当斯还有哈里斯正站在那儿等着下山。费希尔先和亚当斯简单说了几句，和布克瑞夫之间的对话就更短了。亚当斯记得，布克瑞夫对费希尔说，“我和亚当斯下山了”，然后就没再说什么。这8个字就是他们谈论的全部内容，之后费希尔简单地和我寒暄了一下，然后转身继续向峰顶缓慢前进。而布克瑞夫后来坚持说，我、哈里斯和亚当斯离开之后，他和费希尔又进行了一次对话，费希尔允许他先于顾客们下山，好为顾客们沏好茶并在下面“提供支持”。

在珠峰山难发生后的几周到几个月之内，布克瑞夫的密友、也是他的坚实拥趸之一亚当斯告诉我，贝德曼（以及其他人）怀疑这第二次对话是否确有其事。其后，亚当斯稍稍改变了他的立场，他之前的态度是，他不知道费希尔和布克瑞夫之间是否进行了第二次对话，因为所谓的事件发生之时他并不在场。

显然，我也不在场。那我为何会怀疑布克瑞夫对第二次对话的记忆呢？部分原因在于，布克瑞夫第一次告诉我他和费希尔之间有一次较长的对话时，是在费希尔第一次到达“希拉里台阶”上面的时候就发生了，而当时我、亚当斯和哈里斯都在场。后来，当我指出亚当斯记得的那次对话与此截然不同时，布克瑞夫又改变了他的说法，他说，我、亚当斯还有哈里斯下山后，他和费希尔之间才发生了第二次对话。

而我怀疑第二次对话的主要原因还在于我从“希拉里台阶”上面下山时所看到的一幕。下山之前，我最后向上看了一眼，以检查那些垂降固定点。我注意到，费希尔已经离开我、哈里斯、亚当斯和布克瑞夫向上攀登了一小段距离，而当时我们都已经卡到了垂降绳上。那我能否确认布克瑞夫后来没有回去与费希尔进行第二次对话呢？不能。但是布克瑞夫和我们其他人一样，又冷又累，非常希望赶紧下山。当我垂降到“希拉里台阶”边缘时，布克瑞夫在我上面狭窄的山脊上正不耐烦地打着哆嗦。因此，我很难想象他会回去与费希尔进行另一次对话。

因此，我有理由怀疑费希尔与布克瑞夫之间发生的第二次对话。不过，现在反思一下，为了公平起见，我应该先报道他对第二次对话的回忆，然后再解释我为什么会怀疑，而不是对此只字不提。我为由此而带来的怨恨之情和过激言语深感后悔。

然而让我感到迷惑不解的是，为什么德瓦尔特会对我没有报道颇具争议的第二次对话表现出如此大的愤怒。与此同时，在《攀登》中，他也没有看到报道费希尔和布克瑞夫之间的第一次对话的理由——一段绝无争议的对话：布克瑞夫对费希尔说他“和亚当斯下山了”。虽然亚当斯表示他不在场因此无从听到他们所说的话，但他从未怀疑这句简短的陈述的确是布克瑞夫所说。但是，德瓦尔特在《攀登》中呈现的版本中，这次对话根本就没有出现。此外，布克瑞夫在下山的过程中并没有跟亚当斯在一起，而他告诉费希尔说他会的，这差一点让亚当斯丢掉性命。

在《纯然的意志》一书中，格鲁姆描述了他、难波康子还有我在朝海拔8 410米高的“阳台”前进时遇到亚当斯的那一刻。格鲁姆说：“亚当斯从我们左侧失控地往下滚。从我站的那个位置看，他像是控制不住，而且也不急于停下来。”在亚当斯不知怎么停下来之后，格鲁姆又在下面与他相遇了。

那时的亚当斯：“刚好双脚着地……但他在雪地里错误地朝着中国西藏边境的那一侧滚了过去。我离开原来的路线尽可能地靠近他好跟他讲话。我能看见他的氧气面罩已经滑到了下颚底下，眉毛和下颚都挂着冰。他的身体半埋在雪地里，正咯咯地傻笑——缺氧影响了他的大脑。我让他把面罩拉上来放在嘴上，然后用一种父亲般的方式劝诱他慢慢地向山脊靠拢……我指着下面山谷还能看见的乔恩和康子说：‘看见下面那两个红色的登山者了吗？跟着他们。’他时不时会随意地离开山脊，我很惊讶他是否关心自己的死活。出于对他判断力的怀疑，我决定跟着他。”

如果格鲁姆没有碰巧遇上亚当斯，在被布克瑞夫甩到后面后，亚当斯完全分不清方向，很有可能继续朝山的另一侧错误地走下去，并因此死掉。但《攀登》中对此只字未提。

《攀登》中最让人恼火的讹传可能要数费希尔和布罗米特之间的对话了。布罗米特是费希尔的宣传员、知己，跟他一起到大本营。布罗米特回忆的这次对话被德瓦尔特引用，从某种意义上来说，是有意要让读者相信费希尔事先安排布克瑞夫在登顶后适当的地方先于顾客们下山。这段被篡改了的引述构成了德瓦尔特对我的第二个主要控诉的基础：我在《进入空气稀薄地带》中没有提及这个传说中的安排，这一失误是一个极其恶毒的“暗杀行为，从实际情况看来，我不相信这是情有可原的自卫行为”。

实际上，我没有提及这个所谓的安排，是因为我发现，有令人信服的证据表明，并不存在这样的安排。贝德曼，这位充满活力且富有经验的登山者，其内敛、谦逊、诚实的个性得到大家普遍的尊敬，他告诉我说，疯狂山峰队5月10日冲顶那天他的确不知道是否有这样一个安排，并且他确定布克瑞夫也不知道。山难发生之后的那一年，布克瑞夫曾多次在电视、因特网、杂志以及报纸的采访中解释他先于顾客们下山的原因，可他并没有表明他是遵照事先的安排行事的。事实上，1996年夏天，在接受美国广播公司新闻网录像采访时，布克瑞夫自己表示根本没有什么安排。他向记者福雷斯特·索耶解释说，到达峰顶之前，他“不知道有什么安排。我需要视情况而定……因为我们没有做这样的安排”。

索耶显然没有领会布克瑞夫的意思，稍后他又问道：“那你的安排是，一旦你超过别人，你会在峰顶上等着他们到达？”

布克瑞夫笑了笑，并重申没有什么事情是提前确定好的：“没有确切的安排。我们没有做安排。而我需要视情况而定，我会做我自己的安排。”

甚至连德瓦尔特后来都承认：“布克瑞夫从来没有说过冲顶日之前他知道费希尔的安排。”德瓦尔特还承认，有证据能够支持他关于事先安排的猜测，那就是布罗米特回忆她和费希尔之间的一次对话。而在我们各自的书出版前，布罗米特对我和德瓦尔特都强调过，认为费希尔的意见表明他在某处有任何类似实际安排的想法都是错误的。1997年《攀登》刚一出版，布罗米特就写信给德瓦尔特和圣马丁出版社，投诉德瓦尔特篡改了自己的原话，严重扭曲了她的本意。她指出，他修改了她的措辞，其目的是为了使布罗米特与费希尔之间的那次对话看起来是发生在向峰顶突击前的几天，但事实上是发生在向峰顶突击前至少三周。这可不是一个无关紧要的矛盾之处。[1]

正如布罗米特在她写给德瓦尔特及其编辑的信中所说，《攀登》中篡改她原话的举动“绝对不合适！”

---

[1] 德瓦尔特在1999年版的《攀登》中写道：“我不关心具体描述的某个确切日期，因为我觉得，费希尔对布罗米特所说的话，不会因为它是3月25日在加德满都，还是4月2日在去珠峰大本营的路上说的，而变得没有意义或不相关。”但是，德瓦尔特却轻易地忽略了在此次探险后的数周里，费希尔对布克瑞夫的看法发生了怎样深刻而有目共睹的变化。

布罗米特和费希尔之间那次名声不太好的对话发生在4月15日左右，即费希尔队到达大本营后仅一周。那个时候，费希尔对他的首席向导还是赞许有加。然而三周之后，也就是疯狂山峰队开始他们的峰顶突击之际，费希尔对布克瑞夫的带队方法逐渐反感起来，并对他频频发火。因此，费希尔和布罗米特之间对话的确切日期，与德瓦尔特试图在《攀登》中捏造的有三周误差就非常有关系了。费希尔队向峰顶突击前许多天，他就对他最亲近的知己愤恨地频频抱怨说，尽管他再三警告布克瑞夫，但他无法说服布克瑞夫和顾客们待得近一点。因此，我们很难相信，5月10日到达峰脊上时，费希尔曾决定让布克瑞夫在其他人之前独自下山。——作者注歪曲事实会误导读者，导致对此次事故的许多最重要因素得出错误的结论。因为歪曲了事实……读者可能误信布克瑞夫下山（先于顾客们之前）是个明确的安排……写下这样的话，是为了让读者相信这是精心计划好的，并歪曲对这起事故的分析，其唯一目的就是试图通过责怪他人来掩盖阿纳托列·布克瑞夫的过错……将过多信任给予这段引述来构成这起事故的各种事件……费希尔没有一次提过这个安排，而他是一位非常健谈的人。如果这是费希尔的“安排”，那他会跟贝德曼和布克瑞夫商量的。我认为，这段引述的引用是公然地误导。

当我和德瓦尔特之间的争论僵持不下时，他拼命地想要为上述摘录的那封信中清楚无疑的意思辩解——先是混淆视听的惊人举动，然后是断章取义布罗米特的原话。然而在整个争执的过程中，布罗米特都坚定不移地站在她的立场上。“德瓦尔特说他比我更了解我的想法，简直太可笑了，”她解释说，“我在1997年10月寄给他的信中准确地表达了我的感受，尽管他企图歪曲我的措辞，并宣称自己没有这样做。”

当布罗米特对她这封信的准确性坚决不让步时，德瓦尔特在1999年版的书中抨击她的信誉。这是一个很奇怪的战术，因为在面对压倒一切的相反证据面前，他所构筑的关于费希尔所谓安排的理论完全来自布罗米特的言辞。如果德瓦尔特认为布罗米特不可信，那我就不知道他还能靠什么了。

布克瑞夫非凡的力量、胆识及经验曾得到费希尔的高度评价，这一点无人质疑。直到最后也没人怀疑费希尔对布克瑞夫能力的信任，布克瑞夫救了两条人命，不然他们肯定会死。但是，德瓦尔特坚持说，费希尔安排布克瑞夫先于顾客下山，显然是没有事实根据的。而更令人难以容忍的是，德瓦尔特坚持说我是在诋毁布克瑞夫的名誉，因为我婉言拒绝提及那个不存在的安排。

○ ○ ○ ○

费希尔是否让布克瑞夫先于顾客们下山这件事，事后看来对布克瑞夫非常重要。但是，这个争论又牵扯出一个与本题无甚关系的话题，这个话题已经向外延伸为更模糊的大问题：谨慎对待不使用氧气装备带队攀登珠穆朗玛峰的行为。没有人（甚至包括德瓦尔特在内）曾经争论过隐藏在这个大问题后面的关键事实：冲顶日那天，布克瑞夫选择不使用氧气装备，并在登顶之后先于顾客数小时独自下山，一反职业高山向导的标准惯例。不管布克瑞夫是否得到了费希尔的许可，其中有一个重要疏漏，那就是在此次探险之前，从布克瑞夫决定不使用瓶装氧气带队的那一刻起，就注定了他后来的做法，注定他会在峰脊上丢下他的顾客并很快下山。一旦布克瑞夫选择无氧攀登，就陷入了困境。由于没有瓶装氧气，他唯一合理的选择就是快速下山，不管费希尔是否允许他这样做。

然而问题的关键不是疲劳，而是寒冷。瓶装氧气的重要性在于，它能避免人在海拔极高的地方出现极度疲劳、高原疾病以及意识模糊。但它还有一个同等重要的作用鲜为人知，那就是防止高海拔的寒冷对人体的摧残。

5月10日那天，就在布克瑞夫先于其他人下山时，他已在没有氧气补充的情况下在海拔8 740米以上的地方待了三四个小时。在零下18度以下的刺骨寒风中坐着等那么久，任何一位登山者都会变得越来越冷。正如布克瑞夫对《男人》杂志解释的那样："我（在峰顶上）待了大约一个小时……那里非常冷，这无疑会耗掉体力……如果我站在那里挨冻受冷地等，我的状况就不会很好……如果在那种海拔高度上静止不动，就会在寒冷中失去体力，这样你就什么也做不了了。"

由于布克瑞夫越来越冷，很容易造成冻伤和体温过低，因此他被迫在还未疲惫不堪之前下山。

要知道在不使用氧气装备的情况下登山会如何加剧高海拔所产生的致命寒冷，只需看看埃德·维耶斯特尔斯在1996年山难之后13天所发生的事情，就可窥见一斑，当时他正和IMAX队一起冲顶。5月23日凌晨，维耶斯特尔斯离开4号营地向峰顶进发，比其他队友领先大约二三十分钟。他之所以先于其他人离开营地，是因为他也像布克瑞夫一样没有使用氧气，他担心这样会妨碍他走在摄制组的大队人马之前，因为所有人都在使用瓶装氧气。

不过维耶斯特尔斯非常强壮，没人能跟上他的步伐，即使他需要在齐大腿深的积雪中开辟出一条路线。他知道，对戴维·布里希尔斯来说，得到他向峰顶推进过程中的连续镜头是至关重要的，因此维耶斯特尔斯会时不时地停下来，等摄制组的人追上他。但是，只要他一停下来不动，就会立刻感到寒冷那让人虚弱无力的威力，即使5月23日那天要比5月10日暖和得多。因为担心冻伤或者情况更糟，每次他的队友还没来得及靠近拍摄时，他又被迫继续向上攀登。"维耶斯特尔斯的强壮不亚于布克瑞夫，"布里希尔斯解释说，"可没有氧气，每次他停下来等我们就会感到很冷。"结果，布里希尔斯最终没能拍到维耶斯特尔斯在4号营地上面的连续镜头（电影中出现的连续镜头实际上是后来拍摄的）。我想在这儿指出的是，布克瑞夫不得不继续移动的原因跟维耶斯特尔斯一样：避免被冻伤。没有氧气装备，没人能在珠峰高山上的寒冷中闲逛，哪怕他是世界上最强壮的登山者。

"我很难过，"布里希尔斯说道，"但是，布克瑞夫无氧攀登是极不负责任的。

不管你有多强壮，一旦无氧攀登珠峰，就会处在人体极限的边缘，根本没有额外的能力去帮助顾客。布克瑞夫说他下山的原因是费希尔派他下去沏茶，他是在掩饰。夏尔巴人在南坳等着沏茶呢。向导在珠峰上要么与他的顾客们在一起，要么就正好在他们的后面，呼吸瓶装氧气，准备提供帮助。”

在那些最受尊敬的高山向导以及高原医学这个深奥领域的杰出专家之中，这个意见是得到多数人认可的，也就是对于向导来说，不使用瓶装氧气带领顾客攀登珠峰是极为危险的。碰巧的是，就在我研究德瓦尔特的书之际，他命令助手去拜望医学博士彼得·哈克特医生，他在研究极高海拔使人虚弱无力的影响方面是世界一流的权威之一。德瓦尔特恳求医生在氧气问题上给予专业意见。哈克特医生曾于1981年随一个医疗研究探险队到达珠峰峰顶，他明确地回答说，就他个人的观点而言，在无氧状态下带领攀登珠峰是危险而愚蠢的，即使是像布克瑞夫这样强壮的人也是如此。值得注意的是，在征求哈克特医生的专业意见之后，德瓦尔特在《攀登》中故意对此只字不提，并仍继续坚持说，不使用瓶装氧气更加表明布克瑞夫是一名有能力的向导。

在宣传其书的若干场合下，布克瑞夫和德瓦尔特都宣称，莱因霍尔德·梅斯纳尔这位最有造诣、最受尊敬的现代登山家认同布克瑞夫在珠峰上的行为，包括不使用瓶装氧气的决定。1997年11月的一次谈话中，布克瑞夫当面告诉我：“梅斯纳尔说我在珠峰上做得对。”《攀登》中谈到我批评布克瑞夫在珠峰上的行为，德瓦尔特引用他的话说：“恶语中伤让我深感受伤，它们颇具美国新闻界的想象力。像莱因霍尔德·梅斯纳尔这样的欧洲同行并不支持他们的说法……我对这些美国人认为我必须如何提供职业服务的观点感到沮丧。”

更拙劣的是，像《攀登》中的其他断言一样，布克瑞夫和德瓦尔特所宣称的关于梅斯纳尔的认同后来也被证实是假的。

1998年2月，我和梅斯纳尔在纽约会面，他在录音机里毫不含糊地陈述，他认为布克瑞夫先于顾客们下山是错的。梅斯纳尔在录音中推测，如果布克瑞夫紧随他的顾客，那么结局可能就完全不同了。梅斯纳尔郑重地说：“如果不使用瓶装氧气，任何人都不应该带领他人攀登珠峰。”他还表示，如果布克瑞夫认为自己认同他在珠峰上的行为，那他就是误会了。

除了梅斯纳尔之外，还有其他一些备受尊敬的登山家的观点也被德瓦尔特在著作中歪曲以诋毁我的名誉。比如他引用了1997年布里希尔斯接受《犯错的波士顿人》杂志采访时所表达的观点，布里希尔斯不同意我如此描写他的知己皮特曼。

我钦佩布里希尔斯对皮特曼的忠诚，他素以坦诚著称；我同样也钦佩他的品质，即使他的批评直接针对我。这也证明，布里希尔斯对德瓦尔特以及《攀登》的评价是直言不讳的。以下摘录的内容是布里希尔斯1998年7月主动发给我的一封电子邮件：

> 就我的观点，那（德瓦尔特）并不真正可信，毕竟他离那件事有十万八千里。而我相信你也同意，没有亲临珠峰，你是决不可能准确地描写高海拔的，尽管你有多年的登山经验。与德瓦尔特所述相反，最有经验的高山攀登者们不会同意他的结论……所有的证据和所有的逻辑（氧气＝燃料＝能量＝暖和和力气）都不支持德瓦尔特的断言……布克瑞夫说他在适当的地方下山是为了提供帮助，可他从未去找过他的顾客，哪怕他们在穿过南坳时被冻死。有人带着攸关生死的消息跌跌撞撞地走回营地要求营救时……布克瑞夫还待在自己的帐篷里无法帮助任何人，直到获悉迷路的登山者的位置之后才动身。够了！布克瑞夫别再继续演戏。我坚持我自己的看法，他之所以下山是因为他又冷又疲倦，不可能留在山上等着顾客们……为什么还要继续争论你的书呢？实际上这本书哪有什么严重偏颇呢？……你只不过是很有勇气地在作品中呈现事实而已。

那年5月，我们在珠峰上的许多人都犯了错。正如我在本书前面指出的那样，我自己的行为就与两位队友的死不无关系。我毫不怀疑布克瑞夫在冲顶日那天的初衷是善意的，而我也绝对确定他的用意是好的。颇让我心烦的是，布克瑞夫拒绝承认他可能做出了一个相当拙劣的决定。

德瓦尔特认为，我在《进入空气稀薄地带》中之所以要批评布克瑞夫是受到一个动机的驱使，也就是我“想要转移公众对某个问题的关注，这个问题在1996年珠峰山难后数周开始日益显现，那就是：克拉考尔（作为《户外》杂志的记者）出现在冒险顾问公司的探险队里，是否与悲剧的发生有关？”事实上，以新闻记者的身份出现至今都让我困扰不已，而皮特曼的出现则可以说是直接促成了灾难的发生。与德瓦尔特冷嘲热讽式的断言所不同，我从未试图操纵争论以使其远离这一话题，恰恰相反，我在多次采访中主动提出了这一话题，没有为这本书说一句话。我建议德瓦尔特翻回去读，就这个非常话题我写了长长的一段。我承认自己在珠峰上犯了错，对此我从没回避过，无论那种感觉多么痛苦，我只是希望那些描述这起山难的其他人能够抱以同样的坦诚。

即使我是以批评的方式来描写布克瑞夫的某些行为，但我始终都在强调5月

11日凌晨山难降临后他所表现出的英雄举动。毫无疑问，是布克瑞夫挽救了皮特曼和福克斯的生命，这是相当危险的，在许多场合、许多地方我都是这样说的。当我们其他人无助地躺在帐篷里的时候，布克瑞夫只身一人冲进暴风雪中，将那些迷路的顾客们带回来，对此我无比钦佩。而那天凌晨以及此次探险之初他所做的某些决定，尽管给他带来无尽的烦恼，但对于一位本着完整而真实地描述这起山难的新闻记者来说，不能因此就将它简单地忽略了。

而凑巧的是，我在珠峰上亲眼目睹的许多麻烦事，就算没有发生山难也已经是一团乱麻了。《户外》杂志特别派我到尼泊尔报道在这座世界最高峰上发生的由向导带领的探险活动，我的任务就是评估向导和顾客，就向导们是如何带领攀登珠峰的真实情况，用敏锐的视角、第一手的信息呈现给广大读者。而我同样完全坚信，无论是对于其他幸存者、悲痛欲绝的家人、历史记录，还是我那些再也不能回到家园的同伴们，我都有责任完整地报道1996年在珠峰上所发生的一切，不管这个报道会得到怎样的评价。而我所做的，则是依靠我身为新闻记者和登山者所积累的广泛经验来尽可能地提供最准确、最真实的报道。

○ ○ ○ ○

对1996年珠峰上所发生的事情争论不休，使得1997年的圣诞节一开始就过得很糟糕。就在《攀登》出版后6周，布克瑞夫在世界第十高峰安纳布尔纳峰上遭遇雪崩遇难。世界各地的登山者都对他的逝去表示哀悼。39岁就英年早逝的他，是一位极为优秀的运动员，拥有伟大的勇气。据众人所说，他是个不同凡响却又很复杂的人。

布克瑞夫在前苏联乌拉尔山脉南部一个以采矿为生的贫穷小镇上长大，据英国记者彼得·吉尔曼在英国《星期日邮报》上撰文所说，布克瑞夫还是小孩子的时候，他的父亲靠做鞋和修表勉强维持生计。他和5个孩子挤在一个狭窄的没有水管的木屋里……梦想着有一天能逃离这样的环境。大山给了他机会。

9岁那年，布克瑞夫学会了爬山，他出色的身体素质很快就令他在同龄人中脱颖而出。16岁时，他在哈萨克斯坦境内天山山脉的苏联登山营里获得了一个令人羡慕的位置。24岁时，他被选为国家登山队精英成员，这给他带来了一定的经济收入、崇高的声誉以及其他有形的和无形的利益。1989年，作为苏联探险队的一员，他攀登了世界第三高峰干城章嘉峰，在返回哈萨克斯坦的家乡阿拉木图途中，他获得了国家领导人米哈伊尔·戈尔巴乔夫授予的“苏联运动大师”荣誉。

然而伴随着“世界新秩序”所产生的巨变，这种大好形势风光不再。正如吉尔曼所说，苏联解体了。戈尔巴乔夫下台两年后，刚刚完成了珠峰登顶的布克瑞夫发现自己的地位和特权消失了。“我一无所有，”他对怀利（他的美国女朋友）说，“没有钱，是个靠救济生活的人。”但布克瑞夫绝不认输。如果共产主义秩序就此消失，那他就必须适应新的私营企业的世界，以他所拥有的登山家的技能和决心作为资产。

1997年初，布克瑞夫在因特网上发表了一篇回忆录，他的朋友弗兰·迪斯泰法诺－阿尔先季夫[1]回忆说：

> （对布克瑞夫来说）那段时间可谓穷困潦倒，能够有钱买食物已算是奢侈……苏联登山者要想去喜马拉雅山，唯一的机会就是与队里的其他人竞争，并赢得这个特权。而所拥有的自由只不过是去喜马拉雅山，登山者是否有足够的能力并不是选中与否的因素。这是一个梦想……在出名之前，机会是不会早早降临的。但他精力充沛，顽强地追寻着自己的梦想，不像我曾经认识的任何人。

布克瑞夫想要在大山和金钱两方面寻求平衡，颇有一点全世界流浪的味道。为了维持生计，他在喜马拉雅山脉、阿拉斯加州以及哈萨克斯坦担任向导，为美国的登山商店提供幻灯片，偶尔也求助于同业工会。但自始至终他都在不断地刷新非凡的高山攀登纪录。

虽然布克瑞夫热爱登山，也热爱大山的怀抱，但他从未假装喜欢带队攀登。他在《攀登》一书中非常坦率地表示：

> 我希望凭借自己的力量寻找其他机会谋生……但对于我来说，找到别的方式为我的个人目标筹集资金已经为时太晚，我的工作是把那些缺乏经验的男男女女们带进这个（危险的高山攀登）世界中，对此并不完全认同。

他把一批又一批登山新手们带到高山上，甚至在经历了1996年山难的极度抑郁和饱受争议之后也依然如此。

1997年春季，也就是那起山难后一年，布克瑞夫答应带领一支由一群印度尼西亚军官组成的探险队，他们希望能成为他们国家第一批攀登珠峰的人，尽管事

[1] 1998年5月，弗兰和丈夫谢尔古在不借助氧气装备的情况从东北山脊路线登上珠峰峰顶，成为第一位无氧登顶的美国女性。而在到达山顶前，夫妇俩在无氧状态下已在海拔8 230米以上的地方度过了三个晚上，并且在下山的途中，被迫在山上更高的地方度过第四个晚上，没有氧气、没有帐篷、甚至没有睡袋。最坏的是，两位登山者未能下到较低营地的安全地带便遇难了。——作者注

实上没有一个印尼人曾有过任何登山经验，甚至可以说他们之前都没有见过雪。为了帮助他的这群新手顾客们，布克瑞夫雇用了两位技艺高超的俄罗斯登山家弗拉基米尔·巴什基罗夫和叶夫根尼·维诺格拉茨基，以及曾7次攀登珠峰的阿帕夏尔巴。与1996年不同的是，1997年的这支队伍在向峰顶突击时每一个人都使用了瓶装氧气，包括布克瑞夫在内，尽管他坚持说无氧攀登对他来说更安全，“这是为了避免当出现氧气供应耗尽时而突然无法适应”。同样值得注意的是，布克瑞夫在冲顶那天再没离开过他的印尼顾客半步。

这支队伍离开南坳向峰顶进发时正好是在4月26日的午夜。大约在中午时分，阿帕夏尔巴率先到达“希拉里台阶”，在那里他看见布鲁斯·赫罗德[1]的尸体正悬挂在一根固定绳上。爬过这位已故的英国摄影师，阿帕、布克瑞夫以及印尼队的其他人费力地缓慢向峰顶攀登。

当第一位印尼人阿斯穆乔罗·普拉朱瑞特跟随布克瑞夫到达山顶时已经是下午3:30了。他们只在山顶上待了10分钟就折返下山，布克瑞夫强迫后上来的另外两名印尼人返回，即使他们其中一人离山顶只有不到30米的距离。那天晚上这支队伍只下到“阳台”，要在海拔8 410米的地方忍受一夜难熬的露营。幸好布克瑞夫领导有方，并且那天晚上是少见的无风之夜，因此每个人都在4月27日安全下到南坳。“我们是幸运的。”布克瑞夫承认。

布克瑞夫和维诺格拉茨基在向4号营地下撤的途中停了下来，在海拔8 290米高的地方给费希尔的尸体盖上岩石和积雪。“我觉得这是对这个美国人表示最后敬意的最好也是最聪明的方式，”布克瑞夫在《攀登》中沉思道，“我常常想起他灿烂的笑容和积极的心态。我是一个难以相处的人，我希望我能始终记得他，并以他为榜样。”一天之后，布克瑞夫穿过南坳走到康雄壁的边缘，在那儿他找到难波康子的尸体，并尽他最大的可能给她埋了石冢，然后收集她的一些遗物带给她的家人。

就在布克瑞夫协助印尼人攀登珠峰之后一个月，他又尝试和一位杰出的意大

---

[1] 发现赫罗德时，他头朝下地挂在登山绳上。看来他是在1996年5月25日的晚上在“希拉里台阶”做垂降时整个身体翻转过来，并且再也无法把自己顺过来，可能是因为他太疲劳了，也可能是因为他被撞了一下昏迷了。无论如何，布克瑞夫和印尼人最后还是让他的尸体保持原样。一年之后，即1997年5月23日，美国公共广播公司电视节目《新星》的摄制组成员皮特 · 阿萨斯在向峰顶攀登的途中把赫罗德从路绳上解下来。把赫罗德放下来之前，阿萨斯找到了他的相机，里面有他的最后一张照片：在珠峰顶上的自拍照。——作者注

利登山者，30岁的西莫内·莫罗[1]，快速攀登洛子峰和珠峰。5月26日，布克瑞夫和莫罗向洛子峰峰顶进发。就在同一天，一支俄罗斯探险队的8名队员也向洛子峰出发了，其中包括布克瑞夫的朋友弗拉基米尔·巴什基罗夫，他在印尼人攀登珠峰时协助带队。这10位登山者都没有使用氧气装备。

莫罗在下午一点到达峰顶，25分钟后布克瑞夫也到了，但他感觉自己生病了，因此只在山顶上待了几分钟便转身下山。莫罗则在峰顶上待了大约40分钟，然后才下山。下山的途中，他碰到了巴什基罗夫，巴什基罗夫也感觉有些不舒服，但他仍继续向上努力攀登。下午晚些时候，巴什基罗夫和其他几位俄罗斯人都到达了山顶。

就在最后一位俄罗斯人到达山顶后不久，莫罗和布克瑞夫回到他们的帐篷，然后就睡觉了。第二天早上醒来，莫罗打开无线电，碰巧无意中听到一些正在攀登洛子峰的意大利朋友发送的信号。这些意大利人正在发出警告，他们在高高的山峰上碰到了一具登山者的尸体，他穿着绿色的羽绒服和黄色的高山靴。“那一刹那，我意识到那可能是巴什基罗夫。”他立刻叫醒布克瑞夫，布克瑞夫则用无线电呼叫俄罗斯队。俄罗斯人回复说，巴什基罗夫的确在昨天晚上从峰顶下来的途中因高山病去世。

虽然布克瑞夫在高山上又失去了一位朋友，但这并没有就此打消他攀登世界最高峰的热情。1997年7月7日，就在巴什基罗夫遇难6周后，布克瑞夫单人攀登了位于中国和巴基斯坦边界上的布洛阿特峰。刚好一周后，他又快速攀登了附近的加舒尔布鲁木Ⅱ峰。虽然莫罗说攀登所有14座8 000米级山峰对于布克瑞夫来说并不是特别重要，但他现在已经完成了14座中的11座，只剩南迦帕尔巴特峰、加舒尔布鲁木Ⅰ峰和安纳布尔纳峰尚未征服。

那年夏季之后，布克瑞夫邀请梅斯纳尔与他一起在天山山脉进行休闲式攀登。

[1] 1997年认识布克瑞夫之后，西莫内·莫罗成为了他最亲密的朋友之一。“过去我爱阿纳托列·布克瑞夫，现在我更爱他了，”莫罗对我说，“认识他之后，我改变了我的生活、我的计划、我的梦想。可能只有他的母亲和他的女朋友琳达，才比我更爱他。”那时候，莫罗坚决不同意我在本书中对布克瑞夫的描写。“你根本就不了解布克瑞夫是怎样的一个人，”莫罗解释说，“你是美国人，他是俄罗斯人；对于8 000米级山峰来说你是新手，而在这些高度上他都是最好的（还没有哪个人能21次爬上8 000米级山峰）；你只是一个普通的阿尔卑斯式登山者，而他是个充满幻想的运动员；你在经济上是稳定的，而他知道饥饿的滋味……在我看来，你就像那样一种人，以为读了一本关于医学的书后，就可以假装教这个世界上最著名的、最能干的外科医生如何当好一名医生……在评判1996年布克瑞夫所做的决策时，你必须牢记：他的队伍里没有一位顾客死亡。”——作者注

期间，布克瑞夫请这位传奇的意大利人以阿尔卑斯式登山家的身份给他的登山生涯做些指点。自1989年首次造访喜马拉雅山以来，布克瑞夫积累了令人惊奇的高山攀登纪录。然而在所有这些攀登经历中，除了两次之外其余的都是沿着传统的、登山者攀登频繁的路线进行的，鲜有技术挑战。梅斯纳尔指出，如果布克瑞夫想跻身世界上真正伟大的登山家之列，需要将重心转移到更险峻、更有难度、之前未被攀登过的路线上。

布克瑞夫将这个建议铭记于心。事实上，在跟梅斯纳尔请教之前，布克瑞夫和莫罗就已经决定试着沿一条恶名昭彰的困难路线攀登安纳布尔纳峰。这条路线位于山峰广袤的南壁，1970年，一支强大的英美联合登山队曾经沿这条路线攀登过。为了增加难度，布克瑞夫和莫罗决定在冬季开始尝试。这将是一个极为雄心勃勃且充满危险的任务，包括在高海拔上难以想象的大风和寒冷天气下所需要的极具技术性的攀登。即使是从最容易的一面攀登，海拔8 091米的安纳布尔纳峰都被认为是世界上最致命的山峰之一，每两位到达过山顶的登山者中就有一人遇难。如果布克瑞夫和莫罗成功了，那将是喜马拉雅登山史上最大胆的攀登之一。

1997年11月底《攀登》出版后不久,布克瑞夫和莫罗在一位名叫季米特里·索博列夫的哈萨克电影摄影师的陪同下出发前往尼泊尔，并乘直升机到达安纳布尔纳峰的大本营。然而这是一个非比寻常的初冬。他们碰到了频繁的暴风雪，大量的降雪堆积造成他们预期攀登的路线出现多起严重雪崩。因此,探险进行一个月后，他们决定放弃原定计划，转而尝试另一条位于安纳布尔纳峰南壁东缘的路线。这条路线曾有一些技艺高超的登山者尝试过几次，但都没有成功。其难度可说是达到了极致，因为布克瑞夫的队伍在通往峰顶的路上要攀登一个被称为“毒牙”的令人生畏的卫峰，比雪崩的危险大多了。

在新路线第一个陡峭地形下面海拔5 180米的地方建起1号营地后，布克瑞夫、莫罗和索博列夫在圣诞节日出时分出发，计划在他们营地上方大约820米的地方高高耸立的宽阔岩沟上固定一根通往山脊的固定绳。莫罗走在前面，正午时分他攀登到距山脊不到60米的地方。中午12:27，就在他停下来准备从背包里拽出某样东西时，他听到一阵刺耳的隆隆声。他抬头向上看，只见大量巨大的冰块直接向他砸来。就在这堵冰墙冲到他跟前将他卷下山之前，他奋力地大声尖叫，警告在下面210米左右的岩沟上向上攀登的布克瑞夫和索博列夫。

莫罗想抓牢固定绳以阻止自己下滑，但摩擦产生的灼烧感深深钻进指尖和掌心，使得此举徒劳无功。他向下滚了大约800米后被撞得失去了知觉。当这一大团被冻住的碎石在略高于1号营地上面的一个缓坡上停下来时，莫罗万幸地正好在雪崩岩屑的顶上。恢复知觉后，他发疯似的寻找自己的同伴，但没有找到他们的踪迹。在空中、地上搜寻一周未果后，布克瑞夫和索博列夫被认为已经死亡。

布克瑞夫遇难的消息震惊了全世界的人们，让大家难以置信。他曾四处旅行，因为朋友遍布世界各地。他的去世让许许多多的人悲痛欲绝，而不只是跟他共同生活的琳达·怀利。

布克瑞夫的死也让我的心情极为烦乱，犹如五味油瓶打翻，那种感觉纷乱复杂。安纳布尔纳峰的意外，使关于1996年珠峰上所发生的事情的争论呈现出不同的一面。我苦思冥想我和布克瑞夫之间的事情怎么就变成了这种状态。可能是因为我们俩都固执己见且骄傲自大，谁都不肯在争论中让步，最后我们的分歧逐步升级，愈演愈烈。倘若我自己能够坦诚些，我就会像布克瑞夫那样在这件事情上接受更多的责任。

我并不是希望在这本书中把布克瑞夫描述得有所不同，我可没有这样想过。我不认为《进入空气稀薄地带》或是《攀登》出版后，有什么东西让我相信有些事情我做错了。但我后悔,我的文章在1996年9月刊的《户外》杂志上刊登后不久，在那些我和布克瑞夫往来的书信中，我不应该那么尖锐。网上的口水战形成了一种很负面的气氛，并在接下来的数月中激化，使得讨论彻底分化对立。

尽管我在《户外》杂志上的文章以及这本书中对布克瑞夫的批评是慎重的，而我也用由衷的敬佩来平衡，但布克瑞夫还是被它们伤害了，并且因此感到愤慨。他和德瓦尔特的反应就是抨击我，并对事实提出了一些独创的解释。为了给自己的诚实做辩护，我不得不列举一些之前为了避免无谓地伤害布克瑞夫而忍住没有公布的材料。而布克瑞夫、德瓦尔特和圣马丁出版社对此做出的反应，就是变本加厉地对人而不是对事地抨击我，导致辩论的趋势在随后的一段时间内更加恶化。可能正如德瓦尔特在《攀登》中所写，这种对1996年珠峰上所发生的事情“进行公开而持续的辩论是有好处的”。这的确有助于其书的销量，当然也包括我的。但是，相比所有辛酸苦痛来说，我不敢确认这种持续的价值还有多少值得言表。

争论偃旗息鼓是1997年11月初在班夫山图书节活动上。布克瑞夫是一个杰出登山家论坛的公开讨论小组成员。而我曾拒绝成为其成员的邀请，因为我担心此事可能会变成辱骂比赛，但我不该以观众身份参加。布克瑞夫在论坛上发言时，怀利在一旁诠释事先准备好的声明，首先一点的就是我对他的描写大多数都是在“胡说八道”。结果我就上了布克瑞夫的圈套，引得挤得满满的礼堂里爆发出一阵不明智的、激烈的言词。

我很后悔当时没控制住情绪。论坛结束后，我匆忙拨开人群，四处寻找布克瑞夫，发现他和怀利正穿过班夫中心的广场。我叫住他们，想私下里跟他们一起聊聊，好消除误会。最初布克瑞夫对此建议犹豫不决，说他参加图书节的另一个活动要迟到了。但在我的坚持下，最终他还是同意给我几分钟。在随后的半个小时里，他、怀利和我在加拿大寒冷的早上站在露天里，坦率而平静地交流了我们彼此的分歧。

就在那一刻，布克瑞夫把他的手放在我的肩上，然后说："我不再生你的气了，乔恩，但你不了解。"讨论就此结束，然后我们分道扬镳。我们得出结论，我和布克瑞夫两人都需要努力缓和彼此争论的语气。我们一致同意，我们之间没必要如此情绪激动和感情用事。对某些观点，主要是带队攀登珠峰不使用瓶装氧气是否明智以及布克瑞夫和费希尔之间在"希拉里台阶"上面最后一次谈话的内容，我们可以有不同观点，但我们也逐渐认识到，在其他一些重要事情上我们俩差不多意见一致。

虽然德瓦尔特先生按其嗜好继续煽动争论之火，但我在和布克瑞夫碰面之后就远离了这场冲突，希望平息和他之间的一些事情。可能我过于乐观了，但我能预见到这种混乱局面的结束。然而7周之后，布克瑞夫就在安纳布尔纳峰遇难了，我幡然悔悟，我的调解工作开始得太迟了。

附录B 1996年春季珠峰攀登者名单

冒险顾问公司探险队

★罗布·霍尔 Rob Hall　新西兰人，领队兼队长
迈克·格鲁姆 Mike Groom　澳大利亚人，向导
★安迪·哈里斯 Andy Harris　新西兰人，向导
海伦·威尔顿 Helen Wilton　新西兰人，大本营总管
卡罗琳·麦肯齐医生 Dr. Caroline Mackenzie　新西兰人，大本营医生
昂次仁夏尔巴 Ang Tshering Sherpa　尼泊尔人，大本营队长
昂多杰夏尔巴 Ang Dorje Sherpa　尼泊尔人，夏尔巴领队
拉卡帕赤日夏尔巴 Lhakpa Chhiri Sherpa　尼泊尔人，高山协作
卡米夏尔巴 Kami Sherpa　尼泊尔人，高山协作
丹增夏尔巴 Tenzing Sherpa　尼泊尔人，高山协作
阿里塔夏尔巴 Arita Sherpa　尼泊尔人，高山协作
阿旺诺布夏尔巴 Ngawang Norbu Sherpa　尼泊尔人，高山协作
库勒多姆夏尔巴 Chuldum Sherpa　尼泊尔人，高山协作
琼巴夏尔巴 Chhongba Sherpa　尼泊尔人，大本营厨师
边巴夏尔巴 Pemba Sherpa　尼泊尔人，大本营的夏尔巴人
顿迪夏尔巴 Tendi Sherpa　尼泊尔人，帮厨男孩
★道格·汉森 Doug Hansen　美国人，探险队员
西伯恩·贝克·韦瑟斯医生 Dr.Seaborn Beck Weathers　美国人，探险队员
★难波康子 Yasuko Namba　日本人，探险队员
斯图尔特·哈奇森医生 Dr.Stuart Hutchison　加拿大人，探险队员
弗兰克·菲施贝克 Frank Fischbeck　中国香港人，探险队员
卢·卡西希克 Lou Kasischke　美国人，探险队员
约翰·塔斯克医生 Dr.John Taske　澳大利亚人，探险队员
乔恩·克拉考尔 Jon Krakauer　美国人，探险队员及记者
苏珊·艾伦 Susan Allen　澳大利亚人，徒步者
南希·哈奇森 Nancy Hutchison　加拿大人，徒步者

注：并非所有1996年春季攀登珠峰的人都在名单上。带★号的为1996年5月珠峰山难的遇难者。

疯狂山峰公司探险队

★斯科特·费希尔 Scott Fischer 美国人，领队兼队长

阿纳托列·布克瑞夫 Anatoli Boukreev 俄罗斯人，向导

尼尔·贝德曼 Neal Beidleman 美国人，向导

英格里德·亨特医生 Dr.Ingrid Hunt 美国人，大本营总管兼队医

洛桑江布夏尔巴 Lopsang Jangbu Sherpa 尼泊尔人，夏尔巴领队

尼玛卡雷夏尔巴 Ngima Kale Sherpa 尼泊尔人，大本营队长

★阿旺托普切夏尔巴 Ngawang Topche Sherpa 尼泊尔人，高山协作

扎西次仁夏尔巴 Tashi Tshering Sherpa 尼泊尔人，高山协作

阿旺多吉夏尔巴 Ngawang Dorje Sherpa 尼泊尔人，高山协作

阿旺萨迦夏尔巴 Ngawang Sya Kya Sherpa 尼泊尔人，高山协作

阿旺顿迪夏尔巴 Ngawang Tendi Sherpa 尼泊尔人，高山协作

顿迪夏尔巴 Tendi Sherpa 尼泊尔人，高山协作

“大”边巴夏尔巴 “Big”Pemba Sherpa 尼泊尔人，高山协作

杰塔夏尔巴 Jeta Sherpa 尼泊尔人，大本营的夏尔巴人

边巴夏尔巴 Pemba Sherpa 尼泊尔人，大本营帮厨男孩

桑迪·希尔·皮特曼 Sandy Hill Pittman 美国人，探险队员兼新闻记者

夏洛特·福克斯 Charlotte Fox 美国人，探险队员

蒂姆·马德森 Tim Madsen 美国人，探险队员

皮特·舍宁 Pete Schoening 美国人，探险队员

克利夫·舍宁 Klev Schoening 美国人，探险队员

莱娜·加默尔高 Lene Gammelgaard 丹麦人，探险队员

马丁·亚当斯 Martin Adams 美国人，探险队员

戴尔·克鲁泽医生 Dr.Dale Kruse 美国人，探险队员

简·布罗米特 Jane Bromet 美国人，新闻记者

麦吉利夫雷·弗里曼IMAX/IWERKS探险队

戴维·布里希尔斯 David Breashears 美国人，领队兼电影导演

加林诺盖夏尔巴 Jamling Norgay Sherpa 印度人，副领队兼电影演员

埃德·维耶斯特尔斯 Ed Viesturs 美国人，登山者兼电影演员

阿拉切利·塞加拉 Araceli Segarra 西班牙人，登山者兼电影演员

续素美代 Sumiyo Tsuzuki 日本人，登山者兼电影演员

罗伯特·肖尔 Robert Schauer 澳大利亚人，登山者兼电影摄影师

保拉·巴顿·维耶斯特尔斯 Paula Barton Viesturs 美国人，大本营总管

奥德丽·索尔克尔德 Audrey Salkeld 英国人，新闻记者

莉斯·科恩 Liz Cohen 美国人，制片人

莉斯尔·克拉克 Liesl Clark　美国人，制片人兼作家
旺初夏尔巴 Wongchu Sherpa　尼泊尔人，登山者
江布夏尔巴 Jangbu Sherpa　尼泊尔人，夏尔巴领队

中国台湾探险队

“马卡鲁”高铭和 Gau Ming-Ho　中国台湾人，领队
★陈玉男 Chen Yu-Nan　中国台湾人，登山者
高天慈 Kao Tien Tzu　中国台湾人，登山者
张荣昌 Chang Jung Chang　中国台湾人，登山者
谢之盛 Hsieh Tzu Sheng　中国台湾人，登山者
赤仁夏尔巴 Chhirrin Sherpa　尼泊尔人，夏尔巴领队
卡米多杰夏尔巴 Kami Dorje Sherpa　尼泊尔人，高山协作
尼玛冈布夏尔巴 Ngima Gombu Sherpa　尼泊尔人，高山协作
明玛次仁夏尔巴 Mingma Tshering Sherpa　尼泊尔人，高山协作
丹增努里夏尔巴 Tenzing Nuri Sherpa　尼泊尔人，高山协作
多吉夏尔巴 Dorje Sherpa　尼泊尔人，高山协作
帕桑塔玛 Pasang Tamang　尼泊尔人，高山协作
吉卡米夏尔巴 Ki Kami Sherpa　尼泊尔人，高山协作

约翰内斯堡《星期日泰晤士报》探险队

伊恩·伍德尔 Ian Woodall　英国人，领队
★布鲁斯·赫罗德 Burce Herrod　英国人，副领队兼摄影师
卡西·奥多德 Cathy O’Dowd　南非人，探险队员
德尚恩·迪塞尔 Deshun Deysel　南非人，探险队员
埃德蒙·费布雷尔 Edmund February　南非人，探险队员
安迪·德·克勒克 Andy de Klerk　南非人，探险队员
安迪·哈克兰德 Andy Hackland　南非人，探险队员
肯·伍德尔 Ken Woodall　南非人，探险队员
蒂尔里·雷纳 Tierry Renard　法国人，探险队员
肯·欧文 Ken Owen　南非人，新闻记者及徒步者
菲利普·伍德尔 Philip Woodall　英国人，大本营总管
亚历山大·高迪恩 Alexandrine Gaudin　法国人，行政助理
夏洛特·诺贝尔医生 Dr.Charlotte Noble　南非人，队医
肯·弗农 Ken Vernon　澳大利亚人，新闻记者
理查德·肖里 Richard Shorey　南非人，摄影师
帕特里克·康罗伊 Patrick Conroy　南非人，广播记者

昂多杰夏尔巴 Ang Dorje Sherpa 尼泊尔人，夏尔巴领队
边巴顿迪夏尔巴 Pemba Tendi Sherpa 尼泊尔人，高山协作
江布夏尔巴 Jangbu Sherpa 尼泊尔人，高山协作
昂巴布夏尔巴 Ang Babu Sherpa 尼泊尔人，高山协作
达瓦夏尔巴 Dawa Sherpa 尼泊尔人，高山协作

高山攀登国际公司探险队

托德·伯利森 Todd Burleson 美国人，领队兼向导
皮特·阿萨斯 Pete Athans 美国人，向导
吉姆·威廉斯 Jim Williams 美国人，向导
肯·卡姆莱尔医生 Dr.Ken Kamler 美国人，探险队员兼队医
查尔斯·科菲尔德 Charles Corfield 美国人，探险队员
贝基·约翰斯顿 Becky Johnston 美国人，徒步者兼编剧

国际商业探险队

马尔·达夫 Mal Duff 英国人，领队
迈克·特鲁曼 Mike Trueman 中国香港人，副领队
迈克尔·伯恩斯 Michael Burns 英国人，大本营总管
亨里克·杰森·汉森医生 Dr.HenrikJessen Hansen 丹麦人，队医
维卡·古斯塔夫森 Veikka Gustafasson 芬兰人，登山者
金·谢伊伯格 Kim Sejberg 丹麦人，登山者
金格·富伦 Ginge Fullen 英国人，登山者
亚科·库尔维宁 Jaakko Kurvinen 芬兰人，登山者
尤安·邓肯 Euan Duncan 英国人，登山者

喜马拉雅向导商业探险队

亨利·托德 Henry Todd 英国人，领队
马克·普费哲 Mark Pfetzer 美国人，登山者
雷·多尔 Ray Door 美国人，登山者
迈克尔·乔根森 Michael Jorgensen 丹麦人，登山者
布丽吉特·缪尔 Brigitte Muir 澳大利亚人，登山者
保罗·迪根 Paul Deegan 英国人，登山者
尼尔·劳顿 Neil Laughton 英国人，登山者
格雷厄姆·拉特克利夫 Graham Ratcliffe 英国人，登山者
托马斯·舍格伦 Thomas Sjogren 瑞典人，登山者

蒂娜・舍格伦 Tina Sjogren　瑞典人，登山者
卡米努鲁夏尔巴 Kami Nuru Sherpa　尼泊尔人，夏尔巴领队

瑞典单人探险队

戈兰・克罗普 Goran Kropp　瑞典人，登山者
弗雷德里克・布卢姆斯伯里 Frederic Bloo-mquist　瑞典人，电影制片人
昂里塔夏尔巴 Ang Rita Sherpa　尼泊尔人，高山协作兼剧组成员

挪威单人探险队

彼得・内比 Petter Neby　挪威人，登山者

新西兰-马来西亚公司普莫里峰探险队

盖伊・科特 Guy Cotter　新西兰人，领队兼向导
戴夫・希德森 Dave Hiddleston　新西兰人，向导
克里斯・吉利特 Chris Jillet　新西兰人，向导

美国商业普莫里峰/洛子峰探险队

丹・梅热 Dan Mazur　美国人，领队
斯科特・达尔尼 Scott Darsney　美国人，登山者兼摄影师
尚塔尔・莫迪 Chantal Mauduit　法国人，登山者
斯蒂芬・科克 Stephen Koch　美国人，登山者及单板滑雪者
布伦特・毕晓普 Brent Bishop　美国人，登山者
乔纳森・普拉特 Jonathan Pratt　英国人，登山者
黛安娜・托利弗 Diane Taliaferro　美国人，登山者
戴夫・沙曼 Dave Sharman　英国人，登山者
蒂姆・霍瓦特 Tim Horvath　美国人，登山者
达纳・林格 Dana Lynge　美国人，登山者
玛莎・约翰逊 Martha Johnson　美国人，登山者

尼泊尔珠峰清扫队

索南嘉青夏尔巴 Sonam Gyalchhen Sherpa　尼泊尔人，领队

喜马拉雅救援协会医疗站（在佩里泽村）

吉姆・利奇医生 Dr.Jim Litch　美国人，医疗站医生

拉里・西尔弗医生 Dr.Larry Silver 美国人，医疗站医生

塞西尔・布夫朗医生 Dr.Cecile Bouvray 法国人，医疗站医生

劳拉・齐默 Laura Ziemer 美国人，助手

印中边境警察珠峰探险队（从珠峰西藏一侧攀登）

莫辛多・辛格 Mohindor Singh 印度人，领队

哈布哈扬・辛格 Harbhajan Singh 印度人，副领队兼登山者

★哲旺・斯曼拉 Tsewang Smanla 印度人，登山者

★哲旺・帕杰 Tsewang Paljor 印度人，登山者

★多杰・莫鲁皮 Dorje Morup 印度人，登山者

希拉・拉姆 Hira Ram 印度人，登山者

塔希・拉姆 Tashi Ram 印度人，登山者

桑格夏尔巴 Sange Sherpa 印度人，高山协作

纳达拉夏尔巴 Nadra Sherpa 印度人，高山协作

科申夏尔巴 Koshing Sherpa 印度人，高山协作

日本福冈珠峰探险队（从珠峰西藏一侧攀登）

矢田康史 Koji Yada 日本人，领队

花田博志 Hiroshi Hanada 日本人，登山者

重川英介 Eisuke Shigekawa 日本人，登山者

帕桑次仁夏尔巴 Pasang Tshering Sherpa 尼泊尔人，高山协作

帕桑卡米夏尔巴 Pasang Kami Sherpa 尼泊尔人，高山协作

昂嘉增 Any Gyalzen 尼泊尔人，高山协作

我在《户外》杂志上刊登的文章让文中涉及的几个人很生气，也伤害了一些珠峰遇难者的朋友和亲人，对此我表示诚挚的歉意——我没有想要伤害任何人。我写那篇文章及这本书的本意，只是想尽可能准确而真实地记述珠峰上所发生的事情，而且是以一种谨慎而崇敬的方式。显然，并不是每个人都喜欢这种方式，我向那些因我的文字而受到伤害的人们道歉。

此外，我要向菲奥纳·麦克弗森、罗恩·哈里斯、玛丽·哈里斯、戴维·哈里斯、简·阿诺德、莎拉·阿诺德、埃迪·霍尔、米莉·霍尔、杰米·汉森、安吉·汉森、巴德·汉森、汤姆·汉森、史蒂夫·汉森、黛安娜·汉森、卡伦·玛丽·罗切尔、难波贤一、琼·普赖斯、安迪·费希尔－普赖斯、凯蒂·罗斯·费希尔－普赖斯、吉恩·费希尔、雪莉·费希尔、莉萨·费希尔－卢肯巴赫、朗达·费希尔、休·汤普森以及阿旺萨迦夏尔巴表示我深切的哀悼。

写作此书时，我得到了许多人无价的帮助，但琳达·玛丽亚姆·穆尔和戴维·罗伯茨所给予的更让我感恩不尽。不仅要感谢他们对本书提出的专业建议，还要感谢他们给予我的支持与鼓励，否则我将不会尝试以写作谋生，并且坚持这么多年。

在珠峰上与大家结下的友谊让我受益良

多，他们是：卡罗琳·麦肯齐、海伦·威尔顿、迈克·格鲁姆、昂多杰夏尔巴、拉卡帕赤日夏尔巴、琼巴夏尔巴、丹增夏尔巴、阿里塔夏尔巴、库勒多姆夏尔巴、阿旺诺布夏尔巴、边巴夏尔巴、顿迪夏尔巴、贝克·韦瑟斯、斯图尔特·哈奇森、弗兰克·菲施贝克、卢·卡西希克、约翰·塔斯克、盖伊·科特、南希·哈奇森、苏珊·艾伦、阿纳托列·布克瑞夫、尼尔·贝德曼、简·布罗米特、英格里德·亨特、尼玛卡雷夏尔巴、桑迪·希尔·皮特曼、夏洛特·福克斯、蒂姆·马德森、皮特·舍宁、克利夫·舍宁、莱娜·加默尔高、马丁·亚当斯、戴尔·克鲁泽、戴维·布里希尔斯、罗伯特·肖尔、埃德·维耶斯特尔斯、保拉·维耶斯特尔斯、莉斯·科恩、阿拉切利·塞加拉、续素美代、劳拉·齐默、吉姆·利奇、皮特·阿萨斯、托德·伯利森、斯科特·达尔尼、布伦特·毕晓普、安迪·德·克勒克、埃德蒙·费布雷尔、卡西·奥多德、德尚恩·迪塞尔、亚历山大·高迪恩、菲利普·伍德尔、马卡鲁·高、肯·卡姆莱尔、查尔斯·科菲尔德、贝基·约翰斯顿、吉姆·威廉斯、马尔·达夫、迈克·特鲁曼、亨里克·杰森·汉森、维卡·古斯塔夫森、亨利·托德、马克·普费哲、雷·多尔、戈兰·克罗普、戴夫·希德森、克里斯·吉利特、丹·梅热、乔纳森·普拉特和尚塔尔·莫迪。

我万分感谢兰登书屋无比优秀的编辑戴维·罗森塔尔和鲁思·费西斯，还要感谢亚当·罗斯伯格、安尼克·拉法奇、丹·伦伯特、黛安娜·弗罗斯特、柯尔斯顿·雷蒙德、珍妮弗·韦布、梅利莎·米尔斯藤、丹尼斯·安布罗斯、邦妮·汤普森、布赖恩·麦克伦登、贝丝·托马斯、卡罗琳·坎宁安、黛安娜·拉塞尔、凯蒂·米恩和苏珊娜·威克姆。

本书源自《户外》杂志委派的一项任务，为此我要特别感谢马克·布赖恩特，感谢他用非凡的智慧和敏锐来编辑我的文章，15年来如一日。同时也要感谢拉里·伯克，感谢他长期以来坚持出版我的文章。对于我的珠峰著作，贡献了一己之力的还有布拉德·韦茨勒、约翰·奥尔德曼、凯蒂·阿诺德、约翰·塔伊曼、休·凯西、格雷格·克莱本、汉普顿·塞兹、阿曼达·施蒂默尔、洛里安·沃纳、休·史密斯、克里克特·伦吉尔、洛莉·梅里尔、斯蒂芬妮·格雷戈里、劳拉·霍恩霍尔德、亚当·霍罗威茨、约翰·高尔文、亚当·希克斯、伊丽莎白·兰德、克里斯·斯密里德、斯科特·帕马利、金·加托内和斯科特·马修斯，在此也一并谢过。

我十分感激约翰·韦尔这位优秀的经纪人。此外还要感谢加德满都美国大使馆的戴维·申斯特德和彼得·博德、尼泊尔丛林度假酒店的莉萨·确嘉以及山野体验徒步的迪帕克喇嘛，感谢他们在山难发生后所提供的救援。

对于那些给予过我灵感、友谊、知识以及睿智建议的人们，我都衷心地表示感谢，感谢汤姆·霍恩宾、比尔·阿特金森、马德琳·戴维、史蒂夫·吉普、唐·彼得森、马莎·空沙加德、彼得·戈德曼、丽贝卡·罗、基思·马克·约翰逊、吉姆·克拉西、贯田宗男、海伦·特鲁曼、史蒂夫·斯温森、康拉德·安克、亚历克斯·洛、科林·格里索姆、姬蒂·卡尔霍恩、彼得·哈克特、戴维·施利姆、布朗尼·舍尼、迈克尔·谢塞勒、马里恩·博伊德、格雷姆·纳尔逊、斯蒂芬·马丁、简·特拉内尔、埃德·沃德、莎伦·罗伯茨、马特·黑尔、罗曼·戴尔、佩姬·戴尔、史蒂夫·罗特勒、戴维·特里翁、德博拉·肖、尼克·米勒、丹·考索恩、格雷格·科勒姆、戴夫·琼斯、弗兰·考尔、迪耶莱·豪夫利什、李·约瑟夫、帕特·约瑟夫、皮埃雷·福格特、戴维·夸默、蒂姆·卡希尔、保罗·泰鲁、查尔斯·鲍登、艾莉森·刘易斯、芭芭拉·德特林、莉萨·安德赫根－莱夫、海伦·福布斯和海蒂·贝。

下列作者、记者的工作也给了我很大的帮助，他们是：伊丽莎白·霍利、迈克尔·肯尼迪、沃尔特·昂斯沃思、休·帕克、迪莱·塞茨、基思·麦克米伦、肯·欧文、肯·弗农、迈克·洛伊、基思·詹姆斯、戴维·贝雷斯福德、格雷格·蔡尔德、布鲁斯·巴尔科特、彼得·波特菲尔德、斯坦·阿明顿、·詹妮特·科南特、理查德·考珀、布赖恩·布莱塞德、杰夫·斯穆特、帕特里克·莫罗、约翰·科尔梅、米纳克希·甘古利、珍妮弗·马托斯、西蒙·鲁宾逊、戴维·范·比玛、杰尔·阿德勒、罗德·诺兰、托尼·克利夫顿、帕特里夏·罗伯茨、戴维·盖茨、苏珊·米勒、彼得·威尔金森、克劳迪娅·格伦·道林、史蒂夫·克罗夫特、乔安妮·考夫曼、豪伊·马斯特斯、福里斯特·索耶、汤姆·布罗考、奥德丽·索尔克尔德、莉斯尔·克拉克、杰夫·赫尔、吉姆·柯伦、亚历克斯·赫德和莉萨·蔡斯。

1996年的珠峰山难已经过去16年了。16年过去，那两家著名的向导公司也已经易主，山难的幸存者们也都有着各自不同的命运。

- **冒险顾问公司：**霍尔去世后，他的朋友盖伊·科特正式接管了公司，并一直延续霍尔稳健保守的商业风格，经营得相当不错，堪称新西兰做得最好的商业探险公司。其主营项目仍为8 000米级山峰的商业登山，同时还有探险电影制作及协助、极地探险等颇具特色的项目。

- **疯狂山峰公司：**费希尔去世后，该公司跌入低谷，几近破产。1997年，费希尔的朋友克里斯廷·博什科夫正式收购该公司。在她的经营下，其主营项目包括七大峰项目、高山探险项目、徒步项目、登山培训学校、攀岩项目等。2005年，公司净收入达50万美金，位列商业探险公司的世界第一。

- **维耶斯特尔斯：**在高山攀登领域中，他是美国人的明星和偶像，于2005年成为第一个完成14座8 000米级山峰的美国人，且都是无氧登顶。维耶斯特尔斯平易近人，成为当今世界上为数不多的“名利双收”者。

- **布里希尔斯：**1985年，他带领迪克·巴斯登上珠峰，开辟了一个新时代：在专业训练和向导带领下，普通大众也可以实现登顶珠峰的梦。作为著名的登山电影制作人，他做得相当成功，至今他的公司仍然是登山界里的翘楚。

- **皮特曼**：她依然活跃在时尚前沿，登山对于她还是生活中的一部分，但已不像以前那样执著。

- **伍德尔**：1996 年之后再一次成功登顶。2002 年，他因为试图掐死他的员工而被起诉，携妻子逃到英国，在英国一家娱乐咨询公司当咨询师。

- **贝德曼**：费希尔的三位向导之一，为人低调。目前还生活在西雅图的乡村，2005 年、2006 年仍有不少精彩的表现。对于他来说，登顶是选择性的，而活着却是必要的。

- **西莫内·莫罗**：仍活跃在挑战高海拔极限的阿尔卑斯山脉。

- **戈兰·克罗普**：这位带着所有登山装备从瑞典骑车到加德满都的古典主义自由探险家，不幸于 2002 年 10 月在西雅图附近攀岩时坠落身亡。

翻译这本书具有相当大的难度，一是由于诸多专业登山术语需要查证，二是从尼泊尔一侧攀登珠峰的相关资料较少，地形、路线等都没有统一的说法，因此在专业上的把握不免有些战战兢兢。在此，特别感谢赵振平对全书的审校、对内容的把关。

在本书的翻译过程中，还有许多朋友给予了大力支持，在此一并谢过。他们是张学桃、曾浪、曹平、黄周思、周军、刘珍珍、夏淼泉、宁红英、吴明亮、麻梦桃、傅陈杰和杨启龙。

本人水平有限，译文中难免有疏漏和不妥之处，恳求读者批评指正。

未来，属于终身学习者

我这辈子遇到的聪明人（来自各行各业的聪明人）没有不每天阅读的——没有，一个都没有。巴菲特读书之多，我读书之多，可能会让你感到吃惊。孩子们都笑话我。他们觉得我是一本长了两条腿的书。

——查理·芒格

互联网改变了信息连接的方式；指数型技术在迅速颠覆着现有的商业世界；人工智能已经开始抢占人类的工作岗位……

未来，到底需要什么样的人才？

改变命运唯一的策略是你要变成终身学习者。未来世界将不再需要单一的技能型人才，而是需要具备完善的知识结构、极强逻辑思考力和高感知力的复合型人才。优秀的人往往通过阅读建立足够强大的抽象思维能力，获得异于众人的思考和整合能力。未来，将属于终身学习者！而阅读必定和终身学习形影不离。

很多人读书，追求的是干货，寻求的是立刻行之有效的解决方案。其实这是一种留在舒适区的阅读方法。在这个充满不确定性的年代，答案不会简单地出现在书里，因为生活根本就没有标准确切的答案，你也不能期望过去的经验能解决未来的问题。

而真正的阅读，应该在书中与智者同行思考，借他们的视角看到世界的多元性，提出比答案更重要的好问题，在不确定的时代中领先起跑。

湛庐阅读 App：与最聪明的人共同进化

有人常常把成本支出的焦点放在书价上，把读完一本书当作阅读的终结。其实不然。

时间是读者付出的最大阅读成本

怎么读是读者面临的最大阅读障碍

“读书破万卷”不仅仅在“万”，更重要的是在“破”！

现在，我们构建了全新的“湛庐阅读”App。它将成为你“破万卷”的新居所。在这里：

- 不用考虑读什么，你可以便捷找到纸书、电子书、有声书和各种声音产品；
- 你可以学会怎么读，你将发现集泛读、通读、精读于一体的阅读解决方案；
- 你会与作者、译者、专家、推荐人和阅读教练相遇，他们是优质思想的发源地；
- 你会与优秀的读者和终身学习者为伍，他们对阅读和学习有着持久的热情和源源不绝的内驱力。

下载湛庐阅读 App，
坚持亲自阅读，
有声书、电子书、阅读服务，
一站获得。

CHEERS

本书阅读资料包

给你便捷、高效、全面的阅读体验

本书参考资料

湛庐独家策划

- 参考文献
  为了环保、节约纸张，部分图书的参考文献以电子版方式提供
- 主题书单
  编辑精心推荐的延伸阅读书单，助你开启主题式阅读
- 图片资料
  提供部分图片的高清彩色原版大图，方便保存和分享

相关阅读服务

终身学习者必备

- 电子书
  便捷、高效，方便检索，易于携带，随时更新
- 有声书
  保护视力，随时随地，有温度、有情感地听本书
- 精读班
  2~4周，最懂这本书的人带你读完、读懂、读透这本好书
- 课　程
  课程权威专家给你开书单，带你快速浏览一个领域的知识概貌
- 讲　书
  30分钟，大咖给你讲本书，让你挑书不费劲

湛庐编辑为你独家呈现
助你更好获得书里和书外的思想和智慧，请扫码查收！

（阅读资料包的内容因书而异，最终以湛庐阅读App页面为准）

倡导亲自阅读

不逐高效，提倡大家亲自阅读，通过独立思考领悟一本书的妙趣，把思想变为己有。

阅读体验一站满足

不只是提供纸质书、电子书、有声书，更为读者打造了满足泛读、通读、精读需求的全方位阅读服务产品——讲书、课程、精读班等。

以阅读之名汇聪明人之力

第一类是作者，他们是思想的发源地；第二类是译者、专家、推荐人和教练，他们是思想的代言人和诠释者；第三类是读者和学习者，他们对阅读和学习有着持久的热情和源源不绝的内驱力。

CHEERS

以一本书为核心

遇见书里书外，更大的世界

有声书

随时随地，有温度、
有感情地听本书

纸质书

湛庐纸书一站购买
还有读者专享福利

精读

2~4周，带你读完、
读懂、读透一本好书

电子书

最新最全的湛庐电子书
随时随地亲自阅读

讲书

30分钟
大咖给你讲本书
让你挑书不费劲

延伸阅读

编辑精心制作的内容拓展
测试、视频、注释、参考文献
只为优化你的体验

课程

权威专家带你快速浏览
一个领域的知识概貌

专题

主题式阅读书单
让你与更多好书相遇

Into Thin Air: A Personal Account of The Mount Everest Disaster by Jon Krakauer
ISBN 0-385-49478-5

This translation published by arrangement with Villard, an imprint of The Random House Publishing Group, a division of Random House, Inc..

图书在版编目（CIP）数据

进入空气稀薄地带：登山者的圣经（珍藏版）/（美）克拉考尔著；张洪楣译.—杭州：浙江人民出版社，2013.4（2024.5重印）

ISBN 978-7-213-05111-1

Ⅰ.①进… Ⅱ.①克… ②张… Ⅲ.①珠穆朗玛峰—探险—通俗读物 Ⅳ.①N82-49

中国版本图书馆 CIP 数据核字（2013）第 014672 号

浙江省版权局
著作权合同登记章
图字:11-2012-258号

上架指导：户外探险／登山

进入空气稀薄地带：登山者的圣经（珍藏版）

作　　者：［美］乔恩·克拉考尔　著
译　　者：张洪楣　译
出版发行：浙江人民出版社（杭州市环城北路177号　邮编 310006）
市场部电话：（0571）85061682　85176516
集团网址：浙江出版联合集团　http://www.zjcb.com
责任编辑：金　纪
责任校对：张谷年
印　　刷：天津中印联印务有限公司
开　　本：710 mm × 965 mm　1/16　　**印　　张：**17.5
字　　数：26.4 万　　**插　　页：**9
版　　次：2013 年 4 月第 1 版　　**印　　次：**2024 年 5 月第 12 次印刷
书　　号：ISBN 978-7-213-05111-1
定　　价：45.90 元

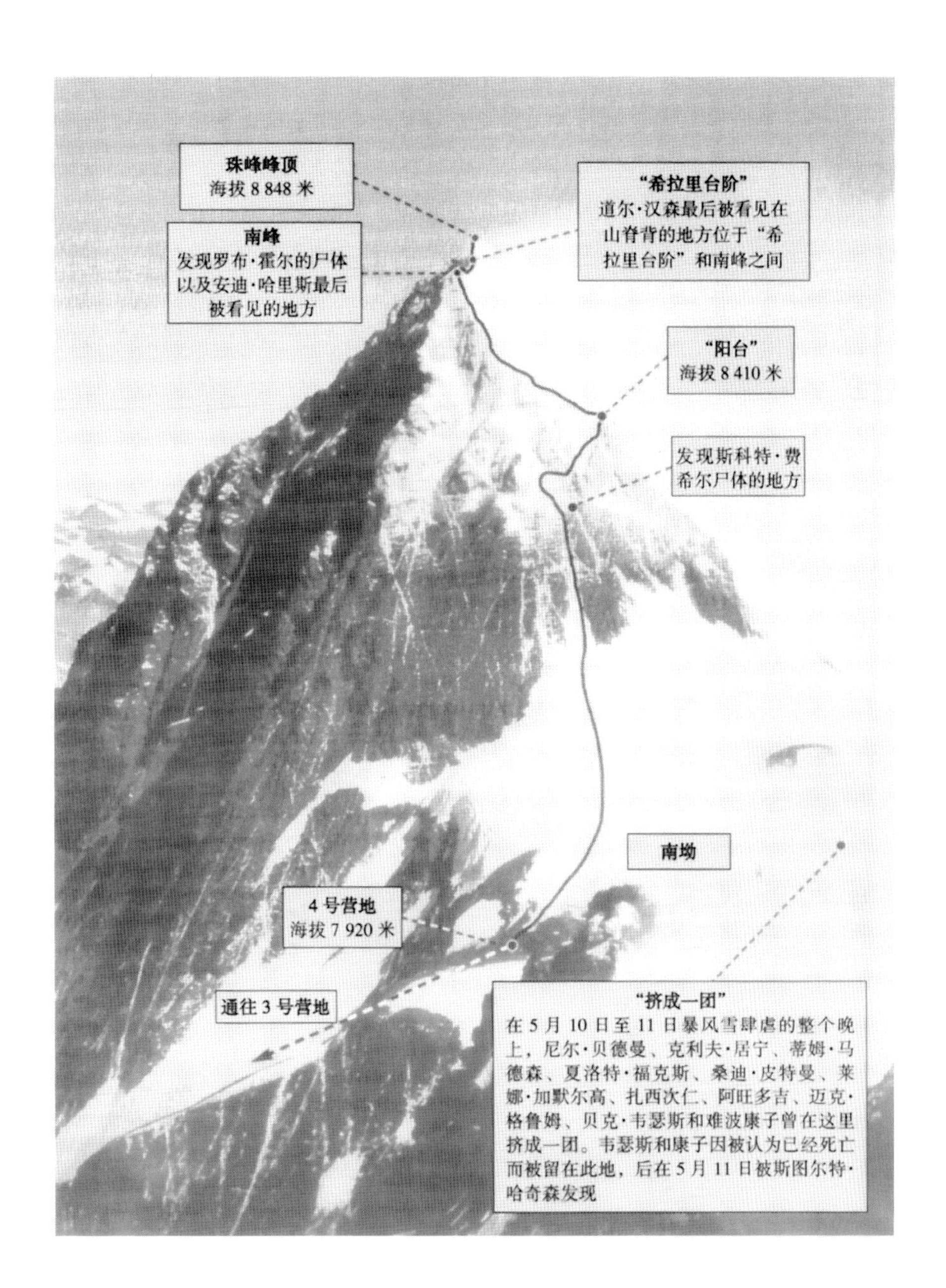

从洛子峰峰顶拍摄到的珠峰上半部分的雪坡。珠峰标志性的一缕云团正从东南山脊的山巅吹来，此路线为登顶珠峰的常规路线。

ED VIESTURS

1996年4月底，珠穆朗玛峰大本营，冒险顾问公司探险队合影

前排 从左到右： 道格·汉森、苏珊·艾伦、乔恩·克拉考尔、安迪·哈里斯、罗布·霍尔、弗兰克·菲施贝克、难波康子

后排 从左到右：约翰·塔斯克、斯图尔特、哈奇森、海伦·威尔顿、西伯恩·贝克·韦瑟斯、卢·卡西希克、迈克·格鲁姆

道格·汉森 46岁，美国人，霍尔队的队员，为了实现攀登珠峰的梦想同时打两份工的邮政工人。

AP/WIDE WORLD PHOTOS

安迪·哈里斯，31岁来自新西兰，霍尔队的向导

PHOTOSOUTH

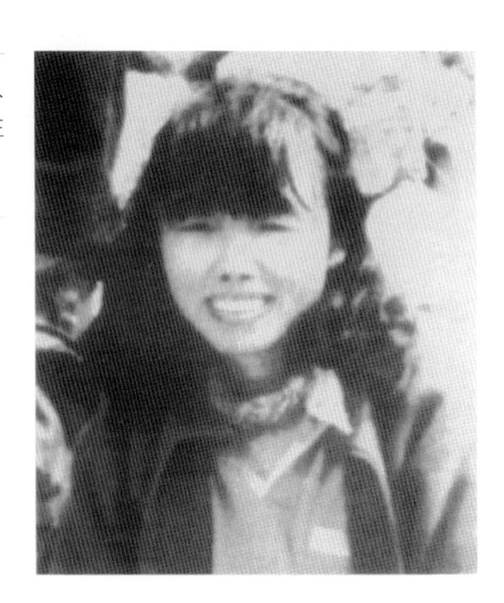

难波康子，日本人，霍尔队的队员，47岁，是登顶珠峰最年长的女性

KYODO NEWS INTERNATIONAL

罗布·霍尔，35岁，来自新西兰，冒险顾问公司探险队领队

JON KRAKAUER

斯科特·费希尔，40岁美国人，疯狂山峰公司探险队领队

SCOTT FISCHER/WOODFIN CAMP & ASSOCIATES

"阳台"，海拔8410米，5月10日早上7：20。费希尔队里的两名夏尔巴人俯身倚在冰镐上稍作歇息时，安迪·哈里斯正从后面赶上来。其他登山者则在下面不远处休息。

JON KRAKAUER

"希拉里台阶"，这是山脊中明显的凹槽，距峰顶垂直距离约60米，是整个登顶路线中对攀登技巧要求最高的地方。

SCOTT FISCHER/WOODFIN CAMP & ASSOCIATES

站在南峰上看到的峰脊，5月10日下午1点。费希尔在队尾仰视正在登顶的人群，并拍下了这张照片。图中三名登山者已经登上“希拉里台阶”，第四名正在台阶中部。

SCOTT FISCHER/WOODFIN CAMP & ASSOCIATES

拥堵的“希拉里台阶”，5月10日下午2:10左右。费希尔在台阶脚下仰视时所摄。前景中最左边的是道格·汉森，他右半侧对着镜头，正等待沿固定绳攀登。

SCOTT FISCHER/WOODFIN CAMP & ASSOCIATES

俯视峰脊，5月10日下午4:10左右，费希尔在“希拉里台阶”上面俯视莱娜·加默尔高、蒂姆·马德森和夏洛特·福克斯（从左到右），尼尔·贝德曼和桑迪·皮特曼的背影在右上角依稀可见。

SCOTT FISCHER/WOODFIN CAMP & ASSOCIATES

5月12日，飓风袭击珠峰峰顶。暴风雪后从海拔7620米的4号营地下山时，克拉考尔回首凝视山峰高处，他的朋友霍尔、哈里斯、汉森和费希尔葬身之处。难波康子消逝于距4号营地仅20分钟路程的南坳。

JON KRAKAUER